城市天然气工程
（第二版）

管延文 蔡 磊 李 帆 等 编著

华中科技大学出版社

中国·武汉

内 容 简 介

本书共十二章,对国内外天然气发展情况、天然气的净化、天然气门站与储配站、天然气计量技术、调压站等站场工程及其工艺流程、天然气储气调峰技术、液化天然气(LNG)供应、压缩天然气(CNG)供应、分布式能源供应、天然气在工业中的应用、天然气供应安全评价、天然气供应节能技术、天然气供应数据采集及控制等内容进行了阐述。

本书可作为高校建筑环境与能源应用工程、油气储运工程、热能与动力工程等专业的教学用书,也可作为从事燃气工程技术及管理工作的专业人员的参考用书。

图书在版编目(CIP)数据

城市天然气工程/管延文等编著. —2 版. —武汉:华中科技大学出版社,2018.12
普通高等教育环境科学与工程类"十三五"规划教材
ISBN 978-7-5680-4348-9

Ⅰ.①城… Ⅱ.①管… Ⅲ.①城市-天然气工程-高等学校-教材 Ⅳ.①TE64

中国版本图书馆 CIP 数据核字(2018)第 279870 号

城市天然气工程(第二版)   管延文 蔡 磊 李 帆 等编著
Chengshi Tianranqi Gongcheng(Di-er Ban)

策划编辑:余伯仲
责任编辑:罗 雪
封面设计:原色设计
责任监印:周治超
出版发行:华中科技大学出版社(中国·武汉)   电话:(027)81321913
         武汉市东湖新技术开发区华工科技园   邮编:430223
录 排:武汉三月禾文化传播有限公司
印 刷:武汉市籍缘印刷厂
开 本:787mm×1092mm 1/16
印 张:15.5
字 数:392 千字
版 次:2018 年 12 月第 2 版第 1 次印刷
定 价:44.80 元

前　　言

　　近十几年来,我国的城市燃气事业得到了快速发展,天然气作为清洁能源及城市主要能源之一,对大气环境改善、能源效率提高、社会生活进步有着重要的促进作用。随着科学技术水平的提高,天然气领域各种新技术、新工艺、新材料、新设备等不断涌现,同时,"西气东输"、"川气东送"、LNG(液化天然气)接收站等大型重点工程相继上马,极大地促进了城市燃气工业的发展。

　　在此背景下,我们对第一版教材进行了修订,吸收了近年来出现的新技术、新材料、新工艺,补充了国家关于天然气发展的新政策、新要求。

　　本书系统阐述了城市天然气供应工程的基本原理、工艺流程、技术要求,更新了天然气计量、储气调峰、LNG供应、天然气数据采集与智慧燃气、分布式能源、天然气工业应用、天然气供应节能、天然气安全评价等内容,希望读者既能掌握城市天然气工程中的基本知识,又能了解行业发展动态及技术前沿。本书可作为高校建筑环境与能源应用工程专业的专业方向课教材,也可供燃气行业专业技术人员及管理人员参考。

　　本书在编写过程中,得到了华中科技大学环境学院领导、教务科老师、燃气课题组师生和华中科技大学出版社编辑的支持与帮助,并得到华中科技大学教材出版专项基金的支持,在此一并表示感谢!本书由管延文、蔡磊、李帆等编著,课题组成员参与编写,编写分工如下:第1章由管延文、高奕编写,第2章由李帆、郑莉编写,第3章由李帆、曹艳光、孙彬编写,第4、5章由蔡磊、李伟杰编写,第6、7章由蔡磊、张晓华编写,第8、9章由管延文、韩逸骁编写,第10、11章由管延文、林奇编写,第12章由管延文、梁莹编写,余露、李娟、刘泽曦、程泽扬、贺天智参与资料收集与修订。

　　由于作者水平有限,书中难免有疏漏和错误之处,敬请读者批评指正。

作　者

2018 年 5 月

目　　录

第1章　天然气概论

1.1　天然气资源概况

1.1.1　国内外天然气资源

能源是支撑现代人类社会生存和发展的柱石，是制约国家经济发展的瓶颈。100多年来，人们大规模地开采地下的煤炭和石油，为人类社会的经济发展带来了繁荣，人类在现代化过程中也迅速地发展了石油工业。各国对能源需求越来越大，以石油、煤炭为源动力的能源结构已经不能够满足清洁能源的要求，利用天然气等清洁能源代替燃煤，实现替代性的增长，是能源转换的着力点。如今的天然气正是适应时代需求，在动力时代向低碳未来转型过程中的中坚力量。随着天然气勘探、开发、储运和利用技术的进步和人们对环境问题的日益关注，人们普遍认为"21世纪是天然气时代"。

天然气一般指以烃类为主的存在于岩石圈、水圈以及地幔和地核中的气体，依其成因和储存状态又可分为常规天然气和非常规天然气。常规天然气包括单一相态气藏气、气顶气、油藏溶解气，非常规天然气包括致密岩石中的天然气、煤层气、深层气和可燃冰等。地球上蕴藏着极其丰富的天然气资源，非常规天然气资源潜力更加巨大，仅其中的甲烷水合物资源就是全球已知所有常规矿物燃料（煤、石油和常规天然气）总和的两倍。但是，非常规天然气目前还处于早期勘探开发和前期研究阶段，其中煤层气勘探、开发、利用技术较为完善，而对可燃冰，目前只有俄罗斯和美国等少数国家进行了开发利用，主要还处于前期研究与试验阶段。

根据《2017年天然气行业分析报告》可知，全球天然气储量相对集中，如表1-1所示，2015年年底全球天然气大部分集中于中东和欧洲地区，分别占42.8％和30.4％。

表1-1　世界主要地区天然气可采资源比例统计表

地区	比例/％
中东	42.8
欧洲	30.4
亚太地区	8.4
非洲	7.5
北美	6.8
中南美	4.1
世界总计	100

从国家来看,伊朗、俄罗斯、卡塔尔、土库曼斯坦、美国储量最多,合计占 63.5%;从历史数据来看,中东地区天然气储备相对稳定,美国受益于页岩气革命,储量增长明显。随着勘探技术的不断提高和对地质认识的逐步深化,世界天然气可采资源量还会有所增加。

1.1.2 国内天然气利用情况

1. 中国天然气勘探开发简况

中国是世界上最早发现并利用天然气的国家之一,在相当长的时期内我国油气开采和利用技术在世界上都处于遥遥领先的地位。早在公元前 3 世纪的秦汉时期,劳动人民在挖水井和盐井时就发现了天然气的可燃现象。

我国周代著作《周易》中就有"泽中有火""火在水上"等记载。在公元前约 250 年,秦孝文王以李冰为蜀守,于广都(今四川成都)一带开凿盐井,随后就在盐井中发现了天然气。西汉宣帝神爵元年(公元前 61 年),在陕西省鸿门(今神木县和榆林县一带)也发现了天然气井。《汉书·地理志》载有"西河郡鸿门县有天封苑火井祠,火从地出"。这很可能是指当时人们在钻凿水井过程中发现了天然气,并看到了燃烧现象,于是将此奉为神明,立祠来表示虔敬。"火井"这个名词,是中国古代人民给天然气井取的非常形象化的名字。在生产实践中,劳动人民对天然气的性质逐步加深认识,开始有目的地钻凿、开采和利用。1950 年从四川成都出土的东汉画像砖中,有一幅"煮盐图",画有从井下取卤水,用竹管送到盐锅中,灶上共有五口大锅,灶火门处排列有几根管线通到锅底。英国著名科学家李约瑟所著《中国科学技术史》中指出:这些并排的管子是输送天然气供在盐锅下燃烧用以煮盐的。这一画像砖是中国古代人民开采和利用天然气的历史见证,也是研究我国天然气生产技术发展史的珍贵文物。东汉顺帝在位期间(公元 2 世纪),在四川陵州(今仁寿县一带)凿盐井时发现了天然气(据《太平广记》一书所载)。三国时蜀国丞相诸葛亮还曾亲自到四川临邛观看过天然气井,那时用天然气煮卤熬盐,燃烧时的熊熊火焰,蔚为奇观。南朝宋人刘敬叔所著《异苑》中载有"蜀郡临邛县有火井,汉室之隆则炎赫弥炽,暨桓、灵之际,火势渐微,诸葛亮一瞰而更盛,至景曜元年,人以烛投即灭。其年蜀并于魏"。这一段文字有些迷信色彩,认为天然气的火势是随封建王朝的衰盛而消长。这显然是由当时科学技术水平较低而对火井出气的道理不明所造成的。从西汉开始到蜀亡于魏为止,那天然气井至少也连续烧了 200 年。3～4 世纪时,西晋著名文学家左思所著《蜀都赋》,郭璞所著《盐池赋》,都对四川地区的"火井"有所描叙。4 世纪东晋常璩所著《华阳国志》中描写临邛县的火井天然气火焰时说:"夜时光映上昭,通耀数十里。"公元 557 年,南北朝北周时期,临邛县还被命名为"火井镇";公元 606 年,临邛又由"火井镇"改名为"火井县"。唐宋时期临邛都一直以"火井"而闻名。传到明朝,临邛还设有火井巡检司。明崇祯十年(公元 1637 年),宋应星写的《天工开物》一书,对四川的天然气开采和用于制盐等技术都有较详细的记载,并绘制有钻井图和火井煮盐图。他发出"西川有火井……未见火形而用火神,此世间大奇事也"的感叹,也就是说天然气看不见火的形象而起了火的作用。他对天然气的燃烧现象的描述是真实的,以当时的科学知识水平来说,他认为火有精神,看不见像烧柴、烧煤那样含有大量固体微粒的红黄色火焰,燃烧后又看不见灰渣,因此称之为奇事。到了清康熙三十二年(公元 1676 年),据《台湾府志》记载:"从山口隙缝中如泉涌出,点之即燃,火出水中,火水同源,蔚为奇观。"这证明当时已在台湾省发现油气苗。18 世纪,清高宗乾隆写有一首火井诗,其中有"火井欲具示"的诗句。到了公元 1765 年,在四川自流井构造钻老双盛井,钻深 530 m,遇天然气,日产气量约 160 m³。公元

1815 年,在上述构造钻井的钻深有的达 800 m 左右。公元 1835 年,又在上述构造的兴海井钻深达 1001.4 m,当时钻这样深的一口井,需费时 3 年。公元 1840 年前后,有一口井钻到 1200 m 以下,钻穿了石灰岩的主气层,气势凶猛,引起大火。从井口喷出几十丈(1 丈约为 3.33 m,1 丈=100 寸,全书同)高的火舌,历史上称此井为"自贡古今第一大火井——火井王"。据考证当时在自流井气田上日产上万立方米的气井约有 10 口。

自流井气田位于四川省自贡市富顺县和荣县境内,历史上称为自流井场和贡井场,面积约有 50 km²,是中国最早投入开发和利用的天然气田,也是世界上最早开发的天然气田。气田的开发大致可分为三个阶段:13 世纪以前以采盐为主;13～19 世纪大规模开采和利用浅气层所产天然气;19 世纪 30～40 年代钻到气层构造深部的主要产气层,产气量迅速增长。自流井气田是开采井盐时发现的,钻井汲取卤水,煎熬制盐,开始时曾发现有的井自流盐水,因而称其为自流井。13 世纪后大规模开发浅气层,如《富顺县志》中载有"井火,在县西 90 里(1 里=500 m),井深四五丈,大径五六寸,中无盐水",那时已打出天然气井,天然气主要用作制盐的燃料。自流井地区长期以来成为四川省主要产盐地,就是因为自流井能自流卤水,而且有丰富的天然气资源。天然气的开发利用,直接影响盐业的发展,在开发盐和天然气时,用竹子或木料制成管线输送天然气,是中国古代人民在天然气工业发展史中的一项伟大成就。当时这种管线叫作"笕"或"枧'。置笕,就是建设地面输气管线。竹管或木管外缠竹篾条,用桐油和石灰把缝隙处涂上以防漏。据《川盐纪要》记载,当时自流井气田已有竹木制的集输管线总长达 100 km 以上,专门从事管线建设的工人有 10000 多人。与当时的欧美几个国家仅开始用空心木管短距离输送人工煤气或天然气相比,中国处在遥遥领先的地位。在没有钢管和铁管的条件下,充分利用四川盛产的竹子和桐油来完成输气管线的伟大工程,不能不说是一项伟大的创造。也可看到,即使在封建社会束缚生产力发展的不利条件下,我国人民也显示了惊人的才智。

1840 年至 1949 年,中国天然气工业发展非常缓慢。到 1949 年中华人民共和国成立时,仅发现石油沟、自流井、圣灯山等 7 个气田,年产气 7000 万 m³,探明储量 3.85 亿 m³。

中华人民共和国成立后,天然气工业获得迅速发展。首先,人们发现了一大批含油气盆地,气田数量、储量和产量大增;其次,从事天然气地质研究的队伍发展壮大,1949 年之前仅有 48 人从事石油地质调查研究,没有专业的天然气研究人员,而目前,仅从事油气地质勘探的人员就达 10 万人之多;再次,天然气地质理论取得了飞跃性发展,尤其是经过"六五"至"八五"的国家科技攻关,形成了一系列适合中国地质特征的天然气地质理论,勘探效益和成果日益显著;最后,天然气勘探开发技术,如复杂构造气藏识别技术、气藏精细描述技术、致密砂岩气藏开发技术等取得重大进步,极大地扩大了储量发现和开发利用的范围。到目前为止,我国已在 30 多个沉积盆地发现了天然气,其中四川、鄂尔多斯、塔里木、吐哈、柴达木、准噶尔、渤海湾、松辽、琼东南、莺歌海、渤海湾海域和东海等 12 个盆地为主要的含气盆地。近 20 年来,中国经济进入高速发展期,天然气工业也突飞猛进,形成了东部、中部、西部和海上 4 大天然气勘探开发区。2016 年,中国天然气新增探明地质储量 7846 亿 m³,比上年下降 30%;天然气产量为 1370 亿 m³,比上年增长 1.5%。

经过实践与探索,我国的页岩气技术积累了一定的经验,也有了一定的发展。近年来,一批又一批页岩气气钻和压裂施工顺利完成。在页岩气资源开发领域,我国在学习国外先进的开采技术和经验的基础上,结合水库的实际情况,积极探索更多的土地、水,降低成本,更有效地在保护环境的同时寻求发展。在技术、条件成熟时,广泛运用国外页岩气开采的井工厂开发模式,减少表面积和天然气生产设备,降低开发成本,探索出合适中国国情的发展路径。

除此之外,我国还致力于非常规天然气的勘探、开发和利用。20 世纪 80 年代初我国开始勘探煤层气,90 年代又加大了勘探试验力度。通过不断学习国外先进经验和引进国外技术设备,煤层气勘探取得了一定进展。20 世纪 90 年代以来开展的可燃冰研究在我国南海和东海海域取得了进展,工作人员在海洋高分辨率地震勘探中发现了可燃冰存在的拟海底反射层特征,并在南海深海钻探中取得了可燃冰芯样。可燃冰是天然气和水结合在一起的固体化合物,外形与冰相似,由于含有大量甲烷等可燃气体,因此极易燃烧。同等条件下,可燃冰燃烧产生的能量比煤、石油、天然气的要多出数十倍,而且燃烧后不产生任何残渣和废气。科学家们将可燃冰称作"属于未来的能源"。而关于我国可燃冰的储量,据报道,其资源量十分丰富,主要分布在南海、东海海域,以及青藏高原、东北的冻土区。据粗略估计,仅南海北部陆坡的可燃冰资源就达到 186 亿吨油当量,相当于南海深水勘探已探明油气储量的 6 倍,达到我国陆上石油资源总量的 50%。2007 年 5 月 1 日,我国地质调查局在中国南海北部成功钻获可燃冰实物样品。发现可燃冰的神狐海域,成为世界上第 24 个采到可燃冰实物样品的地区,是第 22 个在海底采到可燃冰实物样品的地区,是第 12 个通过钻探工程在海底采到可燃冰实物样品的地区,我国因此成为继美国、日本、印度之后第 4 个通过国家级研发计划采到可燃冰实物样品的国家,是在南海海域首次获取可燃冰实物样品的国家。随后,2017 年 5 月 18 日,我国在南海北部神狐海域进行的可燃冰试采获得成功,这也标志着我国成为全球第一个实现了在海域可燃冰试开采中获得连续稳定产气的国家。中国海域辽阔,可燃冰资源潜力巨大,开展可燃冰研究,可以为我国天然气工业提供后备资源。

2. 中国常规天然气资源及其分布情况

我国幅员辽阔,拥有 373 个沉积盆地,总面积达 670 万 km^2(陆上有 354 个盆地,面积为 480 km^2;海域有 19 个盆地,面积为 190 km^2),这为形成丰富的天然气资源奠定了良好的地质基础。根据全国油气资源动态评价(2015 年),天然气地质资源量为 90.3 万亿 m^3,可采资源量为 50.1 万亿 m^3,与 2007 年的评价结果相比,分别增加了 158% 和 127%。根据国土资源部报告,2015 年我国天然气新增探明地质储量 6772.20 亿 m^3,新增探明技术可采储量 3754.35 亿 m^3,2 个气田新增探明地质储量超过 1000 亿 m^3。我国天然气探明储量集中在 10 个大型盆地,依次为:鄂尔多斯、四川、塔里木、渤海湾、松辽、柴达木、准格尔、莺歌海、渤海海域和珠江口。天然气资源总量中,西部地区占据 80%,东部占 8%,海域占 12%。

截至 2016 年年底,全国累计探明常规天然气(含致密气)储量 11.7 万亿 m^3,累计产量为 1.4 万亿 m^3,资源探明率为 13%,探明储量采出程度为 12.4%,剩余可采储量为 5.2 万亿 m^3。

3. 中国非常规天然气资源及其分布情况

非常规天然气是指在成藏机理、赋存状态、分布规律或勘探开发方式等方面有别于常规天然气的烃类(或非烃类)资源,主要指致密砂岩气、煤层气、页岩气、可燃冰等。中国非常规天然气资源丰富,合理有效地对其进行开发,可为中国经济的可持续发展提供能源保障。

粗略统计,中国非常规天然气资源量为 $200 \times 10^{12} \sim 380 \times 10^{12}$ m^3,远远超过了现今常规天然气的资源量,具有巨大的开发潜力和经济效益。其中:可燃冰的资源量最大,超过

100×10^{12} m^3；煤层气资源量为 36×10^{12} m^3；页岩气资源量大致与现今常规天然气相当或稍低；致密砂岩气资源量为 $50 \times 10^{12} \sim 100 \times 10^{12}$ m^3，水溶气资源量为 $11.8 \times 10^{12} \sim 65.3 \times 10^{12}$ m^3。非常规天然气变成常规天然气是完全可行和现实的。

截至 2016 年年底，全国累计探明煤层气地质储量 6928.3 亿 m^3，累计产量为 241.1 亿 m^3，资源探明率为 2.3%，探明储量采出程度为 3.5%，剩余可采储量为 3344.0 亿 m^3；累计探明页岩气地质储量 5441.3 亿 m^3，累计产量为 136.2 亿 m^3，资源探明率为 0.4%，探明储量采出程度为 2.5%，剩余可采储量为 1224.1 亿 m^3。中国天然气资源探明率和探明储量采出程度均较低，通过科技创新、技术进步可释放较大的资源潜力。中国在近海海域可燃冰勘探上取得了重大成果，于 2017 年试采成功。可燃冰的资源潜力巨大，这对中国能源安全具有重要意义，这表明中国可以大幅度提高能源安全性，不至于在能源方面受制于人。可燃冰试采成功，其意义相当于获得了 1000 亿 t 石油。

4. 中国天然气消费状况

伴随经济的快速发展，我国能源需求快速增加。近年我国城市雾霾严重，极端天气频发。天然气由于具有清洁、优质、高效的特点，可以优化我国能源消费结构，有效缓解我国能源供应安全和生态环境保护问题。因此，2000 年以后，我国出台了鼓励清洁能源利用的政策，带动了天然气消费快速增加，年增速几乎都超过 10%；到 2017 年为止，中国天然气表观消费量（不含向港澳台供气）已达到 2373 亿 m^3。虽然近年来我国天然气消费量增长很快，但这并没有导致一次能源消费结构根本性变化，我国能源消费仍然以煤炭、石油为主，二者在一次能源消费结构中所占的比例在 85% 以上，天然气在一次能源消费结构中的占比仍较低。"十三五"规划预计，到 2020 年，天然气在一次能源消费结构中的占比将达到 10%，但仍远低于目前世界能源消费中天然气占比平均水平 24.1%。为了有效缓解这一问题，还有许多迫切的问题需要解决。首先，尽可能增加我国天然气生产量以及进口量，增加我国天然气消费的绝对值。其次，调整我国天然气消费结构，充分发挥天然气资源的优势。具体可以通过实施城镇燃气工程，推进北方地区冬季清洁取暖；实施天然气发电工程，大力发展天然气分布式能源；实施工业燃料升级工程；实施交通燃料升级工程，加快天然气车船发展等手段促进天然气的消费。同时还需加强政策保障和资源供应保障，各环节均要努力降低成本，确保终端用户获得实惠，增强天然气的竞争力。

我国在天然气消费结构方面也有变化。天然气消费结构是指不同领域消费的天然气占天然气消费总量的比例。习惯上将天然气消费领域归纳为城市燃气、发电、工业燃料和化工这四大领域，其具体细分见表 1-2。综合考虑天然气消费的社会效益、环境效益和经济效益，以及不同用户的用气特点等各方面因素，参见国家发展与改革委员会公布的《天然气利用政策》，天然气用户被划分为优先类、允许类、限制类和禁止类。城镇居民炊事、生活热水等用气，公共服务设施，天然气汽车，天然气分布式能源项目等被列为优先用气类；耗费大量天然气的天然气化工项目和部分发电项目则被列为禁止类，例如，以天然气为原料生产甲醇化肥等项目，陕、蒙、晋、皖等 13 个大型煤炭基地所在地区建设基荷燃气发电项目等。表 1-3 为中国天然气消费结构变化的部分数据，从表 1-3 中可以看出，随着城市化水平和环保要求的提高，特别是长输管线等大型基础设施的建设和完善，天然气消费结构得到了不断优化。

表1-2　天然气消费领域

消费领域	具体细分
城市燃气	民用生活、公福商业、CNG 汽车、集中供热、冷热电分布式能源、小工业企业燃料用气等
发电	调峰电厂和热电联产
工业燃料	冶金、特钢、陶瓷、玻璃、建材等
化工	甲醇、化肥以及制氨等

表 1-3　中国天然气消费结构变化

年份/年	城市燃气/%	发电/%	工业燃料/%	化工/%
2000	12.0	14.0	36.0	38.0
2006	32.4	12.1	25.5	30.0
2008	33.2	18.3	26.4	22.1
2010	35.0	21.0	26.0	18.0
2014	38.8	14.8	30.6	15.8
2017	33.3	18.2	36.3	12.2

1.1.3　国外天然气利用情况

1. 国外天然气消费利用趋势

低碳经济、绿色发展、节能减排、低成本、高效率已成为世界各国的基本发展战略,天然气资源的清洁高效利用是实现这个战略的最佳能源选择。尽管 2008 年后世界经济连续遭受金融风暴、地缘政治动荡、经济发展疲软和原油及煤炭价格暴跌的冲击,但全球天然气消费仍然保持增长。2015 年,全球天然气消费量达到了 3.47×10^{12} m^3,比 2010 年增加了 1.06×10^{12} m^3。

天然气消费量持续增长有效提升了天然气在世界能源消费结构中的地位。2016 年,全球天然气产量达 3.66 万亿 m^3,同比增长 2.1%,天然气消费量达 35429 亿 m^3,占全球一次能源消费总量的 24%。除了中南美洲外,各地区天然气产量均有不同程度的增长。但是,在世界各地区之间,天然气在能源消费结构中的占比极不均衡。北美的天然气消费占比高达 27.3%,欧洲及欧亚大陆的高达 29.1%,而非洲和中南美洲的分别仅有 3.9%和 4.9%,亚洲和中东地区的分别为 20.4 %和 14.5%。凭借燃烧热值高、大气排放物少、能源利用效率高、价格有竞争力等优势,天然气广泛应用于各个工业部门,包括电力生产、居民生活、商业、交通运输等行业,并作为优质的化工原料,发展形成了天然气化工业。随着科学技术的进步,天然气利用在不断向清洁高效利用领域发展,消费结构在不断优化。表 1-4 为目前世界天然气消费结构。

表 1-4　世界天然气消费结构

天然气消费	比例/%
发电	40.65
工业燃料	14.64
居民燃料	14.37
运输	3.35
化工	4.15
能源部门	9.99
商业及其他	6.62
非能源用及损耗	6.23

2. 部分国家天然气利用特点与动向

目前,全世界消费利用天然气的国家有 128 个。实际上,各个国家基于资源和国情,在天然气利用领域和发展方向上有所差别。通常,经济发达国家的天然气利用以城市燃气、天然气发电、工业燃料和天然气汽车为主,化工利用只占极少比例;发展中国家的天然气利用则主要集中在工业燃料、城市燃气、天然气发电和天然气化工等领域。

1) 美国

1990 年以前,美国天然气利用还是以城市燃气为主导,发电居第二位。但 1990 年之后,美国的天然气发电业快速发展,新建燃气电厂和装机容量持续增加,发电用气及其在天然气消费中的占比迅速提高。到 2015 年,美国天然气发电用气量高达 3.02×10^{11} m³,用气占比达 39%,气电发电量也在 2015 年超过煤电。相比之下,居民、商业用气和工业用气因趋于饱和,用气量与往年持平或略有减少,占比有不同程度的下降。天然气化工则因气价上涨导致天然气化工装置关停或外迁,用气量减少三成,用气比例减少三分之一。在当今世界天然气市场,美国有得天独厚的资源、基础设施和价格优势,在西方国家普遍因金融危机和经济衰退致使天然气利用下降的情况下,美国天然气市场却由于页岩气的经济高效开发和价格竞争力的提高,仍在蓬勃发展。目前,发电依然是美国天然气利用的首要方向,其次是天然气分布式能源和天然气汽车,同时天然气化工也会因气价下降迎来新的发展机遇。

2) 英国

1990 年以前,英国的天然气利用方向主要是民用和商业,二者的占比合计达到了约 63%。但随后天然气发电业突飞猛进,发电用气量在 2000 年剧增至 3.16×10^{10} m³,占比由 2.36% 跃升至 31.08%,仅略低于民用的 32.86%。到 2010 年,天然气发电超过民用,成为占比最大的天然气利用领域。天然气化工利用则因气价上涨而逐渐萎缩。全球金融危机后,英国天然气利用开始衰退,消费量逐年下降。与此同时,天然气发电受到低价煤的冲击,2014 年的用量降至 2.24×10^{10} m³。相比之下,民用和商业利用较为稳定。尽管面对煤炭的有力竞争,但政府政策和环境保护大趋势仍然支持天然气发电的长期发展,天然气发电还将是英国未来天然气利用的主要方向。

3) 德国

德国各个领域天然气利用发展比较均衡。金融危机之后,德国的天然气工业用气量依然十分稳定，占比一直保持在 19% 上下。民用领域的变化也很小，但由于天然气发电与煤电相比竞争力下降，因此其用气量略有下降。相比之下，德国的天然气商业利用领域自 1990 年以来发展很快，目前占比已达 15.27%。天然气汽车也是德国天然气利用的重要领域，德国天然气汽车虽然不多，约 10 万辆，但其加气站在欧洲最多，达到 860 座。

4）日本

日本天然气利用的一大特色是天然气主要用于发电。目前天然气发电在日本天然气利用结构中的占比高达 69.42%，是全球天然气发电占比最大的国家，其气电在电力结构中的占比（41%）仅低于俄罗斯（49.1%）。与大多数经济发达国家不同，日本民用气的消费占比较低，现仅有 7.94%，主要原因之一是日本天然气管道建设基础设施和城市燃气配送管网建设不足，天然气居民利用主要集中在沿海建有 LNG 接收站的城市，或其邻近城市。天然气发电依然是今后日本天然气利用的主要方向。同时，虽然天然气资源主要依靠进口，但日本政府特别重视促进天然气这种低碳能源在各个领域的广泛利用，天然气利用几乎包含了所有传统领域和新领域，包括汽车、分布式能源系统、燃料电池、天然气空调和天然气化工等，并且技术也十分先进，能源利用效率很高。天然气利用技术的不断进步有力推动了日本商业用气的发展，也使之成为未来日本天然气利用发展的另一主要方向。

5）意大利

意大利天然气利用最突出的特点是天然气汽车的普及。早在 20 世纪 30 年代，意大利就开始了用天然气替代传统汽车燃料的应用。在政府政策、天然气与石油相比的价格优势，以及天然气汽车设备制造和销售厂商在车辆和压缩机供应方面给予长期支持的推动下，意大利天然气汽车市场持续发展。目前，意大利天然气汽车保有量约为 80 万辆，占欧洲天然气汽车保有总量的 61%。目前，天然气汽车仍是意大利天然气利用的发展方向，不但用气还在不断增加，而且其发展天然气汽车的政策、措施和经验正在成为欧洲发展天然气汽车利用的样板和示范。

1.2　我国城市天然气状况

1.2.1　城市天然气利用工程

1963 年四川巴渝输气管道的建成，拉开了中国天然气管道工程发展的序幕。截至 2016 年年底，全国已建成投产天然气管道 6.8 万 km，干线管网总输气能力超过 2800 亿 m^3/a；累计建成地下储气库 18 座，总工作气量达 64 亿 m^3/a；已投产 LNG 接收站 13 座，总接收能力达 5130 万 t/a。近十年，中国天然气管道长度年均增长约 0.5 万 km，管道业仍保持快速发展势头，全国主要燃气管道及 LNG 气源分布如图 1-1 所示。

1. 西气东输工程

西气东输一线工程于 2002 年 7 月正式开工，2004 年 10 月 1 日全线建成投产。西气东输工程是"十五"期间国家安排建设特大型基础设施的工程，其主要任务是将新疆塔里木盆地的天然气送往豫皖江浙沪地区，沿线经过新疆、甘肃、宁夏、陕西、山西、河南、安徽、江苏、上海、浙江等 10 个省市区。线路全长约为 4200 km，投资规模为 1400 多亿元，该管道直径为 1016 mm，设计压力为 10 MPa，年设计输气量为 120 亿 m^3，最终输气能力为 200 亿 m^3。

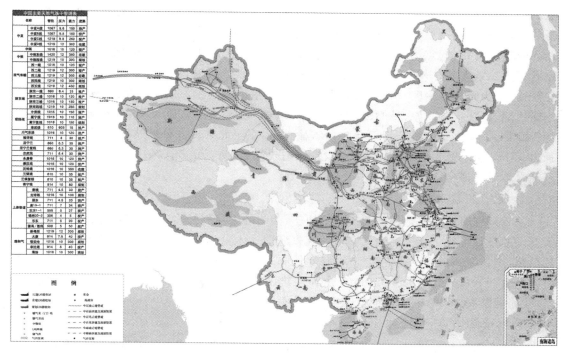

图 1-1 全国主要燃气管道和 LNG 气源分布示意图

西气东输二线工程西起新疆霍尔果斯口岸,南至广州,东达上海,途经新疆、甘肃、宁夏、陕西、河南、安徽、湖北、湖南、江西、广西、广东、浙江、江苏和上海等 14 个省市区,干线全长 4859 km,加上若干条支线,管道总长度(主干线和 8 条支干线)超过 9102 km。西气东输二线配套建设 3 座地下储气库,其中一座为湖北云应地区盐穴储气库,另两座分别为河南平顶山储气库、南昌麻丘水层储气库。该工程的设计年输气能力为 300 亿 m³,总投资约为 1420 亿元,西段于 2009 年 12 月 31 日 16 时建成投产。

西气东输三线工程于 2012 年 10 月开工,2014 年 8 月在瓜州站完成了最后一道焊口,西气东输三线西段全线贯通;2016 年 12 月,来自中亚和塔里木气区的天然气到达福建省福州市,西气东输三线东段工程建成通气。与西气东输二线一样,西气东输三线的气源来自中亚。西气东输三线管道西起新疆霍尔果斯,途经新疆、甘肃、宁夏、陕西、河南、湖北、湖南、广东等 8 个省区,东达末站福建省福州市。该工程的设计年输气能力为 300 亿 m³。西气东输三线工程全线包括 1 干 8 支,干线、支线总长度为 7378 km。

2.川气东送工程

2007 年 4 月 9 日,国务院正式核准川气东送工程。根据核准方案,建设四川普光到上海的川气东送管道,管道全长为 1702 km,总投资约为 627 亿元。川气东送包括 1 条主干线、1 条支干线和 3 条支线。其中,主干线从四川普光至上海,全长 1647 km,途径重庆市、湖北省、安徽省、浙江省、江苏省;支干线起于湖北省宜昌市,止于河南省濮阳市。此外,3 条支线中一条起于四川省天生分输站,止于达州末站;一条起于重庆市梁平县,止于重庆市长寿区;一条起于安徽省宣城市,止于江苏省南京市。

3.陕京线工程

陕京一线工程于 1996 年 5 月开始建设,全长 910 km,横跨陕西、山西、河北及京津地区,是中国当时路上输送距离最长、途径地区地理条件最复杂、自动化程度最高的天然气输送管道,被称为陕京一线。陕京一线输气管道途径榆林、石家庄、安平、济南、淄博、北京、唐山、秦皇岛、沧州,起点为陕西靖边,终点为北京石景山衙门口。2005年,全长935 km的陕京管道第二条大动脉——陕京二线也正式投产。陕京二线输气管道西起陕西省靖边县,途经陕西省、内蒙古自治区、山西省、河北省,东达北京市大兴区采育镇。管道经过毛乌素沙漠东南边缘、晋陕黄土高原、吕梁山、太行山脉和华北平原,全线总长935.4 km,设计年输气量为120亿 m^3。陕京三线工程西起陕西省榆林市,东至北京良乡分输站,全长约896 km,管径为1016 mm,设计压力为10 MPa,设计年输气量为150亿 m^3。2010年12月31日,陕京三线天然气管道全线贯通。

4. 涩宁兰输气管线工程

从青海省柴达木盆地的涩北气田到西宁、兰州的天然气长输管线工程,是国家实施西部大开发的重点工程。涩宁兰输气管道西起青海柴达木盆地涩北1号气田,经青海省西宁到达兰州,全长953 km,设计年输气量为20亿 m^3。沿线经过青海、甘肃两省14个县市,在青海省内有868 km,管径为660 mm。全程共建设9座厂站,中间建设清管站4座、分输站3座、线路截断阀36座。这些建筑工程大部分都在青海省内。

5. 忠武输气管线工程

忠武天然气长输管线工程,是中国石油开发西部、占领长江中游能源市场的重点工程。忠武输气管线工程包括重庆忠县至湖北武汉1条干线,以及荆州至襄阳、潜江至湘潭、武汉至黄石3条支线,管道总长1347 km,是湖北、湖南两省境内唯一一条输送天然气的管道。忠武线工程从2004年11月16日开始投产试运行,2008年实现输气量19.9亿 m^3,达到设计年输气量;2011年、2012年和2013年输气量分别达到41.95亿 m^3、51.3亿 m^3 与43.2亿 m^3。

6. 淮武输气管线工程

淮武线是西气东输管线与忠武线的联络线,也是"两湖"地区的保供线,北起西气东输淮阳分输站,途径河南省、湖北省,南至忠武线武汉西计量站,并通过忠武线为湖南省供气。管道全长475 km,管径为610 mm,设计压力为6.3 MPa,设计年输气量为15亿 m^3,总投资为15.66亿元。

7. 冀宁联络线工程

冀宁线是连接西气东输主干线与陕京二线的联络线,全长1494 km。工程南起西气东输干线青山分输站,途经江苏、山东、河北三省的12个市县,最后到达河北省安平县,肩负着向河北、山东、江苏等地区的供气任务,年输气量为90亿 m^3。作为连接全国天然气管网的西气东输冀宁联络线是一条纵贯华北、华东,连通环渤海和长江三角洲两大经济圈的能源大动脉,是国家干线输气管道。工程的建成投产使我国两条重要的输气管道——西气东输管道和陕京输气管道连接在一起,确保了两条管道的用气互补和安全。

8. 中国-中亚天然气管道工程

中国-中亚天然气管道建设过程历时一年半。该管道分A、B双线敷设,单线长1833 km,A线于2009年12月初试运投产;2010年已实现双线建成通气。中国-中亚天然气管道与西气东输二线相连,构成一条横贯东西的中国天然气"主动脉"。按照规划,每年来自土库曼斯坦等国的天然气将有300亿 m^3,途中惠及中西部、长三角、珠三角共14个省市,南端最终送达香港。该管道起于阿姆河右岸的土库曼斯坦和乌兹别克斯坦边境,经乌兹别克斯坦中部和哈萨克斯坦南部,从阿拉山口进入中国霍尔果斯。管道全长约 10000 km,其中土库曼斯坦境内长 188 km,乌兹别克斯坦境内长 530 km,哈萨克斯坦境内长 1300 km,其余约 8000 km 位于中国境内。

9.中俄天然气管道工程

中俄东线天然气管道气源地位于俄东西伯利亚地区伊尔库茨克的科维克金气田和雅库茨克的恰扬金气田。从气源地起,管道将途经俄伊尔库茨克州、萨哈共和国和阿穆尔州,由布拉戈维申斯克穿越黑龙江进入我国境内黑河市,经黑龙江、吉林、内蒙古、辽宁、河北、天津、山东、江苏,最终到达上海。俄国境内管线名为"西伯利亚力量",全长 3250 km 左右,含 8 座压气站,分三期建设:首期建设恰扬金气田至布拉戈维申斯克管道,二期连通科维克金气田至恰扬金气田,三期计划扩展恰扬金气田至布拉戈维申斯克管道输气能力。中国境内段拟新建管道 3170 km,利用已建管道 1800 km,配套建设地下储气库,分北段(黑龙江黑河—长岭吉林干线及长岭—长春支线)、中段(吉林长岭—河北永清)、南段(河北永清—上海)分别建设。按计划,管道将于 2018 年底建成,通气后将向中国东北、环渤海和长三角地区供气。

1.2.2　积极推进城市天然气利用的发展

城市利用天然气是坚持可持续发展战略,优化能源结构,保护环境的重大措施。它对拉动国民经济的增长,提高人民的生活质量,改善城市基础设施的水平,推进城市建设等具有促进和推动作用,无论在经济效益还是在社会效益上,都将产生直接、深远的影响。根据城市利用天然气规划研究工作以及天然气利用近期发展的情况,目前尚有一些问题需要注意和进行深入研究。

1.明确城市市场的重要作用

世界各国天然气消费中,城市利用所占比例不尽相同,美国、日本、韩国和欧洲地区城市用气比例均占首位,荷兰和韩国城市民用天然气占总消费量 50% 以上,美国城市民用天然气占 38.5%。由此可见城市民用领域在各国天然气消费中,均占有较为重要的位置。

从天然气各种用户(如发电、化工、工业等)对天然气价格承受能力的分析来看,城市用气最强。这也正是天然气城市利用能够作为天然气消费市场的主要支撑的原因。

2.认识城市天然气的建设和供应特点

城市天然气市场是由千家万户以及大量的公建、工业用户组成的,要做到上游(资源)、中游(管道)、下游(市场)同时启动,同时完成,对城市天然气市场需要有一种特殊的认识。从前期研究到设计、施工以及建成投产、用户置换等,比其他下游市场需要耗费更多的时间(至少 3 年),因此,为保证上下游一体化运行,必需提前做好前期的准备工作,缩短运作周期。

3.城市天然气利用必须与环保部门联合推出有力措施

有必要制定一系列有利于城市天然气发展的环保措施。有些措施甚至可以是带有政策性,需要强制执行的。只有得到环保政策的支持,城市天然气才能顺利发展。

(1) 实行"货币治污",收缴环保治理费,定量化、制度化。例如:制定污染和收费罚款的标准,凡是实施天然气项目可以减少污染的,就根据减污量按标准进行项目补贴。

(2) 各地区可以推行城市用煤总量、排污总量控制的措施。推广划分城市无煤区的办法,分期分批逐步进行。

(3) 积极支持汽车燃油税的政策出台。只有使目前汽油、柴油加上燃油税的费用高于使用压缩天然气(CNG)汽车的燃料费(应给以免除燃油税的优惠),才能推动 CNG 汽车的发展,有利于城市大气质量的改善。世界各国对 CNG 汽车均有各种优惠政策。

(4) 北方地区用天然气改造烧煤锅炉房对改善城市污染有显著的作用,需要和环保、物价等相关部门联合研究相关的政策。

4. 天然气的定价对城市天然气市场的影响

天然气的价格与城市居民的经济承受能力,以及天然气和其他城市能源(如电、液化石油气、煤等)竞争的经济比较,是十分敏感且直接影响天然气市场大小的问题。因此确定合理的天然气价格对城市天然气发展是至关重要的。

5. 调整城市天然气居民和工业价格的关系

城市天然气市场中,居民的用气量份额只和城市人口增长、用气水平的提高以及城市化进展等因素有关,估计随着城市气化率的提高,将不是城市天然气利用市场发展的主要方面。目前城市工业用气的气化率很低,但在经济增长、工业发展、企业效益不断提高等因素的刺激下,城市工业用气的气化率将有较大幅度提高,用气量在中远期阶段将会有很大比例的增长。

目前,工业用燃气价格偏高是工业用气比例下降、制约工业用气发展的主要原因。现行的城市燃气价格一般都是工业用气价格高于居民用气价格,目前预计的平均高位价格为 $3\sim4$ 元/m³,高于此价格的工业用气也仅仅是经济效益较好的企业才能接受。因此按目前的燃气价格体系来运行,必然会影响到工业用气的发展。

工业用气比例的增加可以缓解城市调峰,有利于天然气企业的管理,是促进天然气市场发展的一个重要方面。城市天然气价格的顺序应该是:

公建、商业用户＞居民用户＞工业用户

6. 城市天然气应提前做好预筹建设资金的工作

城市天然气的投资渠道有政府预算内投资、银行贷款、外商外资及自筹资金等。

政府应积极扶持城市天然气项目的建设,包括以下几个方面。

(1) 实施更严格的环保政策。

(2) 完善天然气价格机制。

(3) 推动天然气市场建设。

(4) 建立大用户自主选择资源和供气路径的机制。

7. 做好城市接纳天然气的技术准备工作

(1) 加强城市利用天然气的宣传力度。认识到从资源、市场以及规划等方面宣传利用天然气的重要性、必要性和可行性。

(2) 活跃城市天然气利用的技术交流。充分利用学会和协会,组织各种学术会议、研究城市天然气利用的有关技术课题。

(3) 努力开发城市天然气市场,加强市场产品的研究。研究城市天然气可以拓宽的应用领域及技术课题。例如:天然气与集中锅炉房供热比较;直燃式天然气空调;天然气热电联供;液化天然气(LNG)供城市冷热电研究;CNG 经济分析及设备国产化研究;从天然气开采、长输管线到城市的全系统,为满足城市供气要求,确定合理的城市调峰配置的研究;为适应城市天然气的输送,原有输送人工煤气的旧有管道的改造方式,包括采用不开挖反衬塑料管方法的研究等。

(4) 做好专题研究的立项工作。对于列入建设部科技开发研究的项目,拨出一定的专款,支持课题的研究。特别是天然气城市调峰研究和旧有管道的改造研究,希望立即进入立项研究阶段。

1.2.3　天然气购销模式

1. 照付不议

尽管天然气与原油都属于重要的能源物资,但二者有许多不同之处。首先,天然气在标准状态下的体积比等热值的原油大 1000 多倍,因此不能便利地使用交通工具运输,必须使用管道或者经过特别处理的低温液化天然气船舶来运输。因为天然气生产、储运系统设施投资成本很高,所以在没有落实天然气供方和买方的情况下,一般不会兴建管道、LNG 船舶以及相应设施。其次,根据我国现阶段的天然气管道输送情况,卖方不可能像原油用户那样随意更换。因此,为了以最严格的商业信用和合同法律文本来落实天然气的卖方和买方,并保证上游、中游投资的回收和盈利,"照付不议"就成为我国天然气供销的一种最佳模式。

"照付不议"取自英文"take or pay",其实除了"照付不议"的意思外,还有"照供不误"的含义。照付不议合同中要求买方承诺最低用气量支付义务,这个最低用气量就像一个起保障作用的"杠杆",如果实际用气量超出了这个"杠杆",就按照实际用气量付款,否则仍按最低用气量付款,而且用户的付款行为要在银行的监督下执行。同时,为了保证卖方提供的天然气资源可靠,照付不议合同采用两种条款加以制约,即"供应式条款"和"枯竭式条款"。前者由卖方承担储量风险,后者则由买卖双方共同承担储量风险。照付不议合同明确供气质量标准和数量要求,卖方如违约,将受到合同规定的惩罚。

2. 峰谷气价

峰谷气价是效仿"峰谷电价",推行天然气差别性气价政策的制度,主要针对夏季用气偏少的情况。引入峰谷气价就是要以价格为杠杆,通过价格变化,平衡价格与销量的关系,有效平抑峰谷。具体说就是对一些冬季无法降低产量或停止生产的企业,提高用气价格,通过价格杠杆促使企业降低产量;相反在淡季,在用气价格上给予一定优惠,鼓励其多用气。

天然气峰谷气价将更多地在企业用户中推行,而不是在居民用户中推广。在不同季节、月、日甚至每个小时,天然气需求都存在着严重不均衡的问题,比如夏季和冬季的天然气用量相差几倍,则可通过实施季节性差价,采取夏季气价不变、冬季气价上调等方式缓解这种情况。峰谷气价就是考虑到晚高峰用气和企业用气集中的情况,以调整价格的方式来实现节约能源,减少天然气尤其是非居民用户的天然气用量。

1.2.4　天然气价格分析

我国天然气价格受国家政策影响最大。2005 年以来,国家发展和改革委员会出台了 8 次天然气价格改革文件。2005—2014 年价改是小步快跑涨价,2015 年价改是随国际替代能源价格下行而大幅降价。通过 10 年来的价格调整,初步理顺了天然气与替代能源的价格关系,天然气定价方式从政府定价逐步迈向市场化定价。目前,我国仅有部分天然气气源价格不受国家政策调控,例如海上气田气、进口 LNG、煤层气、煤制气,可由买卖双方协商定价,但由于中国石油、中国石化的气源占据我国 80% 以上的市场份额,因此,随着市场波动,其他气源实现的天然气价格也会受到影响(一来新签合同价格随行就市,二来既有价格较高的长约用户要求降价)。未来,随着我国天然气管网的公平开放以及上海石油天然气交易中心功能的日臻完善,国内天然气价格将实现完全市场定价。

1. 阶梯气价

为权衡居民福利与资源配置,部分地区居民天然气已实施阶梯定价。阶梯气价是指居民每年或每月用气量超过天然气基本消费量后,执行高气价,对用户消费的气量分段定价。阶梯气价将居民用气划分为三档,各档气价按照 1∶1.2∶1.5 的比例安排,实行超额累计加价方式计费。

2014 年 3 月 21 日,国家发展和改革委员会印发《关于建立健全居民生活用气阶梯价格制度的指导意见》,将居民用气分为三档:第一档用气量按覆盖区域内 80% 居民家庭用户的月均用气量确定,保障居民基本生活用气需求;第二档按覆盖区域内 95% 居民家庭用户的月均用气量确定;第三档用气量为超出第二档用气量的部分。

第一档气价按基本补偿供气成本的原则确定,并在一定时期内保持稳定;第二档气价按合理补偿成本、取得合理收益的原则确定;第三档气价要充分体现天然气资源稀缺程度。各档具体气量和气价由各地结合当地实际确定,并充分考虑低收入家庭经济承受能力。同时,各地的方案在进行价格听证后实施。

2. 燃气管道负荷率定价

2016 年,国家出台了一系列加强天然气管网输配价格监管的政策措施,其中,在向社会公开征求意见并修改完善后,国家发展和改革委员会印发《天然气管道运输价格管理办法(试行)》和《天然气管道运输定价成本监审办法(试行)》(以下简称"两个《办法》"),对天然气管道运输价格机制进行重大改革,这是落实党中央国务院关于深化价格改革、健全政府定价制度的重要举措。

两个《办法》明确制定和调整天然气管道运输价格,遵循"准许成本加合理收益"的原则,对价格监管的范畴、对象,价格制定和调整的方法、程序,以及部分核心指标如准许收益率、负荷率等均做了细致的规定。与之前的管道运输价格机制相比,改革后的管道运输价格机制的核心变化在于:一是定价方法的变化。由原来运用建设项目财务评价原理监管管道运输价格为主的定价方法,调整为按照"准许成本加合理收益"的原则定价,即在核定准许成本的基础上,通过监管管道运输企业的准许收益,确定年度准许总收入,进而核定管道运输价格。二是价格监管对象的变化。不再以单条管道为监管对象,对每条管道单独定价,而是以管道运输企业为监管对象,区分不同企业定价。三是价格公布方式的变化。由国家公布具体价格水平改为国家核定管道运价率,企业测算并公布进气口到出气口的具体价格水平。

两个《办法》中将天然气管道运输的准许收益率明确为税后全投资收益率 8%。其中,8% 的收益率在管道负荷率达到 75% 时才能取得,在其他因素不变的情况下,如果管道负荷率低于 75%,则收益率将低于 8%。该定价方案有利于调动各方面投资天然气管道建设的积极性,促进天然气产业发展。

3. 燃气管道供销差定价

2017 年,为进一步加强和完善城镇管道天然气配气价格管理,促进天然气行业健康发展,部分省市区提出了制定和调整城镇管道天然气配气价格的方案。其中包括准许成本即定价成本,包括折旧及摊销费和运行维护费,由价格主管部门按照管理权限通过成本监审核定。准许成本的归集应当遵循合法性、相关性和合理性原则,凡与配气业务无关的成本均应予以剔除。配气业务和其他业务的共用成本,应当按照固定资产原值、收入、人员等进行合理分摊。城镇管道天然气经营企业的配气业务与其他业务应单独核算。

准许成本的核定原则上根据政府制定价格成本监审办法等有关规定执行。其中,供销差率(含损耗)原则上不超过 5%,2020 年 6 月底前降至不超过 4%;管网折旧年限不低于 30 年;建筑区划内按法律法规规定由企业承担运行维护责任的运行维护成本可以计入准许成本。

1.2.5　天然气价格形成和调整机制问题

我国天然气产业价格形成机制尚不完善,价格改革正在逐步推进中。作为天然气价格体系重要组成部分的城镇管道燃气价格,仍然存在着价格传导不畅、交叉补贴严重等现象,严重制约着城镇管道燃气行业的健康发展。

1.用户定价存在交叉补贴

管道燃气具有典型的规模经济效益,用气量越大,单位成本越低。因此,工商业供气成本要明显低于居民供气成本。目前,世界各国都基本采用民用用户高气价、工商业用户低气价的定价原则。我国长期以来把城市管道燃气视为一项社会民生福利,对居民用户实行低价政策,而用气成本较低的工商业用户则要承担较高的气价。这种不合理的价格交叉补贴非但没有体现出公平负担的原则,反而增加了城市管道燃气企业的成本压力,不利于引导用户开展节能减排和优化燃料结构等工作。

2.价格联动无法有效落实执行

近年来,国家价格主管部门多次出台天然气价格调整文件,并且在文件中明确提出要求地方政府建立非居民天然气价格联动机制。目前,部分地方政府已经初步建立起天然气价格联动机制,但在执行过程中,并未得到有效落实。地方政府往往由于居民消费价格指数(CPI)和民生维稳等因素,拖延下游联动,导致联动机制无法有效执行,给下游企业经营造成了严重影响。

3.居民用气价格听证会制度对价格有效传导形成掣肘

目前,《价格法》中规定"制定关系群众切身利益的公用事业价格、公益性服务价格、自然垄断经营的商品价格等政府指导价、政府定价时,应当建立听证会制度",因此,居民用气价格在各地均执行听证会制度。但是,由于居民用气价格的成本构成中,气源采购成本是由国家发展和改革委员会确定的,城镇管道燃气企业对气源采购成本变化的传导既无法控制,又必须走听证程序,这无疑延缓了价格调整的传导时间,增加了燃气企业的经营负担。

4.现行城镇燃气管道燃气价格成本构成缺乏前瞻性

目前,我国城镇管道燃气定价主要采取成本加成法,关键在于合理确定企业的各项成本,这包括了成本构成和成本额度。一方面,在成本构成上,普遍做法是仅考虑企业当期或历史发生过的成本项目,不考虑企业在后续经营中可能发生的成本,如设备的更新改造、安全措施、用户的安全运维、燃气表具的更换等成本项目不纳入定价成本构成范畴。另一方面,在成本额度上,通常是对燃气经营企业过去几年的经营成本进行监审,依据成本监审结果制定销售价格。这种方法既不能反映企业因规模的持续扩大所带来的单位成本摊薄,也无法体现用户数量增加带来的成本增加,显然不能科学合理地确定成本额度。

5.上下游价格监管力度不一

目前,我国天然气价格管理采用分段管理方式,上游天然气井口、出厂价格及管输费由国家发展和改革委员会管理,下游城市门站后的天然气销售价格由各地发展和改革委员会和物价部门管理。这种分段管理的方式造成城镇管道燃气企业的价格制定和调整受到地方物价部门的严格监管,但国家发展和改革委员会对天然气上游生产价格、中游管输价格的监管仍显力度不足。

6.能源价格变化影响天然气的推广利用

之前,我国一次能源消费结构中,仍然以煤炭、石油为主,天然气的推广利用主要是对煤和油的替代。但是近期,煤炭价格大幅走低,成品油、燃料油等油品价格随着原油价格下跌而不断下调,相反,天然气价格机制改革推动了天然气价格不断上涨,相比于被替代能源,天然气已经不再具有明显的价格优势,天然气推广利用的难度加大。

1.2.6 城镇燃气价格改革建议

1.建立与消费者的有效沟通

政府应向消费者传递一个明确的信号,即价格改革的目的并不是涨价,而是建立合理的价格形成机制,通过更健全的机制更好地服务于大众,涨价只是手段而不是目的。同时,重要的是要切实实现目标,不能只见涨价,不见效果。

2.价格改革要与竞争、监管配合推进,系统发展

天然气的价格改革需要其他方面改革的配合,所以政府在制定价格改革政策的过程中要充分考虑其他方面改革的情况,进而制定一套系统性的改革战略,使各个改革子系统均能够得到有效的整合,以期最终完成整个行业的改革目标。

3.提高煤电排放治理的标准,建立价格补偿机制

天然气等清洁能源利用的正外部性应获得合理的价值补偿。建议对造成严重污染的燃煤发电,通过征收资源税或环境税,使燃煤或燃气的外部成本或收益内部化,让价格真正反映其价值。

1.3 天然气的基本性质

1.3.1 天然气的组成

天然气是由多种可燃和不可燃的气体组成的混合气体。以低分子饱和烃类气体为主,并含有少量非烃类气体。在烃类气体中,甲烷(CH_4)占绝大部分,乙烷(C_2H_6)、丙烷(C_3H_8)、丁烷(C_4H_{10})和戊烷(C_5H_{12})含量不多,庚烷以上烷烃含量极少。另外,天然气所含的少量非烃类气体一般有二氧化碳(CO_2)、一氧化碳(CO)、氮气(N_2)、氢气(H_2)、硫化氢(H_2S)和水蒸气(H_2O)以及微量的隋性气体氦气(He)、氩气(Ar)等。

天然气中单一气体的特性是计算其混合气体特性的基础数据。气体的特性与气体所处的状态有关。目前,气体的标准状态有以下三种。

（1）1954 年第 10 届国际计量大会（CGPM）协议的标准状态：温度 273.15 K（0 ℃），压力 101.325 kPa。世界各国科技领域广泛采用这一标准状态。

（2）国际标准化组织（ISO）和美国国家标准（ANSI）规定的标准状态：温度 288.15 K（15 ℃），压力 101.325 kPa，是计量气体体积流量的标准。

（3）中国国家标准《天然气计量系统技术要求》（GB/T 18603—2014）规定的标准状态：温度 293.15 K（20 ℃），压力 101.325 kPa。这是计量气体体积流量的参比条件。同时该标准规定："也可采用合同规定的其他参比条件。"

1.3.2 天然气的平均参数

天然气由互不发生化学反应的多种单一组分气体混合而成。它的平均参数可由单一组分气体的性质按混合法则求得。

1．天然气的平均摩尔质量

标准状态下，1 mol 天然气的质量定义为天然气的平均摩尔质量。

$$M = \sum y_i M_i \tag{1-1}$$

式中：M——天然气的平均摩尔质量，g/mol；

$\quad y_i$——天然气中第 i 组分的摩尔分数；

$\quad M_i$——天然气中第 i 组分的摩尔质量，g/mol。

2．天然气的密度

1）天然气的平均密度

天然气的平均密度指单位体积的天然气的质量。按不同的情况计算：

0 ℃标准状态：

$$\rho = \frac{1}{22.414} \sum y_i M_i \tag{1-2}$$

20 ℃标准状态：

$$\rho = \frac{1}{24.055} \sum y_i M_i \tag{1-3}$$

任意温度与压力下：

$$\rho = \frac{\sum y_i M_i}{\sum y_i V_i} \tag{1-4}$$

式中：ρ——天然气的平均密度，kg/m³；

$\quad y_i$——天然气中第 i 组分的摩尔分数（对理想气体，其体积分数与摩尔分数相等）；

$\quad M_i$——天然气中第 i 组分的摩尔质量，g/mol；

$\quad V_i$——天然气中第 i 组分的摩尔体积，m³/mol。

2）天然气的相对密度

在标准状态下，气体的密度与干空气的密度之比称为气体的相对密度。

对单组分气体：

$$\Delta = \rho / \rho_a \tag{1-5}$$

式中：Δ——气体的相对密度；

$\quad \rho$——气体密度，kg/m³；

ρ_a——空气密度，kg/m³，在 $p_0=101.325$ kPa，$T_0=273.15$ K 时，$\rho_a=1.293$ kg/m³；在 $p_0=101.325$ kPa，$T_0=293.15$ K 时，$\rho_a=1.206$ kg/m³。

对混合气体（如天然气）：

$$\Delta = \sum y_i \Delta_i \tag{1-6}$$

式中：Δ——混合气体的相对密度；

　　y_i——混合气体中第 i 组分的体积分数；

　　Δ_i——混合气体中第 i 组分的相对密度。

3. 天然气的虚拟临界参数和对比参数

1）天然气的虚拟临界参数

在计算天然气的某些物性参数时，常常要用到虚拟临界参数（临界压力、临界温度、临界密度）。任何气体在温度低于某一数值时都可以等温压缩成液体，但当高于该温度时，无论压力增加到多大，气体都不能液化，这一可以使气体压缩成液体的极限温度称为该气体的临界温度。当温度等于临界温度时，将气体压缩成液体所需的压力称为临界压力，此时气体的状态称为临界状态。气体在临界状态下的温度、压力、密度分别称为临界温度、临界压力、临界密度。天然气的虚拟临界温度、虚拟临界压力和虚拟临界密度可按天然气中各组分的摩尔分数及其临界温度、临界压力和临界密度求得。

$$T_c = \sum y_i T_{ci} \tag{1-7}$$

$$p_c = \sum y_i p_{ci} \tag{1-8}$$

$$\rho_c = \sum y_i \rho_{ci} \tag{1-9}$$

式中：T_c——天然气的虚拟临界温度，K；

　　p_c——天然气的虚拟临界压力（绝对压力），Pa；

　　ρ_c——天然气的虚拟临界密度，kg/m³；

　　T_{ci}——天然气中第 i 组分的临界温度，K；

　　p_{ci}——天然气中第 i 组分的临界压力（绝对压力），Pa；

　　ρ_c——天然气中第 i 组分的临界密度，kg/m³；

　　y_i——天然气中第 i 组分的摩尔分数。

2）天然气的对比参数

天然气的压力、温度、密度与其临界压力、临界温度和临界密度之比称为天然气的对比压力、对比温度和对比密度，它们是天然气的对比参数。

$$p_r = p/p_c \tag{1-10}$$

$$T_r = T/T_r \tag{1-11}$$

$$\rho_r = \rho/\rho_c \tag{1-12}$$

式中：p_r——天然气的对比压力；

　　T_r——天然气的对比温度；

　　ρ_r——天然气的对比密度。

1.3.3　天然气的 pVT 关系

可压缩气体的压力 p、密度 ρ（或摩尔体积 V）和温度 T 之间的关系式是十分重要的。表

达这种关系的方程叫作状态方程。对于 1 mol 的理想气体,其状态方程表示为

$$pV = RT \tag{1-13}$$

式中:R——摩尔气体常数,约为 8.314 J/(mol · K)。

尽管这个方程在本质上是一个经验方程,但是基于某些假设,它可以根据简单动力论从理论上推导出来。其假设主要有两点:① 分子是质点;② 分子间没有相互作用力。这两个假设对于压力为零的气体是合理的。但是,当压力升高或密度增大时,气体分子本身占据的体积变大,其影响越来越重要,而且分子间的相互作用力也变得越来越明显。考虑这些效应,范德华在 1873 年提出另一个状态方程,即范德华状态方程。尽管该方程能够描述实际气体的一般特性,但它只是定性的。在范德华方程提出之后,考虑到实际气体的性质,不同学者又提出了大量的状态方程。一些是基于理论的论证,另一些则完全是经验方程。下面介绍可用于描述天然气的一些方程。

1. RK 方程

RK(Redlich-Kwong)方程是于 1949 年提出的二参数状态方程,基本形式为

$$p = \frac{RT}{V - b} - \frac{a}{T^{0.5} V(V + b)} \tag{1-14}$$

式中:a、b——常数。

对单组分气体,应用临界点的热力学稳定判据$(\mathrm{d}p/\mathrm{d}V)_{T_c} = 0$,$(\mathrm{d}^2 p/\mathrm{d}V^2)_{T_c} = 0$,与式(1-14)结合,可得到 a、b 与临界温度 T_c 和临界压力 p_c 的关系:

$$a = \frac{\Omega_a R^2 T_c^{2.5}}{p_c} \tag{1-15}$$

$$b = \frac{\Omega_b R T_c}{p_c} \tag{1-16}$$

式中:$\Omega_a = 0.42748$;$\Omega_b = 0.086640$。

对于混合气体,常数 a、b 可由纯组分的摩尔分数 y_i 和相应常数 b_i 按以下混合规则求得:

$$a = \left(\sum y_i a_i^{0.5} \right)^2 \tag{1-17}$$

$$b = \sum y_i b_i \tag{1-18}$$

2. SRK 方程

SRK 方程是 Soave 在 RK 方程的基础上,于 1972 年提出的一种改进状态方程,其形式为

$$p = \frac{RT}{V - b} - \frac{a}{V(V + b)} \tag{1-19}$$

对单组分气体,a 和 b 的计算公式如下:

$$a = 0.42748 \frac{R^2 T_c^2}{p_c} \tag{1-20}$$

$$b = 0.08664 \frac{R T_c}{p_c} \tag{1-21}$$

式中:a 与气体相对温度 T_r 和偏心因子 ω 有关。

3. PR 状态方程

SRK 方程在预测液体密度时稍欠准确。对烃类组分(甲烷除外),预测的液相密度普遍较实验数据小。为进一步提高对热力学性质和气液平衡数据预测的准确性,Peng 和 Robinson 在 Soave 的模型基础上又做了些改进,于 1976 年提出 PR 状态方程,其形式为

$$p = \frac{RT}{V-b} - \frac{a}{V(V+b)+b(V-b)} \tag{1-22}$$

1.3.4　天然气的热值

1 m³ 燃气完全燃烧所放出的热量称为该燃气的体积热值,以下简称热值,单位为 kJ/m³。天然气的热值有高热值和低热值。高热值是指在压力为 101.325 kPa,温度为 25 ℃,燃烧所生成的水蒸气完全凝成水的条件下天然气的热值;低热值是指在天然气初始温度与燃烧后所生成产物的温度相同,燃烧生成的水蒸气保持气相的条件下天然气的热值。

在实际燃烧中,烟气排放温度均比水蒸气冷凝温度高得多,水蒸气并没有完全冷凝,其冷凝热得不到利用。所以在工程计算中,一般采用低热值。

理想热值

$$H^0 = \sum y_i H_i^0 \tag{1-23}$$

真实热值

$$H = H^0/Z \tag{1-24}$$

式中:H_i^0——天然气中第 i 组分的理想热值,kJ/m³;

$\qquad H^0$——天然气的理想热值,kJ/m³;

$\qquad H$——天然气的真实热值,kJ/m³;

$\qquad Z$——气体压缩系数。

天然气各组分的理想热值如表 1-5 所示。

表 1-5　天然气各组分的理想高热值和理想低热值

组分	101.325 kPa,273.15 K		101.325 kPa,293.15 K	
	高热值/(kJ/m³)	低热值/(kJ/m³)	高热值/(kJ/m³)	低热值/(kJ/m³)
甲烷	39829	35807	37033	33356
乙烷	69759	63727	64877	59362
丙烷	99264	91223	92331	84787
正丁烷	128629	118577	119655	110463
异丁烷	128257	118206	119307	110116
正戊烷	158087	146025	147063	136034
异戊烷	157730	145668	146729	135700
己烷	187528	173454	174459	161589
氢气	12789	10779	11889	10051
一氧化碳	12608	12618	11763	11763
硫化氢	25141	23130	23393	21555

1.3.5　天然气的爆炸极限

可燃气体在空气中的体积分数低于某一极限时,氧化反应产生的热量不足以弥补散失的热量,使燃烧不能进行;当其体积分数超过某一极限时,由于缺氧也无法燃烧。前一体积分数称为着火(爆炸)下限,后一体积分数称为着火(爆炸)上限,二者统称为着火极限,又称为爆炸极限。对于不含氧或惰性气体的天然气,其爆炸极限估算式为

$$L = \sum_i \frac{V_i}{L_i} \tag{1-25}$$

式中:L——天然气的爆炸上(下)限,%;

　　　V_i——天然气中第 i 组分的体积分数,%;

　　　L_i——天然气中第 i 组分的爆炸上(下)限,%。

对于含有惰性气体的天然气,其爆炸极限范围将缩小,估算式为

$$L' = L \frac{\left(1 + \frac{u_i}{1 - u_i}\right) \times 100}{100 + L\left(\frac{u_i}{1 - u_i}\right)} \tag{1-26}$$

式中:L'——含有惰性气体的天然气的爆炸上(下)限,%;

　　　L——不含有惰性气体的天然气的爆炸上(下)限,%;

　　　u_i——惰性气体的体积分数,%。

1.3.6　天然气含水量和露点温度

1. 天然气含水量及水露点温度

天然气中往往含有水蒸气。天然气的含水量与天然气的压力、温度和组成等因素有关。一定条件下,天然气与液态水达到相平衡时气相中的含水量称为天然气的饱和含水量。天然气含水量可由绝对湿度和相对湿度来描述。

绝对湿度是指单位体积天然气中含有的水量,单位为 mg/m^3。在一定温度和压力下,天然气含水量若达到饱和,则这个饱和时的含水量称为饱和湿度。

相对湿度是指天然气绝对湿度和饱和湿度之比。

天然气的水露点温度是指在一定压力下天然气中水蒸气开始冷凝结露的温度,简称水露点。

天然气的饱和含水量和水露点温度可以通过查图和计算得到,图 1-2 为天然气水露点压力温度图。

天然气含水量可按下述公式计算:

$$W = 1.6017 AB^{(1.8T+32)} \tag{1-27}$$

式中:W——天然气水含量,mg/m^3;

　　　T——系统温度,℃;

　　　A、B——与压力有关的系数,且

$$A = \sum_{i=1}^{4} a_i \left(\frac{0.145p - 350}{600}\right)^{i-1} \tag{1-28}$$

$$B = \sum_{i=1}^{4} b_i \left(\frac{0.145p - 350}{600}\right)^{i-1} \tag{1-29}$$

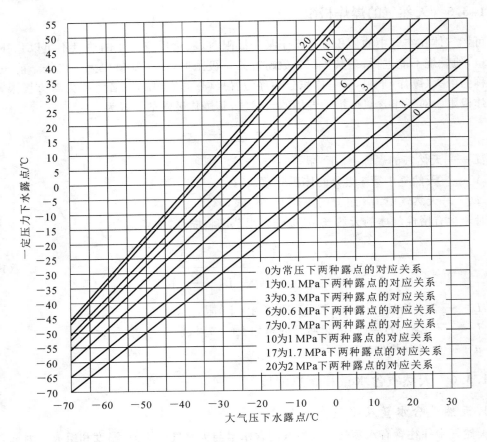

图 1-2　天然气水露点压力温度图

式中：p——系统压力，kPa；

　　　a_i、b_i——计算系数，见表 1-6。

2. 天然气的烃露点温度

天然气的烃露点温度（简称烃露点）是指一定组成的气相天然气在一定压力下冷凝，当开始凝出第一滴液珠时的温度，其计算式为

$$y_i = K_i x_i \tag{1-30}$$

$$\sum_i x_i = \sum_i y_i / K_i = 1 \tag{1-31}$$

$$\sum_i y_i = 1 \tag{1-32}$$

$$K_i = f(p, T, x_1, x_2, \cdots, y_1, y_2, \cdots) \tag{1-33}$$

式中：x_i——天然气冷凝液相中第 i 组分的摩尔分数；

　　　y_i——天然气气相中第 i 组分的摩尔分数；

　　　K_i——气相液相平衡常数；

　　　p——天然气压力，Pa；

　　　T——天然气烃露点温度，K。

表 1-6　计算系数

计算系数	温度范围	
	$T < 37.78\ ℃$	$37.78\ ℃ \leqslant T \leqslant 82.22\ ℃$
a_1	4.34322	10.38175
a_2	1.35912	-3.41588
a_3	-6.82391	-7.93877
a_4	3.95407	5.8495
b_1	1.03776	1.02674
b_2	-0.02865	-0.01235
b_3	0.04198	0.02313
b_4	-0.01945	-0.01155

注:式(1-28)、式(1-29)的使用范围为 $p \leqslant 70$ MPa, $T \leqslant 82.22\ ℃$。

气相液相平衡常数 K_i 是进行相平衡计算的关键参数。目前关于它的确定有三种方法。第一种是会聚压法,这种方法是使用曲线图版进行计算的,较为烦琐;第二种方法是列线图法,这种方法是将烃类系统看作接近理想溶液进行简化再进行计算的,工程上使用较为普遍;第三种方法是根据热力学原理进行相平衡计算的。

对于烃类系统,在大量实验测定和理论推算基础上,得到的气相液相平衡常数 K_i 列线图如图 1-3 所示。只要知道系统的温度和压力,就可以从图中查到 K_i 的值。须指出的是,由于该图忽略了系统各组分间的互相影响,故所查得的 K_i 只是一个近似值,其平均误差为 $8\% \sim 15\%$。若要进行更准确的计算,需采用热力学模型进行相平衡计算。

用列线法计算天然气烃露点温度的步骤如下。

(1) 已知压力 p,假设烃露点温度为 T_d。

(2) 由 p 和 T_d 查图 1-3 得 K_i。

(3) 计算 $\left| 1 - \sum_i y_i / K_i \right|$,若其值小于某个允许误差,则 T_d 即为所求的天然气烃露点温度。否则,重新假设 T_d,回到第(2)步,直到满足要求为止。

若按初设 T_d 所求出的 $\sum_i y_i / K_i$ 值大于 1,表明所设温度偏低,反之表明所设温度偏高。

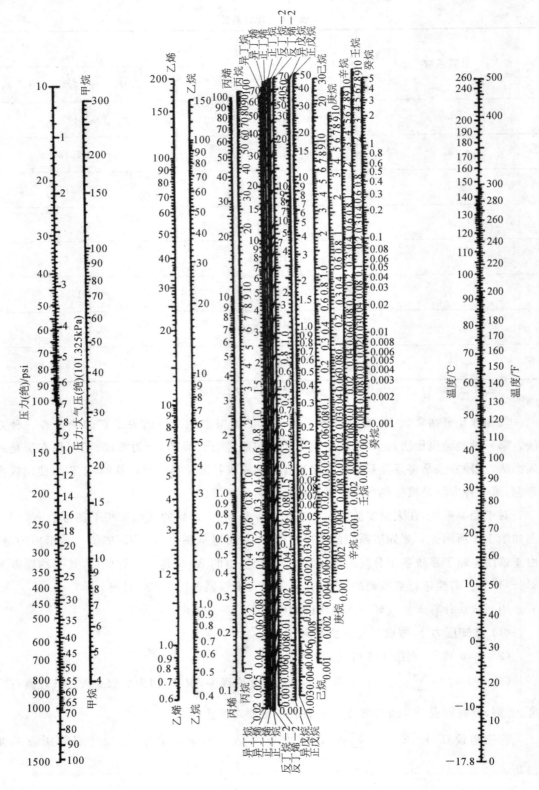

图 1-3　烃类的 K_i 列线图

注:1 psi≈6894.76 Pa

思　考　题

1.什么是天然气？天然气分为哪几种？

2.我国现有的天然气消费结构有哪些？与一些发达国家相比，我国的天然气消费结构有何特点？

3.某天然气中甲烷的体积分数为 92.26%，乙烷的体积分数为 5.94%，丙烷的体积分数为 1.18%，丁烷的体积分数为 0.02%，其余为氮气、二氧化碳及稀有气体，求该天然气的高热值及低热值。

4.压力为 0.4 MPa，温度为 30 ℃的天然气，求其饱和含水量；若压力降至 0.2 MPa，求其水露点温度。

本章参考文献

[1] 宗新轩，张抒意，冷岳阳，等.可燃冰的研究进展与思考[J].化学与粘合，2017，39（1）：51-55.

[2] 国家能源局，中国城市燃气协会.天然气基础设施公平开放实施细则研究[R].北京：中国石油大学，2016.

[3] 成菲，舒兵，秦园，等.国外天然气利用趋势及其启示与建议[J].天然气技术与经济，2017，11(2)：67-73.

[4] 国家能源局石油天然气司，等.2017 中国天然气发展报告[R].北京：2017 年能源大转型高层论坛，2017.

[5] 中国城市燃气协会.中国燃气行业年鉴（2015）[M].北京：中国建筑工业出版社，2015.

第2章 天然气的净化

天然气净化的目的是将含 H_2S、CO_2 等酸性气体或其他杂质的原料天然气进行处理，脱除天然气中的 H_2S、CO_2、水分及其他杂质（如尘粒、有机硫等），以使产品气质量符合国家标准《天然气》(GB 17820—2012)的要求，并回收酸气中的硫，且使排放的尾气达到相关环保法规的要求。天然气净化工艺一般包括除尘、脱硫脱碳、脱水、硫磺回收及尾气处理等几个环节。其净化处理流程如图 2-1 所示。

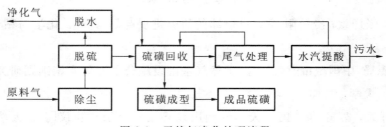

图 2-1　天然气净化处理流程

2.1　城市天然气质量要求

城市天然气的质量要求是根据经济效益、安全卫生和环境保护等三方面的因素综合考虑制定的。城市天然气的主要技术指标及其概念如下。

（1）最小热值：为了使天然气用户能根据天然气燃烧热值适当地确定其加热设备规格、型号，确定最小热值是必须的。这项规定主要要求控制天然气中的 N_2 和 CO_2 等不可燃气体的含量。

（2）含硫量：主要是为了控制天然气的腐蚀性和出于对人类自身健康和安全的考虑。常以 H_2S 含量或总硫（H_2S 及其他形态的硫）含量来表示。一般而言，H_2S 含量不高于 6～24 mg/Sm³。

（3）烃露点：在一定压力下天然气中析出第一滴液态烃类时的温度，它与天然气的压力和组分有关。

（4）水露点：在一定压力下，天然气饱和绝对湿度对应的温度。也可以这样描述，天然气的水露点是指天然气中的水蒸气在一定压力下，凝结出第一滴水时天然气的温度。

我国 2012 年发布的国家标准《天然气》(GB 17820—2012)中有关城市天然气的质量指标如表 2-1 所示。

表 2-1　天然气质量指标

项目	一类	二类	三类
高位发热量^a/(MJ/m³)≥	36.0	31.4	31.4
总硫(以硫计)^a/(mg/m³)≤	60	200	350
硫化氢^a/(mg/m³)≤	6	20	350
二氧化碳 y/%≤	2	3	—
水露点^{b,c}/℃	在交接点压力下,水露点应比输送条件下最低环境温度低 5 ℃		

a 本标准中气体体积的标准参比条件是 101.325 kPa,20 ℃。
b 在输送条件下,当管道埋地温度为 0 ℃时,水露点应不高于−5 ℃。
c 进入输气管道的天然气,水露点的压力应是最高输气压力。

2.2　天然气除尘净化

2.2.1　天然气除尘的意义

从地层中开采出的天然气中混有砂和铁锈等固体杂质,以及水、水蒸气、硫化物和二氧化碳等杂质。砂、铁锈等尘粒会随着天然气气流的运动,磨损压缩机、管道和仪表等部件,甚至对设备造成破坏。有时还会聚积在一些部位,影响输气过程的正常进行。

天然气输送系统中的液体和固体杂质主要来自以下三个方面:

(1) 采气时井下带来的凝析油、凝析水、岩屑粉尘等;

(2) 管道施工时留下的垃圾和焊渣;

(3) 管道内的锈屑和腐蚀产物。

输气管道中气体的含尘量一般为 1~2 mg/m³,除尘不好的可高达 7~10 mg/m³。粉尘中以氧化铁最多,占 90% 以上。天然气的含尘量有标准规定:生活用气含尘量为 1 mg/m³,工业用气含尘量为 4~6 mg/m³。但是天然气压缩机的要求远比这些规定要严格得多,一般是含尘量小于 0.5 mg/m³,最大粒径不超过 5 μm。

为了减少粉尘,防止仪表、调压装置等因为堵塞失灵,常采用如下措施:

(1) 脱除天然气中的水蒸气、氧、硫化物、二氧化碳等组分,减少管内腐蚀;

(2) 采用内壁防腐蚀涂层,减轻管内腐蚀,保护管材;

(3) 定期进行清管和扫线;

(4) 在条件允许的情况下,采用所能达到的最低气流速度输气,减少气流的冲击腐蚀,降低气流的携尘能力;

(5) 在集气站、配气站、调压计量站等处安装分离器、除尘器和过滤器等除尘设备,用来脱除天然气中的各类固(液)体杂质。

2.2.2　天然气除尘设备

下面介绍几种常用的分离除尘设备。

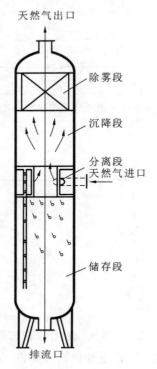

天然气出口

除雾段

沉降段

分离段
天然气进口

储存段

排流口

图 2-2　立式重力式分离器
结构示意图

1. 重力式分离器

重力式分离器有立式和卧式两类。各种重力式分离器原理都基本相同,整体装置由分离、沉降、除雾和储存四个部分组成。立式重力式分离器结构如图 2-2 所示。

分离段:气体沿图 2-2 中箭头所指方向从天然气进气口进入重力式分离器,在离心力的作用下,气体中的固体、液体微粒初步得到分离。在卧式重力式分离器中,气体从中心进入分离器,经弯头喷向伞形板,气体中的微粒被黏附而实现分离。

沉降段:气体得到初步分离后,由于分离器的流动截面大,气体流速降低,当气体的上升速度低于微粒的沉降速度时,气体中的微粒就会向下沉降,进而达到分离尘粒的目的。沉降段是重力式分离器清除大尘粒的主要阶段。

除雾段:该段安装了捕雾器。捕雾器有两种结构,一种为板翼状,一种为网垫。板翼状捕雾器利用曲折通道,改变气流方向,使固液体微粒碰撞在翼板上而附着,实现分离。网垫捕雾器由金属丝或化学纤维丝编织成网,再不规则折叠成网垫,厚为 $100\sim150$ mm,主要靠碰撞捕集油雾。捕雾器一般能除去直径为 $10\sim30$ μm 的微粒。

储存段:目的是储存前三部分所分离出来的固液体微粒,故储存段要有足够的容积,并装有液面指示装置。储存段应避免与上升的气流接触而将沉淀下来的固液体微粒带走。

2. 旋风分离器

旋风分离器又称离心式分离器,是一种处理能力大、分离效果好的干式除尘设备,结构良好的旋风分离器可将直径大于 5 μm 的尘粒基本除去,因而在工业上得到广泛应用。其结构示意图如图 2-3 所示,气体从箭头所指方向进入旋风分离器,并做回转运动,由于气体和固液体微粒的密度不同,产生的离心力就不一样,密度大的微粒被抛向外圈,并在重力作用下向下运动,从下方的排灰管排出,密度小的净化气体在内圈,并上升至出口从排气管排出。

目前常用的旋风分离器还有多管旋风分离器。多管旋风分离器的基本原理与普通旋风分离器相同,它只是多个微型旋风分离器的组合,旋风子装在一个外壳之中。气体进入筒体后,从两层隔板之间进入旋风子,在旋风子中得到净化,净化后的气体向上溢出从排气口排出,尘粒向下沉淀到容器的底部从排灰口排出。其结构如图 2-4 所示。多管旋风分离器较之普通旋风分离器,不但处理能力增强,而且净化度也有所提高,它可以脱除直径 8 μm 以上的全部尘粒,并可脱除约 50% 的直径约 2 μm 的尘粒。多管旋风分离器是一种干式的分离效果良好的分离器,尤其适用于含尘量大而含液量小的气体处理。

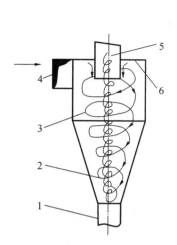

图 2-3　旋风分离器结构示意图

1—排灰管；2—内旋气流；3—外旋气流；
4—进气管；5—排气管；6—旋风顶板

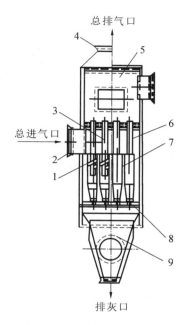

图 2-4　多管旋风分离器结构示意图

1—导流片；2—总进气口；3—气体分布室；4—总排气口；5—排气室；
6—旋风排气管；7—旋风体；8—旋风排灰管；9—总灰斗

3. 天然气过滤分离器

天然气过滤分离器（见图 2-5）是以离心分离、丝网捕沫和凝聚拦截的机理，对天然气进行过滤除尘的设备，是去除气体中的固体杂质和液体杂质的高效净化装置。天然气过滤分离器净化效率高，容尘量大，运行平稳，投资运行费用低，安装使用简便。其结构示意图如图 2-6 所示。由输气管道输来的原料天然气，首先进入过滤段，通过过滤管将粉尘、少量液体和雾沫夹带水过滤掉（该过程能去除 99％的粉尘和 97％的液体），然后进入分离段，通过重力沉降和丝网捕沫将剩余的粉尘和液体清除。过滤和分离得到的粉尘和液体通过连通管进入储液段，并在适当的时候进行清污或排入污水处理系统。

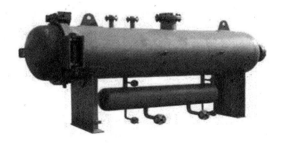

图 2-5　天然气过滤分离器

下面具体介绍一下天然气过滤分离器的工作原理。天然气首先进入进料布气腔，撞击在支撑滤芯的支撑管（用于避免气流直接冲击滤芯，造成滤材的提前损坏）上，较大的固液颗粒被初步分离，并在重力的作用下沉降到容器底部（定期从排污口排出）。接着气体从外向里通过过滤聚结滤芯，固体颗粒被过滤介质截留，液体颗粒则因过滤介质聚结功能而在滤芯的内表面逐渐聚结长大。液滴达到一定尺寸时，会因气流的冲击作用从内表面脱落而进入

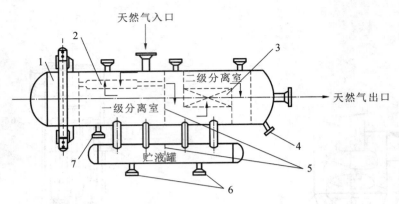

图 2-6　天然气过滤分离器结构示意图
1—快开头盖;2—过滤元件;3—除雾器元件;4—排液口1;5—隔板;
6—排液口2;7—清洗过滤元件的排放口

滤芯内部流道,而后进入汇流出料腔。在汇流出料腔内,较大的液滴依靠重力沉降分离出来,此外,在汇流出料腔还设有分离元件,它能有效地捕集液滴,以防止出口液滴被夹带,可进一步提高分离效果。最后洁净的气体流出过滤分离器。随着燃气通过量的增加,沉积在滤芯上的颗粒会引起燃气过滤分离器压差的增加,当压差上升到规定值时(从压差计读出),说明滤芯已被严重堵塞,应该及时更换。天然气过滤分离器起始压差不高于 20 kPa,更换压差不高于 100 kPa。

2.3　天然气脱水

2.3.1　天然气脱水的意义

天然气中的水分有以下危害。

(1) 天然气在输气管道中将逐渐冷却,天然气中的饱和水蒸气逐渐析出,形成水和凝析液体。该液体伴随天然气流动,并在管线较低处蓄积起来,造成阻力增大。当液体蓄积到形成段塞时,其流动具有巨大的惯性,将使管线末端分离器的液体捕集器损坏。

(2) 管道中有液体存在,会降低管线的输送能力。

(3) 水和其他液体在管道中与天然气中的硫化氢、二氧化碳形成腐蚀液,会造成管道内腐蚀,缩短管道的使用寿命,同时增大了爆管的频率。

(4) 水在管道中容易和其他杂质形成水合物,堵塞管道,影响天然气输送。

为了保护天然气的长输管道,提高管线输送效率,天然气进入输气管道之前,必须进行脱水处理。

2.3.2　天然气脱水的方法

1. 冷却(低温)法

冷却法是利用当压力不变时,天然气的含水量随温度降低而减少的原理实现天然气脱水的方法。此方法只适用于大量水分的粗分离。

对于气体,增加气体的压力和降低气体的温度,都会促使气体的液化。天然气这种多组分的混合物,各组分的液化温度都不同,其中水和重烃是较易液化的两种物质,所以采用加压和降温措施,可促使天然气中的水分冷凝析出。天然气的水露点随气体中水分减少而下降。脱水的目的就是使天然气的水露点足够低,从而防止低温下水冷凝、冻结及水合物的形成。

冷却法脱水可分为空冷法脱水、冷剂制冷脱水、膨胀法脱水。

1）空冷法脱水

冬季气温比埋地管线的温度低 10 ℃以上时,可使用空冷法直接对饱含水分的天然气进行部分冷凝脱水。空冷器应根据天然气的处理规模、配电情况、运行管理等实际情况进行综合经济比较后选用。温度较高的的低压天然气可先冷却至温度高于生成水合物温度 5～7 ℃,分离出凝液后再进行处理。

2）冷剂制冷脱水

该方法适用于压差可利用的场合。冷剂制冷脱水装置包括进气分离器、贫富气换热器、蒸发器、低温分离器、制冷设备、凝液稳定设备等。冷剂制冷脱水装置宜与联合站建在一起,水、电、污水处理等辅助系统可共用。

3）膨胀法脱水

膨胀法脱水只限用于气源有多余压力可利用,膨胀后不需要再增压的场合。膨胀法脱水一般是指在气源压力很高时采用节流阀制冷脱水,节流阀前可注入水合物抑制剂。如不注入水合物抑制剂,节流阀应紧靠分离器进口法兰,使水合物直接喷入分离器内,分离器底部设置加热盘管。膨胀法脱水装置一般包括进气分离器、换热器、节流阀和低温分离器等。

膨胀法既可以从井口高压流物中脱除较多的水,又能比常温分离法分离更多的烃类,故一些高压凝析气井口经常使用。其脱水流程如图 2-7 所示。

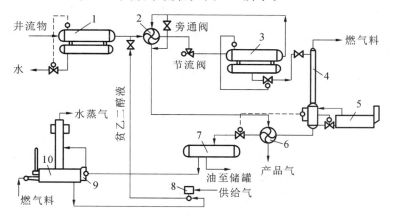

图 2-7　膨胀法工艺流程图

1—游离水分离器;2—换热器;3—低温分离器;4—稳定塔;5—重沸器;6—油冷却器;
7—醇油分离器;8—乙二醇泵;9—调节器;10—乙二醇再生器

通常用冷却法脱除水分的过程中,还会脱除部分重烃。

2.吸收法

吸收法是用吸湿性液体(或活性固体)吸收水分,脱除气流中的水蒸气的方法。

用作脱水吸收剂的物质应具有以下特点:对天然气有很强的脱水能力,热稳定性好,脱水时不发生化学反应,容易再生,黏度小,对天然气和液烃的溶解度较低,起泡和乳化倾向小,对设备无腐蚀性,同时还应价格低廉,容易得到。

吸收法常采用甘醇类物质作为吸收剂,在甘醇的分子结构中含有羟基和醚键,能与水形成氢键,对水有极强的亲和力,具有较强的脱水能力。

1)甘醇胺溶液

甘醇脱水工艺主要由甘醇高压吸收和常压加热再生两部分组成。

优点:可同时脱水、H_2S 和 CO_2,甘醇能减小醇胺溶液起泡倾向。

缺点:携带瞬失量较三甘醇大;需要较高的再生温度,易产生严重腐蚀;露点降小于三甘醇水溶液,仅限用于酸性天然气脱水。

2)二甘醇水溶液

优点:浓溶液不会凝固;天然气中含有硫、O_2 和 CO_2 时,在一般操作温度下溶液性能稳定,吸湿性高。

缺点:携带瞬失量比三甘醇大;溶剂容易再生,但用一般方法再生的二甘醇水溶液的体积分数不超过 95%;露点降小于三甘醇水溶液,当贫液的质量分数为 95%~96% 时,露点降约为 28 ℃;成本高。

3)三甘醇水溶液

优点:浓溶液不会凝固;天然气中含有硫、O_2 和 CO_2 时,在一般操作温度下溶液性能稳定,吸湿性高;容易再生,用一般再生方法可得到体积分数为 98.7% 的三甘醇水溶液;蒸汽压力低,携带瞬失量小,露点降大,三甘醇的质量分数为 98%~99% 时,露点降可达 33~42 ℃。

缺点:成本高;当存在轻质烃液体时会有一定程度的起泡倾向,有时需要加入消泡剂。

三甘醇脱水由于露点降大和运行可靠,在各种甘醇类化合物中经济效果最好,因而在国外广为采用。我国主要使用二甘醇或三甘醇,在三甘醇脱水吸收剂和固体脱水吸附剂两者脱水都能满足露点降的要求时,采用三甘醇脱水吸收剂经济效益更好。

三甘醇脱水装置主要由吸收系统和再生系统两部分构成,工艺过程的核心设备是吸收塔,天然气脱水过程在吸收塔内完成。再生塔完成三甘醇富液的再生操作。一般在要求贫液中三甘醇的质量分数大于 99% 时,可引一股干气与再沸器流出的液体逆流接触,进一步提升三甘醇再生质量和脱水效果。

图 2-8 所示为三甘醇脱水工艺流程示意图。原料天然气从吸收塔的底部进入,与从顶部进入的三甘醇贫液在塔内逆流接触;脱水后的天然气从吸收塔顶部离开;三甘醇富液从塔底排出,经过再生塔顶部冷凝器的排管升温后进入闪蒸罐,尽可能闪蒸出其中溶解的烃类气体;离开闪蒸罐的液相经过过滤器过滤后流入贫富甘醇溶液换热器、甘醇缓冲罐,进一步升温后进入再生塔。在再生塔内通过加热使三甘醇富液中的水分在低压、高温下脱除,再生后的三甘醇贫液经贫富甘醇溶液换热器冷却后,经甘醇泵泵入吸收塔顶部循环使用。

3.吸附法

吸附法是用多孔性的固体吸附剂处理气体混合物,使其中所含的一种或数种组分吸附于固体表面从而达到分离的方法。吸附作用有两种情况:一种是固体和气体间的相互作用并不是很强,类似于凝缩,引起这种吸附所涉及的力与引起凝缩作用的范德华分子凝聚力相同,称之为物理吸附;另一种是化学吸附,这一类吸附需要活化能。物理吸附是一种可逆过程;而化学吸附是不可逆的,被吸附的气体往往需要在很高的温度下才能逐出,且所释放的气体往往已发生化学变化。物理吸附和化学吸附是很难截然分开的,在合适的条件下,二者

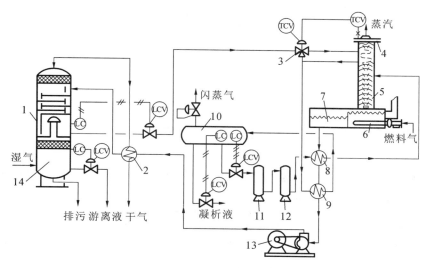

图 2-8　三甘醇脱水工艺流程示意图

1—吸收塔；2、8—贫富甘醇溶液换热器；3—分流阀；4—冷却器；5—再生塔；6—重沸器；7—甘醇缓冲罐；

9—富甘醇溶液预热换热器；10—闪蒸分离器；11—过滤器；12—活性炭过滤器；13—甘醇泵；14—涤气段

可以同时发生。

天然气脱水过程常用的吸附剂主要有活性氧化铝、硅胶、分子筛等。其主要物理特性如表 2-2 所示。

表 2-2　常用吸附剂的主要物理特性

物理特性	硅胶				活性氧化铝		分子筛
	青岛细孔	0.3 型	R 型	H 型	H-151 型	F-1 型	0.4~0.5 nm
比表面积/(m²/g)	700	750~830	550~650	740~770	350	210	700~900
孔体积/(cm³/g)	—	0.43~0.45	0.31~0.34	0.50~0.54	—	—	0.27
孔直径/nm	2~3	2.1~2.3	2.1~2.3	2.7~2.8	—	—	0.4~0.5
平均孔隙度/%	—	50~65	—	—	65	51	55~60
真密度/(g/L)	—	2.1~2.2	—	—	3.1~3.3	3.3	—
堆积密度/(g/L)	>670	720	780	720	830~880	800~880	660~690
假密度/(g/L)	1.0	1.2				1.6	1.1
比热容/(J/(g·℃))		0.921	1.047	1.047		1.005	0.837~1.047
导热系数/(W/(m·℃))	—	0.519	—	0.510(38 ℃) 0.754(94 ℃)	—		2.135 (已脱水)
再生温度/℃	—	120~230	150~230	—	180~450	180~310	150~310
含水量(再生后)/%	—	4.5~7	—		6.0	6.5	变化

物理特性	硅胶				活性氧化铝		分子筛 0.4~0.5 nm
	青岛细孔	0.3 型	R 型	H 型	H-151 型	F-1 型	
静态吸附容量（相对湿度60%，质量分数)/%	—	35	33.3	—	22~25	14~16	22
颗粒形状	粒状	粒状	球状	球状	球状	颗粒	圆柱状

1) 活性氧化铝

活性氧化铝的主要组成成分是部分水化的、多孔和无定型的氧化铝，并含有其他金属化合物。其典型组成如表 2-3 所示。

表 2-3　活性氧化铝的典型组成

活性氧化铝典型组成		Al_2O_3/%	Na_2O/%	SiO_2/%	Fe_2O_3/%	灼烧损失/%
型号	F-1	92.00	0.90	<0.10	0.08	6.50
	H-151	90.00	1.40	1.10	0.10	6.00
	KA-201	93.60	0.30	0.02	0.02	6.00

2) 硅胶

工业上使用的硅胶多为颗粒状，分子式为 $SiO_2 \cdot nH_2O$。它具有较大的孔隙率。

一般工业硅胶中残余水量约为 6%，在一般再生温度下不能脱除，需灼烧至 954 ℃才能除去。

按孔隙大小，硅胶分成细孔和粗孔两种。硅胶吸附水蒸气的性能好，具有较高的化学稳定性和热稳定性。但硅胶与液态水接触时易炸裂。硅胶的化学组成(干基)如表 2-4 所示。

表 2-4　硅胶的化学组成(干基)

组成	SiO_2	Fe_2O_3	Al_2O_3	TiO_2	Na_2O	CaO	ZrO_2	其他
质量分数/%	99.71	0.03	0.10	0.09	0.02	0.01	0.01	0.03

3) 分子筛

分子筛是一种人工合成的无机吸附剂，是具有骨架结构的碱金属或碱土金属的硅铝酸盐晶体，其分子式为 $M_{2/n}O \cdot Al_2O_3 \cdot xSiO_2 \cdot yH_2O$。

其中：M——某些碱金属或碱土金属，如 Li、Na、Mg、Ca 等的离子；

　　　　n—— M 的价数；

　　　　x—— SiO_2 的分子数；

　　　　y—— 水的分子数。

分子筛通常分为 X 型和 A 型两类。它们的吸收机理相同，区别在于晶体结构的内部特征。表 2-5 所示为几种常用分子筛的性能。

A 型分子筛具有与沸石构造类似的结构物质，所有吸附均发生在晶体内部孔腔内；X 型分子筛能吸附所有能被 A 型分子筛吸附的分子，具有稍大的容量，其中 13X 型分子筛能吸附像芳香烃这样的大分子。

表 2-5　几种常用分子筛的性能

分子筛/类型	孔径/nm	堆积密度/(g/L)	湿容量(在0.02 MPa、25 ℃下，质量分数)/%	水的吸附热/(kJ/kg)	SiO₂/Al₂O₃(比值)	吸附的分子	排除的分子	应用范围
3A	0.3	640	20	4184	2	直径小于 0.3 nm 的分子，如 H_2O、NH_3 等	直径大于 0.3 nm 的分子，如乙烷等	不饱和烃脱水，甲醇、乙醇脱水
4A	0.4	660	22	4184	2	直径小于 0.4 nm 的分子，包括以上各种分子及乙醇、H_2S、CO_2、SO_2、C_2H_6、C_3H_6	直径大于 0.4 nm 的分子，如丙烷等	饱和烃脱水、冷冻系统干燥剂
5A	0.5	690	21.5	4184	2	直径小于 0.5 nm 的分子，包括以上各种分子及 n-C_4H_9OH、n-C_4H_{10}、C_3H_8 至 $C_{22}H_{46}$	直径大于 0.5 nm 的分子，异构化合物及四碳环化合物	从支链烃、环烷烃中分离正构烃
10X	0.8	576	28	4184	2.5	直径小于 0.8 nm 的分子，包括以上各种分子及异构烷烃、烯烃、苯	二正丁基胺及更大的分子	芳烃分离
13X	1.0	610	28.5	4184	2.5	直径小于 1.0 nm 的分子，包括以上各种分子及二正丙基胺	$(C_4H_9)_3N$ 及更大的分子	同时脱水、CO_2、H_2S 等，天然气脱 H_2S 及硫醇

分子筛表面具有较强的局部电荷,因而对极性分子和饱和分子有很高的亲和力。水是强极性分子,分子直径为 0.27～0.31 nm,比通常使用的分子筛孔径小,所以分子筛是干燥气体和液体的优良吸附剂。

在脱水过程中,分子筛作为吸附剂的显著优点如下。

(1) 具有很好的选择吸附性。分子筛能按照物质分子大小进行选择吸附。一定型号的分子筛,其孔径大小一样,只有比分子筛孔径小的分子才能被分子筛吸附,大于孔径的分子就被"筛去"。经分子筛干燥后的气体,含水量可达到 0.1～10 mg/L。分子筛可以将天然气干燥至露点很低的状态。

(2) 具有高效吸附性。分子筛在低水蒸气分压、高温、高气体线速度等苛刻条件下仍然保持较大的湿容量,因而分子筛适用于天然气深度脱水。分子筛的高效吸附性还表现在它的高温脱水性能,在高温下只有分子筛是有效的脱水剂。

目前用于天然气的吸附脱水装置多为固定吸附塔。为保证装置连续操作,至少需要两个吸附塔。工业上经常采用双塔(见图 2-9)或三塔(见图 2-10)流程。在双塔流程中,一个塔进行脱水,另一个塔进行吸附剂的再生和冷却,二者轮换操作。在三塔流程中,一般是一个塔脱水,一个塔再生,另一个塔进行冷却。

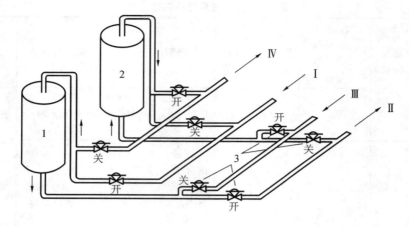

图 2-9 双塔流程

1—吸附塔;2—再生塔(包括热吹和冷吹);3—程序切换阀;
Ⅰ—含水天然气入口;Ⅱ—脱水后天然气出口;Ⅲ—热吹气入口;Ⅳ—热吹气出口

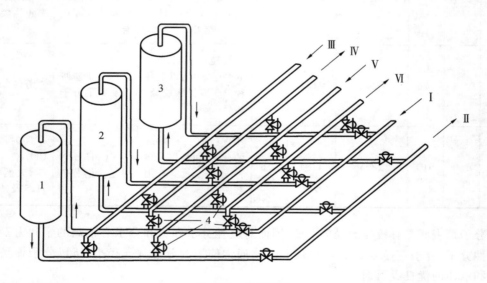

图 2-10 三塔流程

1—在吸附的吸附塔;2—在热吹的吸附塔;3—在冷吹的吸附塔;4—程序切换阀;
Ⅰ—含水天然气入口;Ⅱ—脱水后天然气出口;Ⅲ—热吹气入口;Ⅳ—热吹气出口;
Ⅴ—冷吹气入口;Ⅵ—冷吹气出口

图 2-11 所示为分子筛吸附脱水流程示意图。原料气自上而下流过吸附塔,吸附操作进行一定时间后,吸附剂再生。再生气可以用干气或原料气,气体在加热器中直接加热到一定温度后,进入吸附塔再生。当吸附剂床层出口气体温度升至预定温度时再生完毕,当吸附剂床层温度冷却到要求温度时又可开始下一循环的吸附。

进行吸附操作时,气体从上向下流动,使得吸附剂床层稳定,气流分布均匀。再生时,气体从下向上流动,既可以使靠近进口端的被吸附物质不流过整个床层,还可以使床层底部的吸附剂得到完全再生,从而保证天然气流出床层时的干燥效果。

表 2-6 所示为用分子筛脱除天然气中水分的典型操作条件。

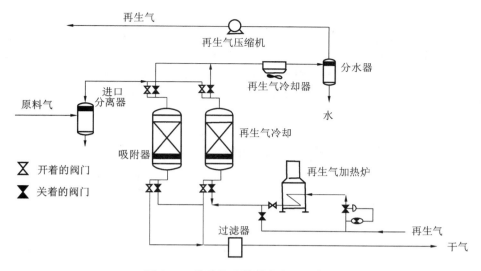

图 2-11　分子筛吸附脱水流程示意图

表 2-6　用分子筛脱除天然气中水分的典型操作条件

参数	操作条件
天然气流量/（m³/h）	$10^4 \sim 4.7 \times 10^6$
天然气进口含水量/（m³/m³）	$1.5 \times 10^8 \sim$ 饱和
天然气压力/MPa	$1.5 \sim 10.5$
吸附循环时间/h	$8 \sim 24$
天然气出口含水量	小于 10^{-7} m³/m³ 或露点低于 -170 ℃
再生气体压力	干燥装置尾气压力等于或小于原料气压力，根据再压缩条件确定
再生气体加热温度/℃	$230 \sim 290$（床层进口）

4. 新型脱水技术

1）天然气膜分离脱水技术

天然气膜分离脱水技术利用分离膜的选择透过性完成脱水。由于不同气体透过分离膜时存在渗透力差异，天然气中各组分因渗透速率不同而富集于膜的两侧，从而使天然气中的水分脱除。天然气脱水所用的分离膜主要是由醋酸纤维、聚酰亚胺、聚砜等材料制成的微孔膜。国外在 20 世纪 80 年代开始研究膜分离脱水技术，目前加拿大、美国、日本等国已将膜分离脱水技术应用于天然气脱水工业。中国在 1998 年开始研究膜分离脱水技术，实现甲烷回收率高于 98%，效果良好。

天然气膜分离脱水技术能有效脱除天然气中的水分，降低天然气的水露点。和传统工艺设备相比，天然气膜分离脱水技术的设备较简单，结构紧凑，重量轻，占用空间小。但是膜分离脱水技术存在分离膜的塑化和溶胀、浓差极化、烃损失大、一次性投资较大等问题，这些因素严重制约了膜分离脱水技术的广泛使用。复杂的制膜工艺使得膜系统造价昂贵，还有在现有工业条件下，分离膜的性能存在着不稳定性。因此，以现有的研制水平，膜分离脱水技术无法在任何情况下都使天然气的脱水深度达到要求。

2) 天然气超音速脱水技术

天然气超音速脱水技术是一种新型节能环保的技术,是低温冷凝脱水技术的一种。超音速脱水技术利用拉瓦尔喷管使气体在一定压力下加速到超音速,随着压力下降,其温度亦随之大幅下降,至露点以下,气体中的水蒸气凝结成小液滴,随后在超音速气流中被旋转分离出去,从而达到脱水效果。天然气超音速脱水分离装置简图如图 2-12 所示。

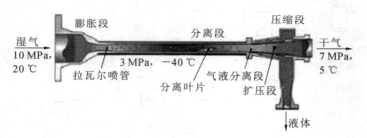

图 2-12　天然气超音速脱水分离装置简图

天然气超音速脱水系统简单,设备体积小,可靠性高,而且操作方便,运行费用低,利用来气自身压力工作,节约能源,并且超音速脱水技术不需要添加化学药剂,安全环保。

目前,天然气超音速脱水技术在国外已经得到商业化应用,在国内还处于研究阶段,且研究较少。超音速脱水技术是一种节能环保的技术,其研究应该得到大力支持,以尽快应用到天然气脱水工艺中。

2.4　天然气脱硫

2.4.1　天然气脱硫的意义

天然气中通常含有 H_2S、CO_2 和有机硫等酸性组分,这些组分通常称为酸性气体,遇水后呈酸性。天然气中酸性气体的存在,会增加对金属管道和设备的腐蚀,影响其使用寿命。含 H_2S 较多的天然气,燃烧时会出现异味,污染环境,影响人体健康。含硫的烃类化合物作为化工原料在催化加工时会引起催化剂中毒,降低反应物产率,使生产成本上升,经济效益下降。因此,脱除天然气中的酸性气体,是天然气净化的主要任务之一。

天然气脱硫有保护环境,保护设备、管线、仪表免受腐蚀及有利于下游用户的使用等益处,同时还可以化害为利,回收资源,将天然气中的 H_2S 分离后经克劳斯反应制成固体硫(亮黄色,纯度可达 99.9%),可生产硫和含硫产品,在工业、农业等各个领域都有着广泛的用途。

从天然气脱硫技术的发展趋势来看,催化脱硫、吸附脱硫、生物脱硫都是比较常见的技术。目前国内外现存的天然气脱硫方法,大致可以分为化学脱硫法、物理脱硫法和生物脱硫法等。

2.4.2　天然气脱硫的方法

1. 化学脱硫法

化学脱硫法主要可以分为湿法脱硫和干法脱硫两大类。干法脱硫效率较高,脱硫剂一般不能再生,适用于低含硫气处理,在目前工业上应用较少。湿法脱硫根据溶液的吸收和再生方法,又可分为化学吸收法和氧化还原法等类型。湿法脱硫处理量大,操作连续,适用于处理量大、H_2S 含量高的天然气脱硫。

1) 湿法脱硫

湿法脱硫是通过气液两相接触,将气相中的 H_2S 转移到液相,从而使气体得到净化的方法。脱硫液可再生,能循环使用。常用的湿法脱硫有催化氧化法和醇胺法等,其中世界上应用最广泛的是醇胺法,催化氧化法中较常用的是 PDS 脱硫技术。

(1) PDS 脱硫技术。

作为一种新的液相催化氧化法脱硫技术,PDS 脱硫技术与其他同类技术相比,具有工艺简单、成本低、脱硫效率较高的特点;且其催化活性高,用量少,脱硫适用范围宽,不仅能脱无机硫,而且能脱有机硫;产生硫泡沫多,易分离,不堵塞设备,适用于各种气体和低黏度液体的脱硫等。

PDS 脱硫技术的工作原理与一般液相催化氧化法的脱硫原理相比,有相同之处,又有本质区别。相同的是整个工艺过程都由硫化物的催化化学吸收和催化氧化两个子过程构成;不同的是 PDS 脱硫技术对两个子过程都有催化作用,且脱硫为全过程的控制步骤,即 PDS 脱硫技术将一般液相催化氧化法再生过程为全过程的控制步骤改变成脱硫过程为全过程的控制步骤。

PDS 脱硫是在碱性条件下进行的,脱硫溶液由 PDS、碱性物质和助催化剂三种成分组成。所采用的碱性物质为氨或纯碱,但从设备腐蚀情况和脱除有机硫的效果来看,用氨要优于使用纯碱。PDS 脱硫技术应在操作压力不是太大的条件下使用,最大压力不超过 3 MPa,常压最好,因为高压天然气脱硫处理造成耗电过高,结果不是很理想。近年来,PDS 脱硫技术经过不断改进和完善,催化剂各方面的性能有了较大的改进和提高,开发出 PDS-4 型、PDS-200 型和目前使用较多的 PDS-400 型。改进后的 PDS-400 型催化剂在工业使用时不需预活化,也不采用助催化剂,活性指标由 0.02 min 提高到 0.04 min 甚至 0.06 min 以上,催化活性和选择性都有提高。

(2) 醇胺法。

醇胺法是目前天然气脱硫工艺中最常用的方法。醇胺法通常用甲基二乙醇胺、二乙醇胺等脱硫液将天然气中的 H_2S 与 CO_2 吸收,并使其与醇胺溶液发生反应。常见的脱硫剂有一乙醇胺(MEA)、二乙醇胺(DEA)、三乙醇胺(TEA)、二甘醇胺(DGA)、二异丙醇胺(DI-PA)、甲基二乙醇胺(MDEA)。醇胺结构中含有羟基和氨基,羟基可以降低化合物的蒸汽压力,并增加化合物在水中的溶解度;氨基则使化合物水溶液呈碱性,以促进其对酸性组分的吸收。

如图 2-13 所示,醇胺法装置主要由三部分组成:以吸收塔为中心,辅以原料气分离器及净化气分离器的压力设备;以再生塔及重沸器为中心,辅以酸气冷凝器及分离器和回流系统的低压部分;溶液冷却器及过滤系统和闪蒸罐等介于以上两部分之间的部分。

含硫天然气经原料气分离器除去液固杂质后从下部进入吸收塔,其中的酸气与从上部入塔的胺液逆流接触而脱除,达到净化要求的净化气从吸收塔顶离开,经净化气分离器除去夹带的胺液液滴后离开脱硫装置。净化气通常需要脱水以达到水露点的要求。

吸收了酸气的胺液(通常称为富液)出吸收塔后通常降至一定压力至闪蒸罐,使其中溶解及夹带的烃类闪蒸出来,得到的闪蒸气通常用作工厂的燃料气。

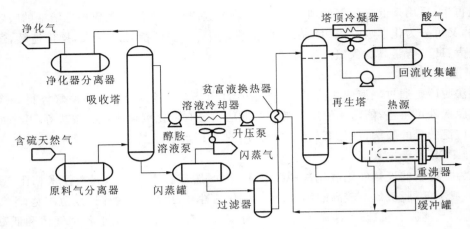

图 2-13　醇胺法装置的基本组成

经闪蒸后的富液进入贫富液换热器与已完成再生的热胺液(简称贫液)换热以回收其热,然后从再生塔上部入塔向下流动。从塔下部上升的热蒸汽既加热胺液又汽提出胺液中的酸气,所以再生塔也常称为汽提塔。胺液流至再生塔下部时,其中所吸收的酸气已解析出绝大部分,此时可称为半贫液。半贫液进入重沸器以器内所发生的蒸汽进一步汽提,使所吸收的残余酸气析出而成为贫液。

出重沸器的热贫液经贫富液换热器回收热量,然后再经溶液冷却器冷却(空冷及水冷)至适当温度,经醇胺溶液泵加压送至吸收塔,从而完成溶液的循环。

从再生塔顶部出来的酸气-蒸汽混合物进入塔顶冷凝器,使其中的水蒸气大部分冷凝下来,得到的冷凝水进入回流收集罐,作为回流液经泵送入再生塔,酸气则送至酸气处理设备。

MEA 在各种胺中碱性最强,与酸气反应最迅速,既可脱除 H_2S,又可脱除 CO_2,并对这两种酸性物质没有选择性。MEA 能够使 H_2S 和 CO_2 达到很高的净化度,但是再生需要相当多的热量。若原料气中含有 COS,考虑到不可逆反应和溶剂的最终降解,不宜用 MEA。DEA 既可脱除 H_2S,又可脱除 CO_2,并对这二者没有选择性。与 MEA 不同,DEA 可用于原料气中含有 COS 的场合。即使 DEA 的相对分子质量较大,但由于它能适应 MEA 两倍以上的负荷,因此它的应用仍然经济。DEA 溶液再生后一般具有较 MEA 溶液小得多的残余酸气浓度。MDEA 的化学稳定性好,溶剂不易降解变质;对装置腐蚀较轻,可减少装置的投资和操作费用;在吸收 H_2S 气体时,溶液循环量少,气体气相损失小。但是,MDEA 比其他胺的水溶液抗污染能力差,易产生溶液发泡、设备堵塞等问题。

醇胺法是一种发展比较成熟的天然气处理方法,但该法存在设备笨重、投资费用高、流程复杂、脱硫剂流失量大和环境污染等问题。其中最大的问题就是吸收液的再生。所应用的再生方法主要是高温减压蒸馏,该方法回收耗能高,投资大,再生回收率不高。目前醇胺法脱硫脱碳工艺已由使用单一水溶液发展到使用与不同溶剂复配而成的配方型系列溶剂,通过溶剂复合化而实现操作性能的提升和应用范围的拓展,起到了节能降耗、减少生产成本、增加装置处理量等作用。

2) 干法脱硫

干法脱硫是将原料气以一定的空速通过装有固体脱硫剂的固体床,经过气-固接触交换,使气相中的 H_2S 吸附到脱硫剂上,达到净化天然气的目的的方法。较为常见的固体脱硫剂有铁系、锌系、锰系氧化物中较为活泼的氧化物。活性炭也是常用的固体脱硫剂,可用来脱除天然气中的微量 H_2S。活性炭与其他吸附剂(如分子筛)相比具有单位质量表面积大、热稳定性好、微孔结构和湿气的吸附容量大等优点,价格低廉,而且在脱硫的同时还可脱色吸味。活性炭的上述优点使其应用非常广泛。另外,分子筛也可用于天然气脱硫。氧化锌、分子筛、活性炭和氧化铁脱硫剂都能使出口硫的质量含量小于 $0.1\ mg/m^3$,可达到天然气精脱硫的要求。不同的脱硫剂各有优缺点:分子筛和氧化锌脱硫剂价格昂贵,设备投资也相应更高(分子筛需要高温再生设备);活性炭和氧化铁脱硫剂价格低廉,设备投资费用少,操作简便,较为经济。干法脱硫常用的脱硫剂的详细比较如表 2-7 所示。

表 2-7 干法脱硫常用的脱硫剂比较

脱硫剂	氧化锌	氧化铁	分子筛	活性炭
脱硫方式	吸收	转化吸收	吸附	催化氧化
优点	一般不受原料限制,高温下精细脱除 H_2S,常用于把关	既可粗脱又可精脱,常温脱硫研究进展较快,脱硫精度极高,硫容高,可循环使用,原料廉价易得,对环境友好,市场容量大	常温下可直接吸附脱除少量噻吩(吸附量为 15%~20%)、硫醇等	单位质量表面积比较大($500\sim800\ m^2/g$),常温吸附能力强,能吸附少量噻吩
缺点	性能对温度敏感,常温下硫容低,不能回收使用,价格较高	中、高温,尤其是高温条件下副反应复杂	脱硫效率低,工业应用不多	必须有氧存在,且需要一定温度和碱性环境,在 CO_2 含量高的气氛中脱硫能力下降,烷烃和烯烃会降低其脱硫效率,脱硫精度高时穿透时间变短

氧化铁固体干法脱硫是简单而成熟的脱硫方法,适用于不同压力下含硫量低的天然气的净化处理。其装置示意图如图 2-14 所示,由饱和塔、两台脱硫塔和净化气过滤器及配套装置构成。脱硫塔内装填有脱硫剂,其主要活性组分为氧化铁,并添加有许多种助催化剂。在常温下,脱硫剂中的氧化铁与 H_2S 发生如下吸收反应:

$$Fe_2O_3 \cdot H_2O + 3H_2S = Fe_2S_3 \cdot H_2O + 3H_2O$$

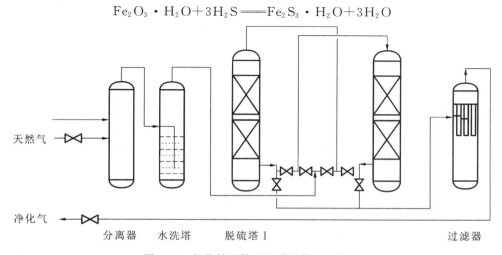

图 2-14 氧化铁固体干法脱硫装置示意图

进料气含水量是影响反应速度的一个重要参数，含水量低的气体，其脱硫反应速度也低。因此要求进料气含水量达到饱和或接近饱和。该法工艺流程简单，进料气经分离塔、水洗塔达到饱和后进入固体脱硫塔，脱硫塔的空塔线速度一般为 0.1～0.3 m/s，脱硫后的天然气经过过滤去除可能携带的脱硫剂粉尘后离开装置。水洗塔可单独设置，也可作为水洗段放在脱硫塔底部。若进料气含水量已达到饱和或接近饱和，则不必设置水洗段。

目前，氧化铁固体脱硫剂的牌号较多，其中较为典型的是 CT8-6B，其主要物理特性和技术指标如表 2-8 所示。

表 2-8　CT8-6B 脱硫剂的主要物理特性和技术指标

脱硫剂	外观	规格/mm	堆积密度/(kg/L)	侧压强度/(N/cm)	总硫容量(质量分数)/%	备注
CT8-6B	褐色	$\phi 5 \times (5 \sim 15)$	0.8～0.85	≥40	30	不再生，一次使用到底

氧化铁固体脱硫剂适用于处理量小、含硫量低的天然气的脱硫。一些缺电少水边缘地区气井天然气的单井脱硫，也可以采用该方法，但处理量不宜过大，天然气含硫量不宜太高。

2. 物理脱硫法

1）增压流化床燃烧（PFBC）技术

英国煤炭利用研究协会于 1968 年第一次把流化床放入一个压力容器内，此为增压流化床的雏形。PFBC 机组效率为 38%～42%，脱硫效率在 90% 以上，同时还具有较强的脱硝能力，因此引起了人们极大的兴趣。作为商业运营的 PFBC 技术首次在瑞士的 Vartan 电站使用。

2）膜分离技术

膜分离技术又称为膜基吸收法。该技术的核心在于将膜技术和吸收过程相结合，其主要设备为中空纤维膜接触器，其内装填密度大。该技术的设备连接灵活，工业应用方便，投资少，工程应用效益高。其装置示意图如图 2-15 所示，天然气通过减压阀进入膜分离器的管腔。由于膜的作用，天然气中的 H_2S 渗出到管腔外部，并被通过膜分离器壳程的吸收液吸收。吸收液流出膜分离器，经过换热器加热，通过滑片泵被泵入再生器中。吸收液中的 H_2S 渗入膜管腔，被真空泵抽出，进入尾气罐。再生后的吸收液流出再生器，通过过滤器净化，进行另一循环，从而完成天然气的脱硫过程。

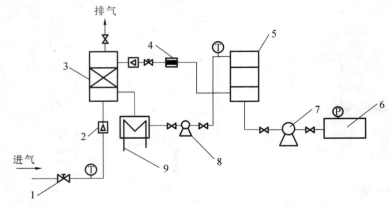

图 2-15　膜分离技术的装置示意图

1—减压阀；2—流量计；3—膜分离器；4—过滤器；5—再生器；6—尾气罐；7—真空泵；8—滑片泵；9—换热器

膜分离技术的原理是在膜的表皮层中,有很多很细的毛细管孔,这些孔是由膜基体中非键合材料组织间的空间所形成的,气体通过这些孔的流动主要是 Knuden 流(自由分子流)、表面流、黏滞流和筛分机理联合作用的结果,其中黏滞流不产生气体的分离。根据 Knuden 流机理,气体的渗透速率与气体相对分子质量的平方根成反比。由于 CH_4 的相对分子质量比 H_2S、CO_2 和 H_2O 小,所以 CH_4 的渗透系数大于 H_2S、CO_2 和 H_2O。而且当气体的流动为 Knuden 流时,纯气体的渗透系数与操作压力无关,维持恒定。表面流指的是被膜孔表面吸附的气体层通过膜孔的流动,由于纤维膜表面有较强的吸附作用,而且该吸附层的特性为 H_2S、CO_2、H_2O 的渗透性随压力增加而增加,因此,当表面流占主导地位时,H_2S、CO_2、H_2O 的渗透系数大于 CH_4。根据筛分机理,CH_4 的分子动力学半径为 $1.92~\mu m$,大于 H_2S、CO_2、H_2O 的分子动力学半径,当膜表皮层中的一些膜孔尺寸足够小时,CH_4 在这些膜孔中难以通过。因此,H_2S、CO_2、H_2O 比 CH_4 的分离因子高。当混合气体在压力推动下通过膜分离器时,不同气体的通过速率有极大的差异,"高速气体"快速通过膜而与"低速气体"分离,两种气体经不同的导压管在处理系统的不同出口排出。"高速气体"又称渗透性气体(渗透气),主要为 H_2S、CO_2、H_2O、H_2、He,属于低压气流;"低速气体"又称剩余气体(尾气),主要为 CH_4、N_2、Ar、CO_2 及其他碳氢化合物气体,属于高压气流,经处理后仍以很高的压力进入管网。

从天然气中脱除 H_2S、CO_2、H_2O 是利用各种气体通过膜的速率各不相同这一原理,从而达到分离目的的。气体渗透过程可分三个阶段:① 气体分子溶解于膜表面;② 溶解的气体分子在膜内活性扩散、移动;③ 气体分子从膜的另一侧解吸。气体分离是一个浓缩驱动过程,它直接与进料气和渗透气的压力和组成有关。

为了提高膜的分离效率,目前工业上采用的膜分离单元主要有中空纤维型和螺旋卷型两类,可根据具体的处理条件恰当地进行选择。中空纤维型膜的单位面积价格要比螺旋卷型膜便宜,但渗透性较差,因而需要的膜面积就较大。另外中空纤维型膜的管束直径较小(通常小于 $300~\mu m$),用它来传输渗透气时,如果渗透气流量过大,则会导致管束内压力显著下降而影响膜的分离效率。而螺旋卷型膜的设计很好地解决了这个问题,它将比中空纤维型膜选择性渗透层更薄的膜成卷放入管状容器内,因此具有较高的渗透流量,而膜的承受能力也得到了提高。同时,还可根据特殊的要求将膜分离单元设计成适当的尺寸,以便于安装和操作。因此,尽管螺旋卷型膜的单位面积价格比中空纤维型膜的要高 3～5 倍,但其具有上述优点,国外天然气的膜处理装置仍多采用螺旋卷型膜分离单元。

膜分离技术适用于处理原料气流量较低、酸气含量较高的天然气,对原料气流量或酸气浓度发生变化的情况也同样适用,但不能作为获取高纯度气体的处理方法,对原料气流量大、酸气含量低的天然气不适用,而且过多水分与酸气同时存在会对膜的性能产生不利影响。目前,国外用膜分离技术处理天然气的主要目的是除去其中的 CO_2,分离 H_2S 的应用相对较少,而且能处理的 H_2S 含量一般也较低,多数应用的处理流量不大,有些仅用于边远地区的单口气井。但膜分离技术作为一种脱除大量酸气的处理工艺,可与传统工艺混合使用,则为酸气含量高的天然气提供了一种可行的处理方法。国外在此方面已做了许多有益的尝试,尤其是对一些 H_2S 含量高的天然气的处理,获得了满意效果。

3) 变压吸附技术(PSA)

变压吸附技术是一种重要的气体分离技术,其特点是通过降低被吸附组分的分压使吸附剂得到再生,而分压的快速下降又是靠降低系统总压或使用吹扫气体来实现的。该技术是 1959 年开发成功的,由于其能耗低,目前在工业上应用广泛。

3. 生物脱硫法

生物脱硫法是 20 世纪 80 年代发展起来的新工艺方法,它具有许多优点,不需要催化剂和氧化剂,不需要处理化学污泥,污染小,能耗低,效率高,许多国内外学者都致力于该项技术的研究。它是利用发酵液中的各种微生物(如脱氮硫杆菌、氧化硫硫杆菌、氧化亚铁硫杆菌、排硫硫杆菌、丝状硫细菌等),在微氧条件下将 H_2S 氧化成单质 S 和 H_2SO_4,其反应式如下。

$$2H_2S+O_2 \Longrightarrow 2S+2H_2O$$
$$2S+3O_2+2H_2O \Longrightarrow 2H_2SO_4$$

迄今为止,天然气生物脱硫法中,获得工业应用的有两种,即 Bio-SR 和 Shell-Paques 方法。

1) Bio-SR 方法(氧化亚铁硫杆菌)

Bio-SR 方法是由日本京滨公司开发的,于 1984 年进行工业化应用,主要用于工业废气除硫,使用氧化亚铁硫杆菌,在酸性条件下运行,已建两套装置。

氧化亚铁硫杆菌有嗜酸性,因而反应要在酸性条件下进行,氧化反应 pH 在 2~3 为最佳。该工艺利用氧化亚铁硫杆菌的间接氧化作用,用 $Fe_2(SO_4)_3$ 脱除 H_2S,再用氧化亚铁硫杆菌将低价铁氧化为三价铁。

2) Shell-Paques 方法(脱氮硫杆菌)

该方法由荷兰 Paques 公司与 Shell 公司联合开发,它采用脱氮硫杆菌在碱性条件下脱除 H_2S。从 1993 年起,该方法就已成功用于生物气(CH_4、CO_2 和 H_2S 的混合物)的脱硫,采用碱液吸收 H_2S。脱氮硫杆菌既可在有氧条件下生存,也可在无氧条件下生存。在有氧条件下,其脱硫原理如下:

$$H_2S+OH^- \longrightarrow HS^- +H_2O$$
$$2HS^- +O_2 \longrightarrow 2S+2OH^-$$

该方法只采用碱液吸收 H_2S,而后在生物反应器中于常压下将 H_2S 氧化为单质硫。脱氮硫杆菌氧化生成的元素硫具有亲水性,可防止堵塞和结块,同时还有的硫化物被氧化为硫酸盐。

有氧条件下的脱硫工艺,在用于天然气净化时,常常会遇到高压情况,这就会增加装置投资;当脱硫和再生过程在同一反应器内进行时,由于补充空气,需严格控制配氧比,否则就有爆炸的可能。所以这种方式缺乏竞争力。因此,Paques 公司正致力于无氧条件下的一步脱硫方法研究。

无氧一步脱硫方法中的吸收和生物反应过程均在同一反应器内进行,不再补充空气,仍以碱液吸收 H_2S,pH 为 7~9,以硝酸盐作为电子受体。但硫醇对脱氮硫杆菌生长不利,对 CS_2、COS、$COSCH_3$ 等相对耐受,这种方法对 CO_2 也有一定脱除能力。

思 考 题

1. 天然气净化流程是什么?
2. 天然气净化后要达到什么样的要求?
3. 为什么要对天然气进行除尘?

4.目前常用的天然气除尘装置有什么？请简要说明其各自的优缺点。

5.天然气脱水技术包括哪些？

6.常用的天然气脱硫技术有哪些？并说明其各自的工作原理。

本章参考文献

[1]　中华人民共和国国家质量监督检验检疫总局,中国国家标准化管理委员会.GB 17820—2012 天然气［S］.2012.

[2]　国家发展和改革委员会.SY/T 0076—2008 天然气脱水设计规范［S］.2008.

[3]　王开岳.天然气净化工艺:脱硫脱碳、脱水、硫磺回收及尾气处理［M］.北京:石油工业出版社,2005.

[4]　王澎,朱云,范海峰.卧式过滤分离器设计［J］.天然气与石油,2012,30(6):73-75.

[5]　张冬梅.天然气脱水新工艺新技术的研究［J］.中国新技术新产品,2015(11):86.

[6]　李红菊,唐晓东,赵红义,等.天然气脱硫技术［J］.石油化工腐蚀与防护,2009,26 (5):26.

第3章 城市天然气门站与储配站

城市天然气门站是天然气自长输管线进入城市管网的关键设施,是城市天然气供应系统的气源。天然气储配站是天然气输配系统中的储气设施,具有储气调峰、调节输气管网压力工况的作用,可以作为城市天然气供应系统的临时应急气源。

3.1 天然气门站

整个天然气供应系统分为上、中、下游三部分,上游指天然气开采、集气、天然气净化,中游指长输管道输送和大规模储存,下游指天然气的分配、储存以及应用。门站是天然气供应下游系统的首个工程设施。

3.1.1 天然气门站的功能

门站设于城市燃气输配系统的起点,接收由长输管道输送来的天然气。正常情况下,从天然气处理厂来的燃气,在进入城市燃气输配系统之前,需要在门站进行成分分析。门站具有过滤、调压、稳压、计量、加臭、气量分配等基本功能,还可能具有集成阴极保护、清管器收发等功能。

门站投入运行后,应以稳定的压力、充足的供气能力保证城镇的用气需求。门站内会设置 SCADA 终端单元设施,对站内的全部运行过程进行控制和监视,以便随时了解设备的运行状态,并向调度中心提供运行数据信息。

3.1.2 天然气门站的设置与总平面布置

1. 门站的设置

由长输管道供给城市的天然气,一般经分输站通过分输管道送到门站。对于区域面积较大的城市,为了保证供气的可靠性,适应城市区域对天然气的需求,可以通过敷设两条分输管道,设置多个门站,这对满足长输管道末端储气方面的需要也是有利的。

分输站与门站分属天然气长输管道公司与城市天然气管网公司,依据天然气长输管道的管位、压力级制和管网形式等,门站与分输站有邻近设置或相隔一定距离设置两种情况。

对于门站与分输站相隔一定距离设置的情况,应考虑在分输站不进行调压,以充分利用长输管道天然气的压力能力以及相应的储气能力。门站与分输站内各自设有计量系统,达到相互校验的目的,但计量收费通常以分输站的计量为准。

长输管道的天然气压力一般为 1.6～4.0 MPa,进入门站,经过除尘、过滤后,经调压器调压再计量出站。同时,在门站内需要对天然气加臭情况进行检测。

2. 门站的选址

根据城镇燃气设计规范关于燃气站场地址选择的一般规定,门站选址的基本要求如下:

(1) 必须与当地规划部门密切协商,并得到有关主管部门的批准;

(2) 避免废水和漏气对农业、渔业的污染;

(3) 避免布置在不良地质的地区或紧靠河流,或容易被大雨淹灌的地区;

(4) 避免油库、铁路枢纽站、飞机场等重要目标与地区;

(5) 结合城市燃气远景发展规划,站址留有发展余地;

(6) 结合经济上的可行性,尽可能利用长输管道的储气能力;

(7) 门站位于市郊,四周空旷,按照规范留有一定的安全距离。

门站的选址还要放在整个输配系统来统筹考虑,因为门站的位置及数量对管网系统的供气能力影响很大,所以要在满足基本要求的条件下,进行多个方案的比较,确定合理的位置及门站数量。

3. 门站的平面布置

根据消防要求,天然气门站平面要进行分区布置,设生产区、生产辅助区。生产区包括阀区、过滤除尘、调压计量区、清管器收发区、排污处理区、集中放散区;生产辅助区包括仪表维修间、消防池(房)、办公(值班)室、控制室,以及锅炉房、应急发电机房等。

门站内还应建有通信、办公和生活设施,配备车库和必需的交通工具。

门站的占地面积一般为 4000～8000 m²。

门站的总平面布置示意图如图 3-1 所示。

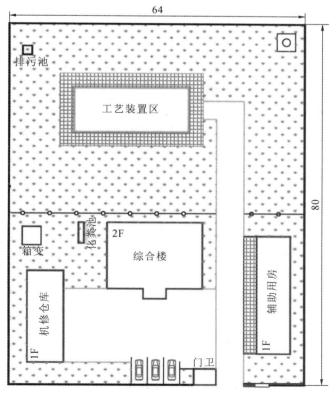

图 3-1　天然气门站的总平面布置示意图

3.1.3 天然气门站的工艺流程与主要设备

1.门站的工艺流程

根据长输管道末端和下游管网系统的压力、流量波动范围、调峰方式以及压力级制确定门站基本工艺流程,主要包括除尘、气质检测、调压计量、加臭和清管器收发装置的设置,并按拟定的设备选型,充分考虑系统运行的安全、控制、数据采集以及设备检修与备用等。

门站的工艺流程设计应该考虑如下方面:

(1)门站内主要设备全部用双套,互为备用,并能在常用设备出现故障时保证备用设备自动开启运行;

(2)门站内主要设备可遥控,主要指进出口阀门等;

(3)门站的通信、遥控信息通过电话电缆和专用电缆传输;

(4)门站内设有高、中压调压装置,流量计量装置;

(5)调压装置前应根据燃气流量、压力降等工艺条件确定是否需设置加热装置。

门站内计量调压装置根据工作环境要求可以露天布置,也可以设在厂房内,但在寒冷或风沙地区最好能布置在封闭式厂房内。门站内设备、仪表、管道等安装的水平间距和标高均应便于观察、操作和维修。

门站安全阀的功能是在超压状况下开启放散阀泄压,一般选用弹簧封闭全启式安全阀,其由指挥器控制时灵敏度较高。

手动放散阀一般采用截止阀,当系统压力过高时实行紧急手动放散。

门站工艺管道系统包括配管区、进站阀门区、出站阀门区等几个部分。在门站进站总管上宜设置除尘器,调压装置前应设置过滤器。进出站等管线应设置切断阀门和绝缘法兰。站内管道上需根据系统要求设置安全保护及放散装置,在常用线和备用线之间能自动切换。当长输管线采用清管工艺时,其清管器的接收装置可以设置在门站内。工艺管道分埋地与地面敷设两种方式,汇气管及汇管间的工艺装置连接管采用地面敷设方式。

门站的一种常见工艺流程如图 3-2 所示。由输气干线来的天然气首先进入第一汇气管,依次经过旋风除尘器 1、过滤器 2 进入第二汇气管,进入超声波流量计 3 计量后,到第三汇气管,进入调压器 6 调压后,到第四汇气管汇合,并由加臭装置加臭后,燃气才进入城市管网。门站内设一条越站旁通管,当门站系统发生故障需要检修时,长输管线直接向城市管网供气。

图 3-2 中 7 为清管器收发装置,利用管网中的气体压力将清管器从被清扫管道的始端推向末端。由于清管器一般为球形,其直径比管道内径大 5% ~ 8%,在管道内处于卡紧密封状态,因此当高压气体推动清管器在管道中前进时,清管器便将管道内的各种杂物清扫出来。

对大型城市燃气供应系统,若门站与分输站邻近设置,门站的天然气需要进入较长的城市天然气外环输气管道,则考虑在长输管道的分输站中设有清管器接收装置,门站中不安装清管器接收装置,而安装清管器发送装置。

2.门站的主要设备

门站的主要设备包括:阀门、除尘装置、计量装置、调压器、安全阀、传送有关技术参数及信号的遥测设备系统以及用于现场数据显示、控制的 SCADA 终端。这里只介绍阀门、除尘

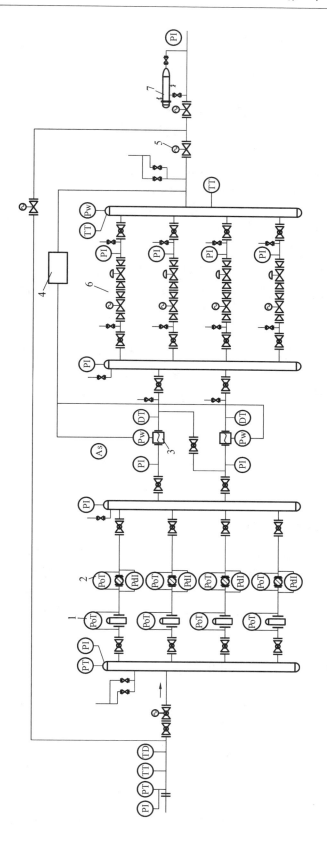

图3-2　带检测点的城市门站工艺流程

1—旋风除尘器；2—过滤器；3—超声波流量计；4—加臭装置；5—电动球阀；6—调压器；7—清管器收发装置

装置和调压器,其他设备将在相关章节介绍。

1)阀门

门站阀门要求符合下列条件:有良好的气密性,强度可靠,耐腐蚀,具有可靠的大扭矩驱动装置,与管道通径相同,可以自动控制。

天然气门站采用的阀门主要有两种类型:球阀和平板闸阀。球阀按阀芯的安装方式分为浮动式和固定式;平板闸阀是一种通孔闸阀,闸板的下方有一个直径与管径相同的阀孔,关闭时形成单面密封。

球阀与平板闸阀相比,结构复杂,体积和宽度大,但高度较小,动作力矩大、时间短。它们都有全启时压力损失小、可以通过清管器和制成高压大口径等优点,均被大量应用在天然气管道上。球阀开关速度快,密封条件好,更受使用者青睐。门站内重要部位应选用球阀,其余的可选用价格较低的平板闸阀。

2)除尘装置

天然气中含有的固体杂质将会增加管输阻力,降低管道输送效率,加速管道设备的腐蚀,因此需要予以脱除,以达到国家对天然气所含杂质的限制要求。目前通常所采用的除尘装置有旋风除尘器和过滤器。一般在分输站采用旋风除尘器,在城市门站采用过滤器。

3)调压器

调压器是门站内的主要设备之一,也是燃气输配系统中应用最多的设备。根据工作原理,调压器分为直接作用式(自力式)调压器、间接作用(指挥器控制)式调压器。直接作用式调压器应用在专用调压站、小型区域调压柜、调压箱等位置,间接作用式调压器则普遍应用在城市门站。

3.2 天然气储配站

3.2.1 天然气储配站的功能

储配站不仅具备调峰功能,同时还具有调压功能。调压站控制中心通过对进站压力、流量、球罐压力、温度、引射器前后压力、流量以及过滤器前后的压差等参数进行监视和分析,从而对其进出站总阀门、进出球罐阀门、进出引射器阀门、各调压计量系统阀门以及站内外旁通阀门进行控制。储配站一般由储气罐(球罐)、计量间、变电室、配电间、控制室、水泵房、消防水池以及生产和生活辅助设施等组成。

3.2.2 天然气储配站的总平面布置

储配站应设在城市全年最小频率的上风侧或侧上风侧,远离居民稠密区、大型公共建筑、重要物资仓库以及通信和交通枢纽等重要地区和设施,同时应避开雷击区、地裂带和易受洪水侵袭的区域。储配站的总平面布置如图 3-3 所示。

储配站在布置时应该注意以下问题。

1.防火间距

依据《建筑设计防火规范》《石油化工企业设计防火规范》和《城镇燃气设计规范》的有关要求,根据天然气储气罐容积大小、可燃气体存量、爆燃的危险性等特点,防火间距应从严

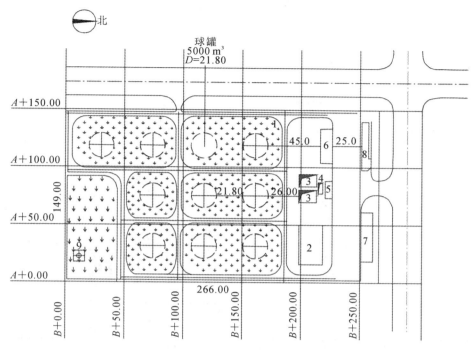

图 3-3 储配站的总平面布置

1—储气罐区；2—调压计量区；3—消防水池；4—吸水池；5—消防水泵房；6—变配电间；
7—汽车库、机修、仓库；8—综合楼、门卫；9—放散塔区

要求。

2. 功能分布

储配站区域有生产区和辅助区，布置时应用围墙或栅栏将生产区和辅助区隔开。

3. 消防车道

储气罐区周围应设环形车道，方便消防车辆通过。环形车道与储气罐区应保证一定间距，中间设置绿化带。

4. 消防水池

根据天然气储气罐的特性，消防水池及消防水泵房应与储气罐适当拉开距离，设在储配站内远离储气罐区的一侧。

3.2.3 天然气储配站的工艺流程

1. 高压储配站

图 3-4 所示为高压储配站的工艺流程图。在低峰时，由长输管道来的天然气一部分经过一级调压进入高压球罐，另一部分经过二级调压进入城市；在高峰时，高压球罐和经过一级调压后的高压干管来气汇合后经过二级调压进入城市。为提高高压球罐的利用系数，在站内装设引射器，当高压球罐的天然气压力接近管网压力时，可以利用高压管道的高压天然气从压力较低的储气罐中将天然气引射出来，提高整个储配站的储气罐容积利用系数。

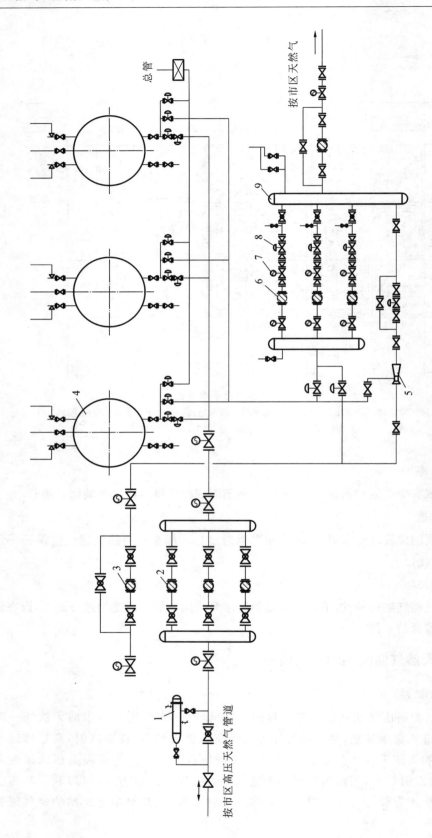

图3-4 高压储配站工艺流程图

1—清管器接收装置；2—过滤器；3—涡轮流量计；4—高压球罐；5—引射器；6—过滤器；7—电动调节阀；8—调压器；9—汇管

2．低压储配站

低压储配站一般采用湿式低压罐储气,也可采用干式低压罐储气。

当采用中低压或单级中压输配系统时,储配站需设置压缩机,从储气罐中抽取低压天然气,加压后供出。低压储配站的工艺流程图如图 3-5 所示。

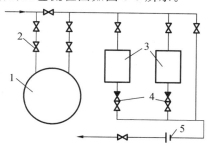

图 3-5　低压储配站工艺流程图

1—湿式调压柜;2—水封;3—压缩机;4—逆止阀;5—出口流量计

3.3　清 管 设 备

3.3.1　清管设备组成

清管设备是高压管道在施工完成后投入运行前,以及在运行过程中需要用到的设备之一。其作用包括:① 提高管道输送效率;② 测量和检查管道周向变形,如凹凸变形;③ 从内部检查管道金属的所有损伤,如腐蚀等;④ 对新建管道在进行严密性试验后,清除积液和杂质;⑤ 实现管道的置换。

清管设备的设计和安装应满足一定的使用要求,如清管检测器的尺寸和结构要求;并应遵循有关的设计规范,保证其适应性和安全性。清管设备主要包括:① 清管器收发筒和盲板;② 清管器收发筒隔断阀;③ 清管器收发筒平衡阀和平衡管线;④ 连接清管器装置的导向弯头;⑤ 线路主阀;⑥ 锚固墩和支座。此外,清管设备还包括清管器通过指示器、放空阀、放空管和清管器接收筒排污阀、排污管以及压力表等。清管设备一般也称为清管器收发装置,分为发送装置和接收装置,如图 3-6 所示。

1．清管器收发筒和盲板

清管器收发筒直径应比公称管径大 1～2 级。发送筒的长度应不小于筒径的 3 倍。接收筒除了考虑接纳污物外,有时还应考虑连续接收两个清管器,其长度应不小于筒径的 4 倍。清管器收发筒上应有平衡管、放空管、排污管、清管器通过指示器、快开盲板。对发送筒,平衡管接头应靠近盲板;对接收筒,平衡管接头应靠近清管器接收筒口的入口端。排污管应接在接收筒下部。放空管应接在收发筒的上部。清管器信号指示器应安在发送筒的下游和接收筒入口处的直管段上。快开盲板应方便使清管器快速通过,并应安有压力安全锁定装置,以防止当收发筒内有压力时被打开。

2．清管器收发筒隔断阀

清管器收发筒隔断阀安装在清管器收发筒的入口处,它起到将清管器收发筒与主干线隔断的作用。如果在主干线上没有安装隔断阀,通常在该阀的主干线一侧安装绝缘法兰,以

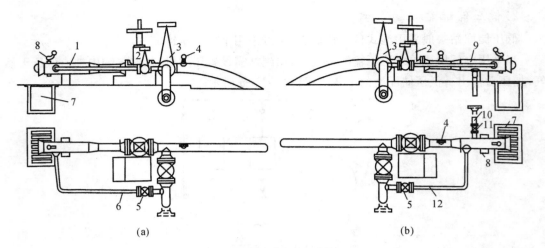

图 3-6　清管器收发装置

（a）发送装置　（b）接收装置

1—发送筒；2—隔断阀；3—线路主阀；4—通过指示器；5—平衡阀；6—平衡管；

7—清洗坑；8—放空管和压力表；9—接收筒；10—排污管；11—排污阀；12—平衡管

隔绝主干线与收发筒和阀门间的阴极保护电流。该阀必须是全径阀，以保证清管器的通过，最好为球阀。

3. 清管器收发筒平衡阀和平衡管线

清管器收发筒平衡阀和平衡管线应连到收发筒的旁路接头上。平衡管线的管径尺寸应为管道长度尺寸的 $1/4\sim1/3$。平衡阀通常由人手动控制，使清管器慢慢通过清管器收发筒隔断阀。

4. 连接清管器装置的导向弯头

连接清管器装置的导向弯头半径必须满足使清管器能够通过的要求。对常用的清管器，一般采用弯头的最小半径等于管道外径的 3 倍。但是，对于电子测量清管器，需要采用半径更大的弯头。

5. 线路主阀

线路主阀通常用于将主干线和装置本身隔开。该阀要求为全径型，以减少阀门产生的压力损失。该阀靠近主干线处应有一绝缘法兰，以隔绝主干线阴极保护电流。

6. 锚固墩和支座

通常使用的锚固墩是钢筋混凝土结构。但是根据土壤条件，也有其他类型的锚固墩，如钢桩和钢支架。所有地面管件、清管器收发筒和阀类必须安装在一定支座上，并防止管件在支座上发生任何侧向位移。

3.3.2　清管器发送和接收过程

1. 清管器发送过程

清管器发送过程包括以下 11 个步骤：

（1）关闭发送筒隔断阀和平衡阀；

（2）打开放空阀，卸掉发送筒中的压力，在发送筒中压力未达到大气压力前，不能急于打开盲板；

（3）打开盲板,放入清管器,直到清管器到达发送筒颈缩管处,并在该处紧紧地贴合；

（4）关闭盲板；

（5）轻微地打开平衡阀,排出发送筒中的空气；

（6）关闭放空阀并慢慢使发送筒中的压力增大到管线压力；

（7）关闭平衡阀,若没有关闭平衡阀就打开清管器发送筒隔断阀,可能会损坏清管器；

（8）打开清管器发送筒隔断阀；

（9）打开平衡阀,关小线路主阀,使清管器通过发送筒；

（10）打开线路主阀；

（11）关闭发送筒隔断阀和平衡阀。

2. 清管器接收过程

清管器接收过程包括以下 10 个步骤：

（1）在清管器未到达之前,先打开平衡阀,然后打开接收筒隔断阀；

（2）若清管器没有进入接收筒,应慢慢关闭线路主阀直到清管器被压入接收筒为止；

（3）一旦清管器进入接收筒,应打开线路主阀；

（4）关闭接收筒隔断阀和平衡阀；

（5）打开放空阀,排出接收筒中的压力,待接收筒中压力减小到大气压；

（6）打开盲板并取出清管器；

（7）关闭盲板；

（8）轻微地打开平衡阀,排出接收筒中的空气；

（9）关闭放空阀,并慢慢使接收筒中压力增大到管线压力；

（10）关闭平衡阀,若要接收下一个清管器,平衡阀和接收筒隔断阀应保持常开状态。

3.3.3　清管器

清管器有清管球、皮碗清管器、智能清管器等。

1. 清管球

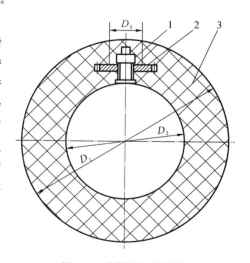

图 3-7　清管球结构简图

1—气嘴(拖拉机内胎直气嘴)；

2—固定岛(黄铜 H62)；3—球体(耐油橡胶)

清管球是由氯丁橡胶制成的,呈球状,耐磨耐油,如图 3-7 所示。当管道直径小于100 mm时,清管球为实心球；而当管道直径大于 100mm 时,清管球为空心球。长输管道中所用的清管球大多为空心球。空心球壁厚为 $30\sim50$ mm,球上有一可以密封的注水孔,孔上有一单向阀。使用时,注入液体使其球径调节到大于管径的 $5\%\sim8\%$。当管道温度低于 0 ℃时,球内注入的为低凝固点液体(如甘醇),以防止冻结。清管球在清管时,表面将受到磨损,只要清管球壁厚磨损偏差小于10%,且注水不漏,清管球就可以多次使用。清管球对清除积液和分隔介质是很可靠的。

2. 皮碗清管器

皮碗清管器结构如图 3-8 所示。它由刚性骨架、皮碗、压板、导向器等组成。当皮碗清管器工作时,其皮碗将与管道紧紧贴合,气体在前后产生一定压差,从而推动清管器运动,并把污物清出管外。皮碗清管器还能清除固体阻塞物。同时,因为它保持固定的运动方向,所以它还能作为基体携带各种检测仪器。

皮碗清管器的皮碗形状是决定其性能的一个重要因素。皮碗的形状可分为平面、锥面和球面三种,如图3-9所示。其中锥面皮碗较为通用,使用广泛;平面皮碗清除块状固体阻塞物的能力较强;球面皮碗通过管道系统的能力较好,允许有较大的变形量。皮碗材料多为氯丁橡胶、丁腈橡胶和聚酯类橡胶。

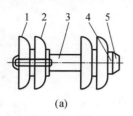 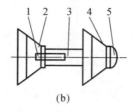 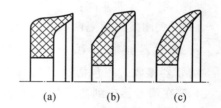

图 3-8 皮碗清管器结构简图

1—QXJ-1型清管器信号发射机;2—皮碗;

3—刚性骨架;4—压板;5—导向器

图 3-9 清管器皮碗形状

(a)平面皮碗 (b)锥面皮碗 (c)球面皮碗

3. 智能清管器

除了上述介绍的两种清管器外,还有一些其他类型的清管器,特别是智能清管器。其作用不仅仅是清管,而且可用于检测管道变形、管道腐蚀、管道埋深等。智能清管器按其测量原理可分为磁通检测清管器、超声波检测清管器和自动摄像清管器等。

1)磁通检测清管器

磁通检测原理如图3-10所示。探测管壁缺陷的磁漏探测仪按环形布置。磁通异常泄漏型探伤仪使用永久磁铁,如图3-11所示。该磁铁磁化管壁,达到磁通量饱和密度。传感器随探测仪移动,管壁内外腐蚀和损伤等部位引起异常漏磁场,并由传感器感应到。管壁中的任何异常将导致磁力线产生相应的变化,记录仪将磁力线变化情况记录下来,如图3-12所示,由此来判断管道是否有腐蚀和损伤及其程度。

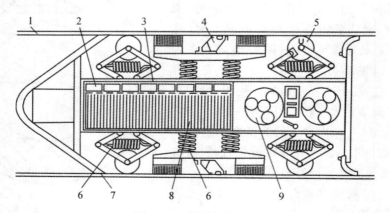

图 3-10 磁通检测原理

1—管壁;2—电池组;3—压力容器;4—磁漏探测仪;5—里程计轮;

6—弹簧;7—橡胶皮碗;8—电子元件;9—记录仪

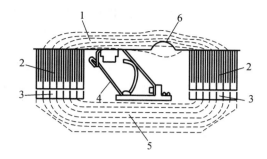

图 3-11 磁通异常泄漏型探伤仪

1—管壁;2—钢刷;3—磁铁;

4—传感器架;5—背部铁板架;6—腐蚀漏磁通

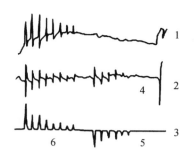

图 3-12 记录仪记录的磁力线变化情况

1—内壁探测仪输入信号;2—漏磁通输入信号;

3—解译信号输出;4—内壁缺陷;5—外壁缺陷;

6—实时联机交互作用信号处理(用以区别内、外壁缺陷)

2)超声波检测清管器

图 3-13 所示为超声波检测清管器的检测原理。超声波检测清管器根据管道内表面反射波与从管道外表面底部反射波的时间差来测定壁厚,即可得知管壁腐蚀缺陷,其检测范围如图 3-14 所示。

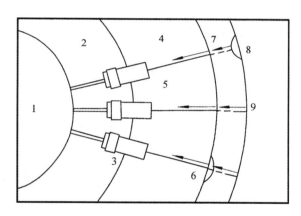

图 3-13 超声波检测清管器的检测原理

1—测量数据处理记录;2—超声波检测清管器;3—超声波探头;4—原油、水;5—管内断面测量;

6—内表面腐蚀;7—管壁厚度;8—外表面腐蚀;9—管壁厚度测量

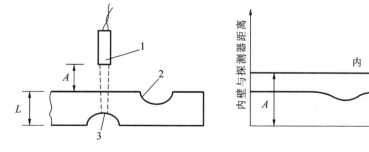

图 3-14 超声波清管器的检测范围

1—超声波传感器;2—内壁上的缺陷;3—外壁上的缺陷;L—壁厚;A—内壁与探测器距离

3)自动摄像清管器

图 3-15 所示为利用激光和电视技术的管内自动行走检测清管器,即自动摄像清管器的

检测原理。它测内表面腐蚀和缺陷时,利用缝隙状激光来照亮被测表面,用摄像机拍摄,再用视频处理装置检测腐蚀和缺陷情况。若测定激光光线折射变化量为 ΔI,则腐蚀和缺陷深度 $\Delta d = \Delta I \cdot \tan\beta$。

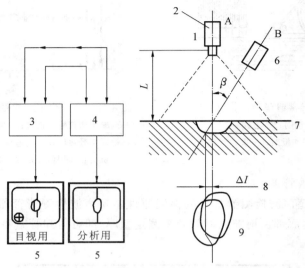

图 3-15　自动摄像清管器的检测原理

1—电视照相;2—摄像信号;3—计算机;4—画像处理装置;5—控制监视器;

6—激光发射装置;7—腐蚀深度;8—光线弯曲变位量(与腐蚀深度成比例);9—腐蚀范围

　　一般在进行管道的智能检测以前都要对管道的运行情况(变形和通过情况)进行摸底,即用一种简单的检测仪通过管道,以便确定管道的最佳变形量,进而判断采用什么样的智能仪进行检测。否则,一旦智能仪放进管道而被损坏,将造成较大的经济损失。

3.4　调压站、阴极保护及阀室

3.4.1　调压站的设置及组成

1. 调压站的分类

1) 按使用性质分类

(1) 门站。

城市门站也是长输管线的分配站,接收由气田经长输管线送来的天然气,经过滤除尘、调压稳压、计量、加臭后送入城市管网。根据进口天然气压力大小和高压储气装置压力以及城市管网或工业用户所需压力的要求,门站内可进行一级调压或二级调压,出站压力也可不同。

(2) 区域调压站。

区域调压站通常设置在输配管网上,用于向某一区域用户供气,用于连接两个不同压力的管网。近年来,随着天然气的普及,柜式区域调压站得到大量使用。

(3) 用户调压箱。

用户调压箱通常与中压管网或低压管网的管线相连,直接供应居民用户用气。

（4）专用调压站。

专用调压站在调压装置入口,可直接连接较高压力的输气管线,适用于向用气量较大的工业企业和大型公共建筑用户供气。

2）按建筑形式分类

（1）地上调压站。

地上调压站通常是建在地面上的单层建筑物,适用于各级压力管网之间的压力调节。因建于地上,室内通风良好,也比较干燥,发生中毒危险的可能性较小,也易于排除杂质,维护管理方便,安全性好。地上调压站通常布置在地面上特设的房屋里。

（2）地下调压站。

地下调压站因设在地下,难以保证室内良好的通风和干燥,发生中毒危险的可能性较大,而且操作管理不方便。只有在建设地上调压站有困难,且燃气压力为中压或低压时才选用这种形式。地下调压站不允许用于气态液化石油气管线。

（3）箱式调压装置。

箱式调压装置入口一般可直接连接在中压管网上,出口与用户直接相连。在不产生冻结、保证设备正常运行的前提下,其调压器及附属设备(仪表除外)也可以设置在露天(应设围墙)处或专门制作的调压柜内。

3）按调节压力范围分类

（1）高中压调压站。

（2）高低压调压站。

（3）中低压调压站。

（4）低低压调压站。

2.调压站的设置及选址

调压站的设置及选址应尽可能避开城镇的繁华街道,其站点位置要满足城镇燃气设计规范安全间距要求,可设在居民区的街区内或广场、公园等地。调压站为二级防火建筑,与周围建筑物之间的水平安全距离应符合如表 3-1 所示的规定。

表 3-1　调压站与周围建筑物之间的水平安全距离　　　　　　　单位:m

设置形式	调压装置入口燃气压力级制	建筑物外墙面	重要公共建筑物	城镇铁路	公共电力变配电柜
地上单独建筑	高压(A)	18.0	30.0	5.0	6.0
	高压(B)	13.0	25.0	4.0	6.0
	次高压(A)	9.0	18.0	3.0	4.0
	次高压(B)	6.0	12.0	3.0	4.0
	中压(A)	6.0	12.0	2.0	4.0
	中压(B)	6.0	12.0	2.0	4.0
地下单独建筑	中压(A)	3.0	6.0	—	3.0
	中压(B)	3.0	6.0	—	3.0

从供气可靠性考虑,调压站应力求布置在负荷中心或接近大用户处。高(次高)中压调

压站的设置位置及数量对高、中压管网的供气能力有很大影响,应纳入输配系统统筹考虑,在满足站点布置基本要求的前提下,进行多个方案供气能力及经济性分析比较。

3. 调压站的组成

调压站在城市燃气管网系统中是用来调节和稳定管网压力的设施,通常由调压器、阀门、过滤器、安全装置、测量仪表及旁通管等组成。有的调压站还装有计量设备,除了调压以外,还进行流量计量,称为调压计量站。

1) 阀门

阀门的作用是在调压器、过滤器发生故障或检修时切断天然气输送。调压站进口及出口处必须设置阀门。在调压站 10 m 之外的进出口管道上也应设置切断阀门,此阀门是常开的(但必须保证随时可以关闭),以便当调压站发生事故时,不必靠近调压站即可关闭阀门,避免事故蔓延和扩大。

2) 过滤器

过滤器的作用是清除天然气中杂质,确保调压器和安全阀稳定操作。在调压器入口处必须设置过滤器。

过滤器前后应设置压差计,目的是判断过滤器的堵塞情况。在正常工作情况下,天然气通过过滤器的压力损失不得超过 10 kPa,压力损失过大时应拆下过滤器进行清洗。

3) 安全装置

安全装置的作用是当调压器中薄膜破裂关闭不严或调节系统失灵时,放散泄压,避免系统超压,保证用户及公共设施安全。因此,调压站必须设置安全装置,一般为安全阀。

安全阀可以分为安全切断阀和安全放散阀。

安全切断阀的作用是当出口压力超过允许值时自动切断天然气通路的阀门。安全切断阀通常安装在箱式调压装置、专用调压站和采用调压器并联装置的调压站中。

安全放散阀在出口压力出现异常但尚没有超过允许范围时即开始工作,把足够数量的天然气放散到大气中,使出口压力恢复到规定的允许范围内。安全放散阀分为水封式安全放散阀、重块式安全放散阀、弹簧式安全放散阀等。水封式安全放散阀结构简单,被广泛应用在湿天然气系统中,需要经常注意液位。在 0 ℃以下的房间内,应采用不冻液或在调压站安装采暖设备。但其结构体积较大,不适用于小型调压器和箱式调压器。随着天然气的普及,水封式安全放散阀将逐步退出历史舞台。

若调压器发生故障时,出口压力过高,安全放散阀工作后仍不能使出口压力降到规定值,则安全切断阀应动作。同样,当天然气管道内发生事故,出口压力过低时,安全切断阀也应能自动切断。

放散管应高出调压器屋顶 1.5 m,还应注意周围建筑物的高度、距离,考虑风向,并应采取措施防止天然气放散时污染环境。无论哪一种安全放散阀,都有压力过高时保护管网不间断供气的特点,但当管网系统容量很大时,可能排放较多的天然气,因此安全放散阀不应安装在建筑物集中的地方。

4) 测量仪表

为了判断调压站中各种装置及设备工作是否正常,需设置各种测量仪表。主要的测量仪表是压力表。有些调压站还安装流量计。

通常在调压器入口安装指示式压力表,出口安装自动记录式压力表。自动记录式压力表可以自动记录调压器出口的瞬时压力,以便监视调压器的工作状况。

5）旁通管

凡不能间断供气的调压站,应设置旁通管。天然气通过旁通管供给用户时,管网的压力和流量是由手动调节旁通管上的阀门来实现的。对于高压调压装置,为便于调节,通常在旁通管上设置两个阀门。

选择旁通管的管径时,要根据天然气最低的进口压力和需要的出口压力以及管网的最大负荷进行计算。旁通管的管径型号通常比调压器出口管的管径型号小 2～3 号。

此外,为了改善管网水力工况,需随着天然气管网用气量改变使调压站出口压力相应变化,可在调压站内设置孔板或凸轮装置。当调压站可能产生较大的噪声时,必须设置消声装置。当调压站露天设置时,如调压器前后压差较大,还应设置防止冻结的加热装置。

3.4.2　调压站的工艺流程

确定调压站基本工艺流程的主要参数是调压器进口压力、出口压力和流量波动范围。

1. 典型的工艺流程装置

调压站的工艺流程装置由进口管段、主管段、出口管段三部分组成。

（1）进口管段:作为调压设施的上游管路,应设有进口总阀、绝缘接头等。

（2）主管段:由各功能性管路组成,分成气体预处理功能段、调压段和计量段。此部分的设备和仪表包括:过滤器、上游压力表、温度计及上游采样管（带阀）、换热器（降压幅度大时采用）、切断阀、超压切断与放散装置、监控调压器、主调压器、中间各测点压力表、减噪器和流量计等。

（3）出口管段:作为调压设施的下游管路,应设有出口总阀、绝缘接头等。

2. 工艺设计要求

（1）连接未成环低压管网或连续生产用气用户的调压站宜设置备用调压器。

（2）调压器的计算流量与最大流量应分别按所承担管网计算流量的 1.2 倍与 1.38～1.44 倍确定。

（3）调压器的进、出口管道之间设旁通管,当调压幅度大时,旁通管上设旁通调压器。

（4）高压和次高压调压站室外进、出口管道上必须设置阀门,中压调压站室外进口管道上应设置阀门。阀门距调压站的距离按《城镇燃气设计规范》（GB 50028—2006）确定。

（5）调压器入口处应安装过滤器。当调压器本身不带安全保护装置时,其入口或出口处应设防止压力过高的安全保护装置,宜采用安全切断阀或带安全切断装置的调压器,并选用人工复位型号。出口为低压时,可采用安全水封,其缺点为须防止水蒸发与冻结,且在多数情况下因放散量不够,不能起到调压器超压保护作用,因此在中低压调压站内应尽量采用切断式调压器。

（6）调压器与过滤器前后均应设置指示式压力表,调压器后应设置自动记录式压力表。

（7）当调压可能导致燃气成分冷凝时,应在调压前预热燃气。

（8）一般为掌握流量工况可在高（次高）中压调压站设置计量装置,但中低压调压站不须设置计量装置。

（9）无人值守调压站应设置安全保卫监测报警装置。

3.各类调压站的工艺流程

1) 高(次高)中压调压站

在城镇高压(或次高压)管网向中压管网连接的支线管道上设置高(次高)中压调压站，其工艺流程如图 3-16 所示。为防止发生超压，应安装防止管道超压的安全保护设备。高(次高)中压调压站输气量和供应范围较大，应按输气量决定调压器台数，宜设置备用调压器，并依流量范围选用合适的计量装置。供重要用户的专用线应设置备用调压器。为适应用气波动，可设置多个不同规格的调压器。

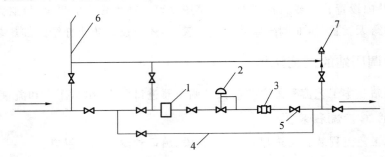

图 3-16 高(次高)中压调压站工艺流程示意图

1—过滤器；2—调压器；3—安全切断阀；4—旁通管；5—阀门；6—放散管；7—放散阀

2) 中低压调压站

城镇大多数燃气用户直接与低压管网连接。由城镇中压管网引出的中压支线上可设置单个或连续多个中低压调压站，其工艺流程如图 3-17 所示。中低压调压站又称为区域调压站。调压站出口所连接的低压管网一般成环，且相邻两个中低压调压站出口干管之间连通，以提高低压管网的供气可靠性。调压站进、出口管道之间应设置旁通管。可间歇检修的调压站不必设置备用调压器。使用安全水封作为调压器出口超压保护装置的调压站，应保证冬季站内温度高于 5 ℃。

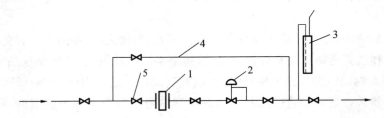

图 3-17 中低压调压站工艺流程示意图

1—过滤器；2—调压器；3—安全水封；4—旁通管；5—阀门

3) 楼栋调压箱(悬挂式)、小区调压柜(落地式)

高(次高)中压或单级中压系统向小区居民用户与商业用户供应天然气时，可通过楼栋调压箱直接由中压管道接入，进口压力不应大于 0.4 MPa；它们也可向工业用户(包括锅炉房)供气，进口压力不应大于 0.8 MPa。而小区调压柜对居民、商业与工业用户(包括锅炉房)供气时，进口压力不宜大于 1.6 MPa。楼栋调压箱与小区调压柜结构紧凑，占地面积小，施工方便，建设费用低，适合城镇中心区各种类型用户选用。

楼栋调压箱与小区调压柜的结构代号分为 A、B、C、D 四类，是指调压流程的支路数及旁通管的设置情况，即 A——单支路无旁通、B——单支路加旁通、C——双支路无旁通、

D——双支路加旁通。

　　楼栋调压箱(见图 3-18)可挂在墙上,为悬挂式。图 3-19 所示是选用切断式调压器的单支路无旁通的悬挂式楼栋调压箱工艺流程示意图。小区调压柜可设置在较开阔的供气区街坊内,为落地式,并外加围护栅栏,适当备以消防灭火器具。楼栋调压箱应有自然通风孔;而体积大于 1.5 m³ 的小区调压柜应有爆炸泄压口,并便于检修。

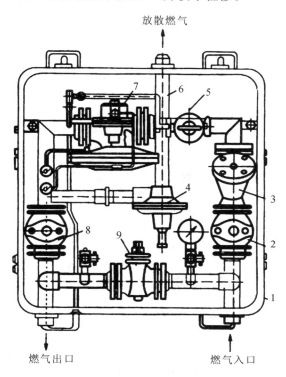

图 3-18　楼栋调压箱

1—金属壳;2—进口阀;3—过滤器;4—安全放散阀;

5—安全切断阀;6—放散管;7—调压器;8—出口阀;9—旁通阀

　　图 3-20 所示为小区调压柜(无计量装置)工艺流程示意图,其功能较完善,可根据用户要求选择调压支路数量或增设燃气报警遥测遥控功能。图 3-21 所示为锅炉专用标准型调压柜工艺流程示意图。这种调压柜附带计量装置,适用于中压(≤0.4 MPa)天然气或人工燃气,可根据锅炉组热负荷选择额定流量为 100～3000 m³/h 的调压柜型号。

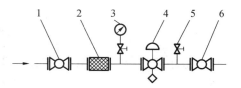

图 3-19　悬挂式调压箱工艺流程示意图

1、6—阀;2—过滤器;

3—压力表;4—切断式调压器;5—测试嘴

　　4) 地下调压站

　　为了考虑城镇景观布局,同时要求调压站安全、防盗和环保,与调压箱(调压柜)一样,将各具不同功能的设备集成为一体,做成筒状的箱体,并埋设在花园、便道、街坊空地等处的地表下,这样的调压站称为地下调压站。在维护检修时,可开启操作井盖,利用蜗轮蜗杆传动装置打开调压设备筒盖,筒芯内需检修和拆卸的设备、零部件和仪表便均在操作人员的视野范围内,并可提升到地表面。该装置需要铺设坚实、光滑的基础,箱体需有良好的防腐绝缘

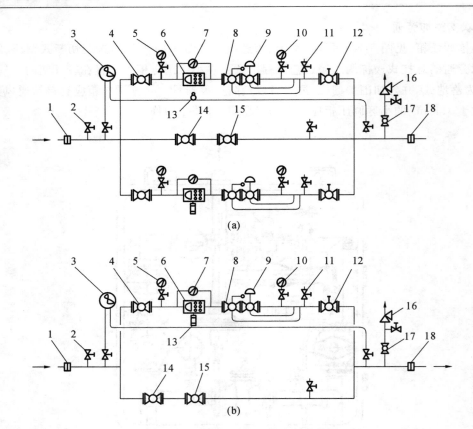

图 3-20　小区调压柜工艺流程示意图

（a）双支路加旁通　（b）单支路加旁通流程

1、18—绝缘接头；2—针形阀；3—压力记录仪；4—进口球阀；5、10—进口压力表；

6—过滤器；7—压差计；8—超压切断阀；9—调压器；11—测试阀口；12—出口蝶阀；

13—排污阀；14—旁通球阀；15—手动调节阀；16—安全放散阀；17—放散前球阀

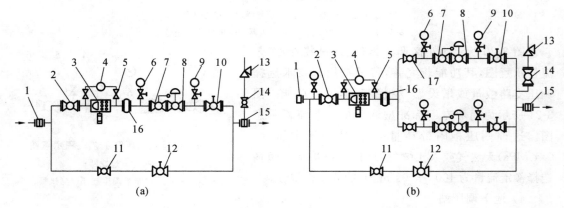

图 3-21　锅炉专用标准型调压柜工艺流程示意图

（a）单支路加旁通　（b）双支路加旁通

1—气体进口绝缘接头；2—气体进口阀门；3—气体过滤器；4—压差表；5—压差表前后阀门；

6—气体进口压力表；7—紧急切断阀；8—调压器；9—气体出口压力表；10—气体出口阀门；

11—旁通进口阀门；12—手动调节阀；13—安全放散阀；14—球阀；15—气体出口绝缘接头；16—气体流量计；17—球阀

层。图 3-22 所示为轴流式调压器串接两级调压的地下调压站布置示意图。

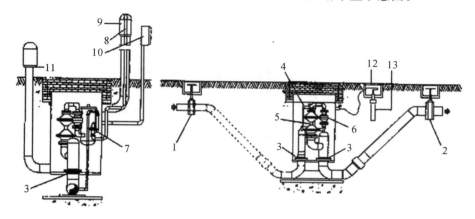

图 3-22　轴流式调压器串接两级调压的地下调压站布置示意图

1、2—进、出口阀；3—绝缘接头；4—过滤器；5—串接两级轴流式调压器；6—超压切断阀；
7—安全放散阀；8—放空管；9—高位放空管罩；10—控制工具板；11—低位放空管罩；12—检查孔；13—镁制阳极包

这种调压站按轴流式调压器的型号、规格参数对应编成系列；按供气规模，中低压地下调压站流量范围为 800～30000 m³/h，高中压地下调压站流量范围为 2600～118000 m³/h；连接口公称直径（DN）为 50 mm、80 mm、100 mm、150 mm、200 mm 和 300 mm。

4. 无人值守调压站

无人值守调压站的调压、计量监控系统是一个集工业控制、软件开发、设备集成、无线通信、网络等为一体的系统。该系统通过各监测点数据采集终端自动采集管道压力、流量、阀位等数据，并利用系统网络将数据传送到企业调度中心，企业调度中心通过分析相关数据来指挥生产，调配管网压力或定位故障，实现了远程调压站数据采集、自动控制、视频监控、数据的存储和处理、远程控制等功能。无人值守调压站提高了燃气工作的科技含量，建立了燃气科技发展体系，节省了人力和运营费用，满足了不断发展的社会生产力和日益提高的人民群众物质文化生活水平对燃气资源的需求，实现了燃气管理的现代化和数字信息化，同时也提高了燃气公司的供气能力和服务质量。

1）国外无人值守天然气站场发展现状及趋势

世界天然气管道自动化技术和通信系统的研究不断深入，目前已达到了一个新的阶段，即全线和区域集中控制阶段。在现代输气管道的设计中，无人值守天然气站场的数据监测、控制及采集系统均需依赖 SCADA 系统。可以说无人值守天然气站场控制系统的发展表现为 SCADA 系统的不断优化、完善。目前 SCADA 系统在天然气管道建设工程上的应用也较为成熟，利用该系统，可以实现所管辖站场数据的采集与监控。利用组态软件，可实现在调控中心进行集中监控。随着组态软件的不断开发应用，其可生成各种生产所需的统计报表，帮助生产管理人员进行分析统计，不断提高天然气的管理效率。天然气行业对 SCADA 系统的需求不断增加，主要有以下几点。

（1）SCADA 系统与其他系统的广泛集成。SCADA 系统是天然气生产管理系统的数据来源。在仿真时，MIS 数据管理分析等系统均需要 SCADA 系统提供数据。伴随着高速信息化发展，信息数据一体化是未来天然气管道建设的发展趋势。在未来 SCADA 系统研究中，与其他系统的整合是 SCADA 系统研究的一道难题。SCADA 系统与其他系统的连接,是今后天然气管道建设数据信息采集与处理的发展方向。

(2) 站场工艺的综合自动化。危险性较大的天然气站场均配置了 ESD 控制系统,在紧急情况下,ESD 控制系统可实现自动和手动停产操作,避免事故进一步扩大。未来天然气管道建设将以 PLC、RTU、计算机连锁保护为核心,将工艺区可以控制开关的设备、生产启动停止的设备信号与计算机形成回路,设置自动触发联锁保护,一旦出现紧急情况可通过计算机自动控制,减少单独设置的紧急切断装置。

(3) 模糊决策、专家系统、神经网络等技术的应用研究。在天然气站场的未来发展中,利用这些技术模拟站场内各设备的运行状态,在此基础上开发出生产管理系统,结合专家系统模拟计算出最优工作方式、运行方式、故障处理方法,以达到经济效益最大化、工作效率极高化的目的。

与输气管道 SCADA 系统密切相关的通信技术的发展趋势如下。

① 通信方式主要采用微波、卫星(VSTA)和光纤三种,目前卫星的应用日益增多。

② 采用一点多址的无线通信方式。

③ 采用蜂窝式无线电话系统。

④ 采用数字式数据通道。

2) 国内无人值守天然气站场发展现状及趋势

近年来国内无人值守天然气站场发展较快,在各地得到了广泛应用。2014 年 12 月 9 日,上海市燃气公司金山无人值守调压站内光伏离网储能系统顺利竣工,并通过验收。该项目规模 3 kW,采用光伏发电优先、市电旁路自动切换技术,可以实现优先使用光伏储电,并在储电耗完之后无缝对接市区供电,为燃气站提供全天候供电保障。新疆天能化工有限公司有 4 套熔盐炉和 1 套制氢系统使用天然气,天然气压力的稳定性与生产安全息息相关,压力频繁波动会给生产带来安全隐患。因此,在天然气入厂区独立设置 1 套调压装置,采用无人值守调压站,用于满足粒碱系统和制氢系统的工艺要求。天津作为城市天然气管网建设较早的地区,其外环区域城镇燃气高中压管道已完成对已建有人值守调压站的改造,实现了无人值守;新建的高中压调压站也广泛采用无人值守技术,应用效果较好。

当前国内无人值守天然气站场的主要发展趋势有以下几个方面。

(1) 以第四代 SCADA 系统为基础,建立以调控中心为中心站,监控全线的控制系统,实现全线统一的调度管理。

(2) 无人值守天然气站场逐步从西部地广人稀地区试点向东部人口密集区推广,从城市小型计量调压站向主干长输管道站场推广。

(3) 长输管道主用通信趋向采用管道同沟光缆传输,城镇燃气主用通信趋向租用地方无线公网传输。

(4) 现阶段天然气站场应急发电主要使用的是燃油发电机和燃气发电机。太阳能发电设备以其清洁无污染的特性,在实现小型化、可靠化后,将广泛应用于无人值守天然气站场的供电系统。

3) 无人值守调压站的特点

(1) 扩充性及扩容性广。

在无人值守的情况下,系统设施的安全可靠运行是基本前提,除此以外,还要求整个燃气系统必须具备一定的可扩充性和可扩容性,这样才能满足用户在不同时期、不同情况下对燃气用气的需求。无人值守调压站的建立,关键是要做到让这种运行模式在行业里推广开来,运营管理能够满足节能这个根本目的,达到企业对燃气需求的资源优化配置。它的设计理念必须要有远见性,不仅要具有安全保障持久性、运营管理效益性,还要具有环保节能性。

(2)安全性高。

无人值守调压站属于危险环境场所,它的介质属于易燃、易爆、易中毒的高危气体。因此,在无人值守调压站的周围,必须要应用安全防护系统技术和设置安全防护区域。当监控监测到安全防护区域有危险源时,就会采用远程人工按键操作发出警报或者使现场声光报警器来发出警报。这样做既使无人值守调压站的安全性提高了,又使调度中心能够根据现场传来的图像和信号来进行报警、记录。在有特殊情况时,如发现外部人员进入,既可避免误报,又可在确定是来自外部危险源的同时,联动现场报警器报警,燃气安全巡视单位预警联动,迅速出击,将安全隐患消灭掉。

(3)兼容性和前瞻性广。

系统的兼容性指的是通信系统兼容了多种数据通信网络,把数据与图像以不同的方式有机地结合起来,然后再进行传输。无人值守调压站就是这样一种新型的、具有创新性的设计方式。它将先进的燃气设备与现代化仪表传感技术、过程控制技术、自动调节技术等融为一体,形成一套完善的无人值守调压站自控系统,实现对站点的现场监测和远程控制。

(4)先进性强、可靠性高。

在保证无人值守调压站系统设施的安全性的前提下,按照设定工况量程和用户流量需求范围的不同,自动检测出流量计输出的数据,使用户与燃气企业在贸易计量、供需平衡上达到按需供应、安全监管、节能运行。通过对运行工况数据的动态监控管理,对远程站内计量等关键设备采取自动或远程遥控操作,以现场实际采集的数据为依据实现动态管理,这样不仅安全高效,而且不容易出错。

(5)可替代性与灵活性好。

在这个系统中,GRPS 和 ADSL 两种不同的通信网络都编写了相应的软件,并且这两种软件采用统一的格式,这样做的好处是可以采用性价比更高的通信网络替代原来的网络,同时将另一种通信网络作为备份。同时系统采用松耦合的设计,能够适应无人值守调压站的不断建设和变化。每个子站最多可同时向四个中心发送数据,还可以向其他的分中心发送数据,形成多级结构,这样有利于对站点实行分级管理。

(6)经济性好、实用性强。

通信方面采用经济性更高的组网方式,通过软件技术解决连接访问的问题,使系统不再需要花费昂贵的 IP 费用,节省了大量的人力成本和运营成本,缩短了建设周期,提高了管理效能。它不仅实现了对远程站点的监测和控制,还通过报表和报警两个功能,使值班人员更方便地管理子站点,另外还具有向其他应用程序发布数据的功能,并将所有的数据存储在数据库中,以便将来在数据挖掘等方面的应用。

无人值守调压站及其系统的投入使用不仅带来了巨大的经济效益,而且将原有的分层管理变成由一个中心来统一管理,实现了企业组织架构的扁平化。从工作流程角度来看,省略了人员现场抄表、上报、再汇总的工作环节,实现了企业流程再造。而整个技术的应用,使企业内部人员对信息技术的应用能力有所提高,从长远来看,提高了企业在未来的创新能力和对外竞争能力。

3.4.3 调压监控装置

1.串联式、并联式监控调压器

为提高调压站的供气安全性,可在调压流程中增设监控调压器,主调压器出现故障使出口超压达到监控调压器预定的介入压力时,监控调压器可接替其工作,以保证连续供气。监控调压器的通过能力不应小于主调压器。监控调压器的设置方法有串联与并联两种,如图 3-23和图 3-24 所示。

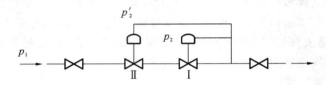

图 3-23　串联式监控调压器

Ⅰ—主调压器;Ⅱ—监控调压器;p_1—进口压力;p_2—主调压器的出口设定压力;p_2'—监控调压器的出口设定压力

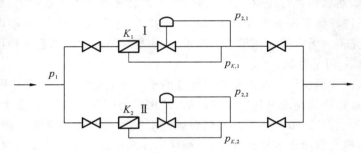

图 3-24　并联式监控调压器

Ⅰ—主调压器;Ⅱ—监控调压器;K_1、K_2—调压器Ⅰ、Ⅱ的切断阀;p_1—进口压力;$p_{2,1}$—主调压器的出口设定压力;$p_{2,2}$—监控调压器的出口设定压力;$p_{K,1}$—主调压器切断阀设定的切断压力;$p_{K,2}$—监控调压器切断阀设定的切断压力

串联式监控压力设定为:

$p_2'>p_2$,且 p_2' 大于主调压器的关闭压力。

这种系统正常运行时,由于主调压器的正常出口压力 p_2 低于监控调压器的出口设定压力 p_2',所以监控调压器的阀口处于全开状态。当主调压器发生故障使出口超压达到 p_2' 时,监控调压器则进入工作状态,出口压力变为 p_2'。

并联式监控压力设定为:

$p_{2,2}<p_{2,1}$,$p_{2,2}$小于 $p_{2,1}$ 波动的最小值(即小于其稳压精度范围的最小值);

$p_{K,2}>p_{K,1}$,$p_{K,2}$ 大于主调压器的关闭压力。

这种系统运行时,当主调压器Ⅰ正常工作时,最小出口压力为 $p_{2,1}$,由于 $p_{2,1}>p_{2,2}$,因此监控调压器Ⅱ呈现关闭状态。当主调压器Ⅰ发生故障使出口超压达到 $p_{K,1}$ 时,则切断阀 K_1 关断致使出口压力下降;当出口压力下降到 $p_{2,2}$ 时,监控调压器Ⅱ开始进行工作,出口压力变为 $p_{2,2}$。

有的调压器装有内置切断阀,因而无需设置外置切断阀 K_1 和 K_2。$p_{K,1}$ 和 $p_{K,2}$ 的信号便直接与内置切断阀信号口传输。

2.调压站调压流程方案

调压站的调压流程可归纳为以下几种方案:

（1）单台调压器；

（2）两台调压器串联监控；

（3）单台调压器＋外置切断阀（或双切断阀）；

（4）两台调压器并联监控＋外置切断阀；

（5）单台内置切断阀调压器；

（6）主调压器＋内置切断阀监控调压器。

第（1）种方案适用于出口压力低、流量小、调压器出现问题时影响面小、有运行人员长期值守或定期巡检的情况。该方案的优点是调压流程结构简单，节省占地面积和投资费用，缺点是供气可靠性不高，调压器出现问题时会影响用户使用。

第（3）和第（5）两种方案适用的场所比较广泛，相对而言，可节省占地面积和投资费用，并且对用户不会造成安全隐患。双切断阀适用于必须确保安全供气的重要用户。这两种方案的主要缺点是一旦调压器工作失灵，将迅速切断下游用户燃气供应。因此，运行人员必须随时了解调压器的工作情况，一旦发现切断装置动作，必须尽快查明原因，检修故障，使切断装置复位。

第（2）种方案兼顾了上述 3 种方案的优点，适用的场所更加广泛，只要监控系统正常或运行人员定期巡检，发现问题及时解决，就既可保证下游用户的供气安全，也不会影响用户的使用。

第（4）和第（6）两种方案的调压流程相对复杂，投资也较高，但与第（2）种方案相比，供气安全可靠性更高，适合于压力高、流量大、重要用户和重要场所的情况。如果监控系统正常或运行人员巡检到位，处理问题及时，则这两种方案是可靠性较高的方案。

3.4.4　阴极保护

阴极保护方法分为外加电流阴极保护法和牺牲阳极阴极保护法。

1. 外加电流阴极保护法

利用外加的直流电源，通常是阴极保护站产生的直流电源，使金属管道对土壤造成负电位的保护方法，称为外加电流阴极保护法。其原理如图 3-25 所示。阴极保护站直流电源的正极与辅助阳极（常用的辅助阳极材料有废旧钢材、石墨和高硅铁等）连接，负极与被保护的管道在通电点连接，外加电流从电源正极通过导线流向辅助阳极。负极和通电点的连线与管道垂直，连线两端点的水平距离为 $300 \sim 500$ m。直流电由辅助阳极经土壤流入被保护的管道，再从管道经导线流回负极。这样使整个管道成为阴极，而与辅助阳极形成腐蚀电池，辅助阳极的正离子流入土壤，不断受到腐蚀，管道则受到保护。

埋地金属管道达到阳极保护的最低电位 E_2，

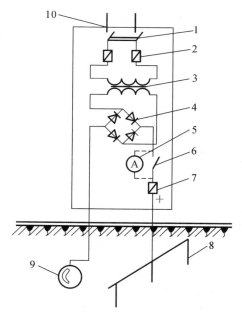

图 3-25　外加电流阴极保护法原理

1—电源开关；2、7—熔断器；3—变压器；
4—整流器；5—电流表；6—开关
8—辅助阳极；9—管道；10—电源

亦称最小保护电位,指金属经阴极极化后所必须达到的绝对值最小的负电位,该值由土壤腐蚀性质等因素决定。在不知最小保护电位的情况下,可采用比标准电极电位差为负 0.2～0.3 V(对钢铁)和负 0.15 V(对铝)的参数确定,但最好通过试验确定。

所谓标准电极电位,即浸在标准盐溶液(活度为 1)中的金属的电位,与假定等于零的标准氢电极的电位之间的电位差,是一个相对值。一些金属可按其标准电极电位增长的顺序排列:

K	Mg	Al	Zn	Fe	[H]	Cu	Au
−2.92	−2.38	−1.10	−0.76	−0.44	0	+0.34	+1.70

当阴极保护通电点处金属管道的电位过大时,可使涂在管道上的沥青绝缘层剥落而引起严重后果,故通电点的最高电位 E_1 也必须控制在安全数值之内。这个数值称为最大保护电位,通常由试验确定,但对于石油沥青防腐层取 1.25 V 即可。

一个阴极保护站的保护半径 $R=15～20$ km,两个保护站之间的保护距离 $S=40～60$ km,如图 3-26 所示。

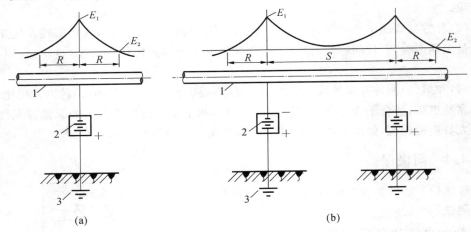

图 3-26　外加电流阴极保护站的保护范围
(a)一个阴极保护站的保护范围　(b)两个阴极保护站的保护范围
1—管道;2—阴极保护站;3—辅助阳极

保护电位和保护半径的确定,应从现场经验、实验室测定和理论计算三个方面综合考虑。

当被保护的管道与其他地下金属管道或构筑物邻近时,必须考虑阴极保护站的杂散电流对它们的影响。当这种影响超过现行标准时,就应考虑燃气管道与相邻地下金属管道或构筑物共同的电保护措施。

2.牺牲阳极阴极保护法

采用比被保护金属电极电位差较负的金属材料和被保护金属相连,以防止被保护金属遭受腐蚀,这种方法称为牺牲阳极阴极保护法。电极电位差较负的金属与电极电位差较正的被保护金属,在电解质溶液(土壤)中形成原电池,作为保护电源。电极电位差较负的金属为阳极,在输出电流过程中遭受破坏,故称为牺牲阳极。其工作原理如图 3-27 所示。

牺牲阳极又名保护器,通常是用电极电位比铁更负的金属,如镁、铝、锌及其合金制成。

使用牺牲阳极阴极保护法时,被保护的金属管道应有良好的防腐绝缘层,此管道与其他不需被保护的金属管道或构筑物之间没有通电性,即绝缘良好。当土壤电阻率太高或被保

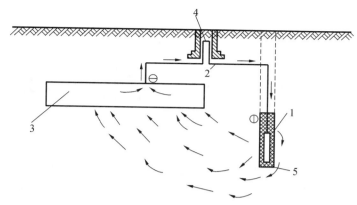

图 3-27　牺牲阳极阴极保护法原理

1—牺牲阳极；2—导线；3—管道；4—检测性；5—填料包

护管道穿过水域时,不宜采用牺牲阳极阴极保护法。

每种牺牲阳极都相应地有一种或几种最适宜的填料包,例如锌合金阳极,用硫酸钠、石膏粉和膨润土作为填包料。填包料的电阻率较小,使牺牲阳极流出的电流较大,从而使牺牲阳极受到均匀的腐蚀。牺牲阳极应埋设在土壤冰冻线以下。在土壤不致冻结的情况下,牺牲阳极和管道的距离在 0.3～7.0 m 范围内,对保护电位影响不大。

3.4.5　阀室

阀室是长输管道系统的重要组成部分。出于安全考虑,通常管道干线每隔一定距离,就安装一处截断阀室,以便于管道维修或发生故障时避免事故扩大。

阀室分为地上式和半地下式两种。地上式阀室具有通风良好、操作检修方便和室内无积水等优点;半地下式阀室则有工艺管线简单的优点,但需防止地下水渗漏。也可将阀门直接埋地敷设,地面上的操作装置及仪表等必须用围护结构保护。放散管应设置在阀室的下风口,并离开阀室和附近建筑物至少 40 m。

思　考　题

1.天然气门站的作用是什么?

2.请简要介绍储配站在输配系统中的作用。

3.高中压调压站的位置及数量对高中压管网供气能力有何影响?

4.如何实现调压站出口压力的遥调遥控? 如何实现调压站的调流?

本章参考文献

［1］ 严铭卿,宓亢琪,田贯三,等. 燃气工程设计手册［M］. 北京:中国建筑工业出版社,2009:240-253.

［2］ 严铭卿,宓亢琪. 燃气输配工程学［M］. 北京:中国建筑工业出版社,2014:260-275.

［3］ 刘晨,王大全.无人值守调压站远程监控与安全防护系统［J］.煤气与热力,2007(08):1-3.

第4章 天然气计量技术

天然气计量实际上是指天然气流量的测量,是在天然气流动过程中间接测量的,测量的准确程度取决于整套计量系统的设计、建设、操作和维护等全过程的质量。

4.1 天然气流量计的种类

目前,我国天然气流量计种类繁多,根据不同计量需求和测量原理大致可以分为5类,分别是:压差式流量计、容积式流量计、速度式流量计、面积式流量计、质量式流量计。不同种类的流量计的计量原理和组成结构各不相同,本章选取常用的流量计对其工作原理做简要陈述。

4.1.1 压差式流量计

压差式流量计是基于伯努利方程与流体连续方程,依据为节流原理设计的,其在节流件前后产生压力差,流量的平方和压力差成正比。

1. 压差式流量计的组成

压差式流量计通常由标准节流装置、导压系统和压差计三部分组成,其测量原理示意图如图 4-1 所示。

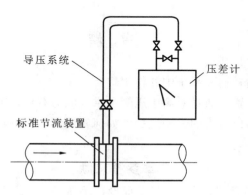

图 4-1 压差式流量计测量原理示意图

标准节流装置在加工制造和安装方面都最为简单,通过长期的使用,目前已经实现了设计、安装、计算的标准化,只要按照标准进行制造和安装,即使不经过检定也能保证其计量的准确度,所以在天然气计量中被广泛使用。其结构示意图如图 4-2 所示。

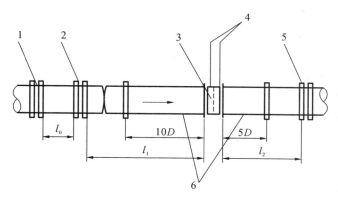

图 4-2 标准节流装置结构示意图

1—上游侧第二阻力件;2—上游侧第一阻力件;3—孔板和取压装置;4—压差信号引管;
5—下游侧第一阻力件;6—孔板前后测量管;l_1—孔板上游侧直管段;l_2—孔板下游侧直管段

2. 压差式流量计的测量原理

流体流经节流件的节流现象及节流件前后流体压力速度分布如图 4-3 所示,当气体流经管道中的节流件孔板时,气体的流动截面在节流件处形成局部收缩,从而使流速增加,动能增加,静压能降低,于是在节流件的上、下游之间便产生压力差。流速越大,压力差越大;流速越小,压力差也越小。这种现象就叫作流体的节流现象。

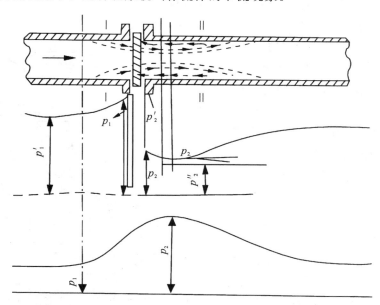

图 4-3 流体流经节流件的节流现象及节流件前后流体压力速度分布示意图

通过检测流体流经节流件前后产生的压力差 Δp,就可以间接地测出对应流量 q,这是压差式流量计的测量原理。

天然气流量的实用计算公式为

$$q = \frac{C}{1-\beta^4} \cdot \varepsilon \cdot \frac{\pi}{4} \cdot d^2 \sqrt{\frac{2\Delta p}{\rho}} \tag{4-1}$$

式中:q——天然气体积流量,$\mathrm{m^3/s}$;

C——流出系数,无量纲;

β——d/D,无量纲;

d——孔板内径,mm;

D——上游管道内径,mm;

ε——可膨胀性系数,无量纲;

Δp——孔板前后的压差,Pa;

ρ——流体的密度,kg/m³。

流量计算公式中各系数的确定可参阅标准 SY/T 6143—2004《用标准孔板流量计测量天然气流量》。

4.1.2 容积式流量计

容积式流量计实际上就是连续、快速旋转的量杯。气体流过流量计时,流量计内部的转子在气体入口与出口之间的压差作用下转动,随着转子的转动,气体不断地充满由转子和壳体所形成的计量腔内,并不断地被转子送向出口,因此只要知道单个计量腔的容积和转子旋转一周所形成的计量腔个数,就可以通过测量转子转动的次数求出被排出气体的总量。

容积式流量计的计量原理可表示为:

$$V = NKV_。 \tag{4-2}$$

式中:V——被测气体在工作状态下的总体积,m³;

　　N——转子转动的次数;

　　K——转子转动一周形成的计量腔个数;

　　$V_。$——单个计量腔的容积,m³。

目前国内常用的容积式流量计有气体腰轮流量计、旋叶式流量计等,在天然气计量中使用最多的容积式流量计是气体腰轮流量计。

1.气体腰轮流量计的结构

气体腰轮流量计可分为立式和卧式两种,如图4-4和图4-5所示。从气体腰轮流量计的结构示意图可以看出:气体腰轮流量计主要由壳体、腰轮、出轴密封、修正器、计数器等组成。一般公称直径为40 mm与50 mm的气体腰轮流量计,其腰轮组由一对腰轮构成;公称直径为80 mm以上的气体腰轮流量计,其腰轮组设计成两对呈45°安装的腰轮组。

2.气体腰轮流量计的工作原理

气体腰轮流量计的工作原理如图4-6所示。在图4-6中,转子与壳体之间构成一个封闭的腔体,即计量腔。气体腰轮流量计的转子是一对互为共轭曲线的腰轮,与腰轮同轴安装的是驱动齿轮。被测的流体通过流量计时,进、出口之

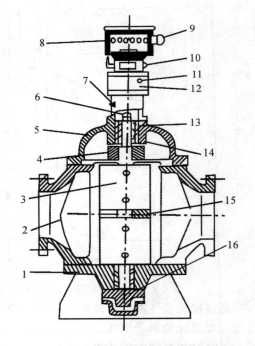

图 4-4 立式气体腰轮流量计结构示意图

1—下盖;2—壳体;3—腰轮;4、12—出轴密封;
5—上盖;6—连轴座;7—排气旋塞;8—计数器;
9—手轮;10—修正器;11—油杯;13—径向轴承;
14—腰轮轴;15—中间隔板;16—止推轴承座

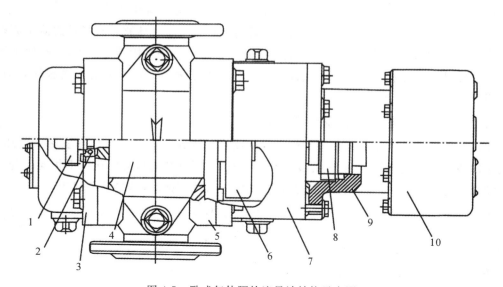

图 4-5　卧式气体腰轮流量计结构示意图

1—导向齿轮；2—滚珠轴承；3—下外壳部分；4—腰轮；5—计量室部分；6—润滑部分；

7—上外壳部分；8—磁性联轴器；9—中套减速部分；10—表头积算部分

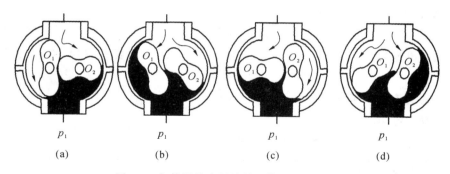

图 4-6　气体腰轮流量计的工作原理示意图

间的压力差推动转子转动,转子之间由驱动齿轮互相驱动。

当转子处于图 4-6(a)所示的位置时,气体由入口处流进流量计,气体静压力 p_1 均匀地作用在转子 O_2 上,由于 O_2 所受到的力矩平衡,因此 O_2 不转动;此时,转子 O_1 在气体压力作用下产生了转动力矩,逆时针转动,同时带动固定在同一轴上的驱动齿轮旋转。由于驱动齿轮的啮合,转子 O_2 顺时针旋转,当转子转到图 4-6(b)所示的位置时,阴影部分的气体被送至出口。随着转子位置的变化,转子 O_1 上的力矩逐渐减弱,转子 O_2 上产生转动力矩,并逐渐增大。当转子都转过 90°达到图 4-6(c)所示的位置时,转子 O_2 产生的力矩最大,而转子 O_1 此时无力矩,这样两个转子改变主从关系。两个转子交替地把流经计量腔的气体,连续不断地从流量计入口送至出口,从而达到计量的目的。

转子每转一周,从流量计入口向流量计出口送出四倍于计量腔体积的气体,因此,只要已知转子与流量计壳体所构成的计量腔的体积,通过测量转子的旋转次数,就可以得到气体的累积流量。测量转子的转速,即可得出单位时间内的流量,即气体平均瞬时流量。由于转子之间、转子和壳体之间都保持有微小的间隙,流量计各测量元件工作时并无接触和摩擦,因此流量计可以达到较高的测量准确度,并能保持长期稳定可靠地工作。

双转子组合式气体腰轮流量计的测量原理与上述普通型气体腰轮流量计的测量原理基本相同,不同点是双转子组合式气体腰轮流量计在同一根主轴上固定了两个转子,两个转子之间的夹角是 45°,故相当于两台流量计并联运行。由于采用了双转子组合式这种结构,其运转平稳,管内压力波动小。

3. 气体腰轮流量计的流量计算方法

气体腰轮流量计的显示读数装置所显示的读数值为输气管路内气体在实际工作压力、温度下的体积。所测气体的压力、温度不同,同一读数所反映的标准体积也不相同。若气体压力和温度有波动,应按工作状态下的压力、温度进行体积换算,其换算公式为

$$Q_n = \frac{293.15 p_1 Q_s}{T_1 p_a} \tag{4-3}$$

式中:Q_n——气体标准体积流量,m^3/s;

Q_s——工作状态下流量计的指示值,m^3/s;

p_1——流量计工作期间内气体的平均绝对压力,MPa;

p_a——标准大气压力,0.101325 MPa;

T_1——流量计工作期间内气体的平均温度,K。

气体腰轮流量计的主要特点如下:

(1) 测量准确度高,基本误差可达到±1.0%;

(2) 测量准确度不受流体流动状态的影响,流量计不需要直管段,对气质条件要求不高;

(3) 在最大流量下压力损失小;

(4) 振动和噪声小;

(5) 维修方便,运行可靠,数字显示直观清晰。

4.1.3 速度式流量计

气体涡轮流量计是一种典型的速度式流量计,它具有精度高、复现性好、结构简单、运动部件少、耐高压、温度范围宽、压力损失小、量程比大、维修方便、质量小、体积小等优点,在天然气计量中被广泛采用。

1. 气体涡轮流量计的种类

气体涡轮流量计按显示方式的不同可分为就地显示式和电远传式两种。

1) 就地显示式涡轮流量计

图 4-7 所示为就地显示式气体涡轮流量计的结构简图。其工作原理是:在壳体中放置一轴流式叶轮,当气体流经流量计时,驱动叶轮旋转,叶轮转速与气体流量成正比,叶轮转动次数通过机械传动传送到计数器上,计数器把叶轮转速累计换算成对应的气体体积流量直接显示出来。由于就地显示式气体涡轮流量计具有关联设备少、不需要电源等优点,故其特别适用于计量点分散且只需要计量气体累积流量的场合。此种类型的流量计在天然气计量中使用较多。

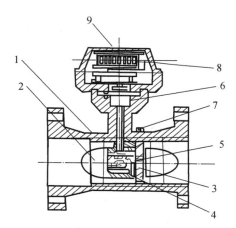

图 4-7　就地显示式气体涡轮流量计结构简图

1—壳体；2—气体导流器；3—叶轮；4—双轴承座；5—减速装置；

6—磁联轴器；7—注油孔；8—计数器；9—齿轮减速器

2）电远传式气体涡轮流量计

图 4-8 所示为电远传式气体涡轮流量计的组成方框图。电远传式气体涡轮流量计由测量变送器和显示仪表两部分组成。

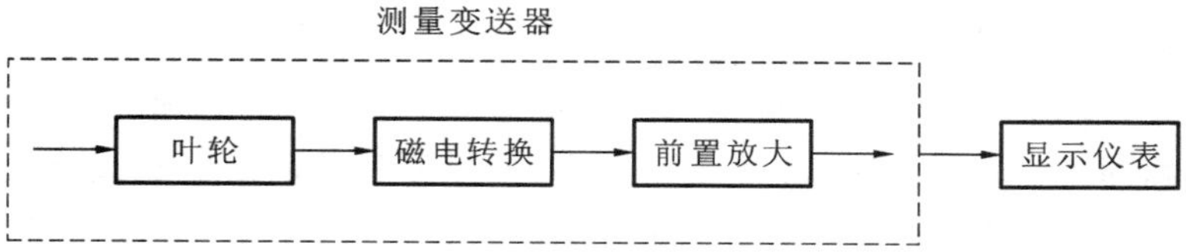

图 4-8　电远传式气体涡轮流量计组成方框图

电远传式气体涡轮流量计的结构如图 4-9 所示。其工作原理：当气体以一定的速度流过测量变送器时，斜叶轮受力而旋转，其转速与气体流速成正比，斜叶轮的转动周期性地改变磁电转换器的磁阻值，使感应线圈的磁通发生周期性的变化，产生周期性的感应电动势，即电脉冲信号，经放大后送至二次仪表进行显示或累计。

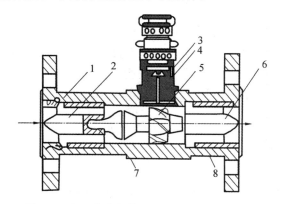

图 4-9　电远传式气体涡轮流量计结构示意图

1—壳体；2、6—导流器；3—前置放大器；4—磁电转换器；5—斜叶轮；7、8—轴承

在测量范围内，叶轮的转速可以看作与流量成正比，所以测得脉冲信号的频率 f 和某段时间内的脉冲总数 N 后，分别除以仪表常数 ζ 便可求得瞬时流量 $Q_{瞬}$ 和累积流量 $Q_{总}$，即

$$Q_{瞬} = f/\zeta$$
$$Q_{总} = N/\zeta$$

式中：f——电脉冲信号频率；

ζ——仪表常数(仪表出厂时或经标定后给出)，次/m^3。

2. 气体涡轮流量计的安装

1) 气体涡轮流量计常见的安装方式

气体涡轮流量计常见的安装方式如图 4-10 所示。

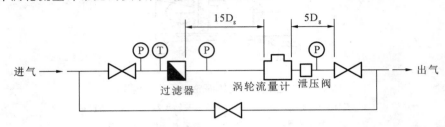

图 4-10　气体涡轮流量计常见的安装方式示意图

2) 安装要求

(1) 安装前,当用微小气流吹动叶轮时,叶轮应能转动灵活,并且没有无规则的噪音,计数器转动正常,无间断卡滞现象,则流量计可安装使用。

(2) 气体涡轮流量计一般水平安装,必要时也可以垂直安装。

(3) 严禁使过滤器和流量计直接相连。过滤器和流量计之间必须加一定长度的与流量计的直径(D)相同的直管段,长度应不小于 $15D$(如果流量计前安装有整流器,那么其长度应不小于 $10D$)。气体涡轮流量计的后端也应加一与流量计的接口直径相同且长度不小于 $5D$ 的直管段。

(4) 流量计安装时,应保证法兰螺栓均匀受力,以保证密封效果。

(5) 直管段与法兰必须先焊接好,后与流量计相连接。

(6) 法兰连接管道内径处不应有凸起部分。

(7) 温度计应安装在气体涡轮流量计上游侧,距离气体涡轮流量计入口不小于 $15D$ 的位置。

(8) 流量调节阀应安装在流量计下游侧直管段以后。

(9) 电远传式信号连接线应采用屏蔽线,信号线与动力线要分开布置。

(10) 在线使用时,计数器显示的数值是被测气流在实际工作压力和温度下的气体体积流量,故应换算成标准状态下的体积流量,其换算公式为

$$Q_n = \frac{1}{K} \cdot \frac{293.15}{T_1} \cdot \frac{p_1}{p_a} \cdot \frac{1}{Z} \cdot Q_s \tag{4-4}$$

式中：Q_n——气体标准体积流量,m^3/s；

K——仪表修正系数；

p_1——流量计工作期间内气体的平均绝对压力,MPa；

p_a——标准大气压力,0.101325 MPa；

T_1——流量计工作期间内气体的平均温度,K；

Z——气体压缩系数；

Q_s——工作状态下流量计的指示值,m^3/s。

若忽略温度和气体压缩系数的影响,则换算公式可简化为

$$Q_n = \frac{1}{K} \cdot \frac{p_1}{p_a} \cdot Q_s \tag{4-5}$$

4.1.4　涡街流量计

涡街流量计是 20 世纪 70 年代发展起来的一种自然振荡型流量计,虽然现在在天然气计量中使用很少,但它兼有许多优点,将来很有可能在天然气计量中得到比较广泛的应用。

1. 涡街流量计的工作原理

卡门涡街产生图如图 4-11 所示。将作为流量元件的非流线形物体(如三角柱体、梯形柱体等,也称为旋涡发生体)垂直插入管道流体中,当流体流速足够大时,在测量元件的下游便会交替产生旋涡,旋涡尺寸逐渐增大,便会离开流量元件向下游流去形成两列旋涡,这种旋涡列称为卡门涡街。这一过程称为旋涡的剥离。旋涡剥离的频率(亦称为卡门涡街释放频率)在一定的流速范围内与介质流速呈线性关系,且这一关系不受流体的密度、黏度、压力和温度的影响,而仅与流体的流速和测量元件的宽度有关。

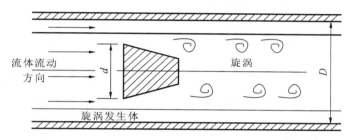

图 4-11　卡门涡街产生图

旋涡剥离的频率的计算式如下:

$$f = St \cdot v/d \tag{4-6}$$

式中:f——旋涡剥离的频率;

　　　St——斯特罗哈数,与管道的几何尺寸和流量元件的形状、大小等有关;

　　　v——流速,m/s;

　　　d——柱体物的最大直径(宽度),m。

旋涡发生体的形状是多种多样的,但它必须满足下列条件:非流线形;截面形状是相同的,且是对称的;流体脱离旋涡发生体的点是确定的。

2. 旋涡的检测方法

在管道中形成了表示流速或流量的旋涡,必须检测出来方能实现变送。目前常用的旋涡的检测方法有热敏式、磁敏式和压电式三种。

1) 热敏式

热敏式仪表电路提供恒定的电流,将热敏电阻加热,使其温度高于被测介质的温度,当旋涡发生体两侧交替产生旋涡的时候,旋涡产生一个低电压区,因此通孔中便会产生流体介质的往复流动,对热敏电阻进行冷却,使热敏电阻阻值发生变化,热敏电阻上便会产生电压脉冲,从而实现检测。

2) 磁敏式

将旋涡发生体两侧压力通过两个相互隔离的腔体传送到一个可以沿轴向振动的振动片

两侧,在振动片附近安装一个磁检测器,由于旋涡的产生,旋涡发生体两侧的压差推动振动片往复振动。由于振动片是由导磁的材料做成的,所以振动片的运动扰动了磁检测器的磁场,便在磁检测器中产生电脉冲,这样就检测了旋涡频率。

3)压电式

压电式仪表的结构与磁敏式仪表极其相似,不同之处只在于压电式仪表在与磁敏式仪表振动片相同的位置上安装了一个压电片,旋涡造成的压差直接作用于压电片的两侧,由压电效应产生电脉冲,实现检测。

3. 涡街流量计的构造

涡街流量计由传感器和转换器两部分组成。二者组装在一起的称为一体型;二者分别安装,中间通过双芯屏蔽电缆连接的,称为分离型。按安装方式不同,涡街流量计可分为圆环式、管法兰式、插入式三种,均属一体型。

圆环式涡街流量计是一个厚壁的不锈钢圆环,内装三角柱,圆环的端面上加工了许多同心圆沟槽以利于密封,检测器安装在三角柱内,一根金属管将圆环和仪表信号处理器连接在一起。圆环式涡街流量计用于直径为 $25 \sim 200$ mm 的管道中。

管法兰式涡街流量计有一个两端带法兰的短管,三角柱安装在管中,检测器安装在三角柱中,用金属接管连接仪表体和仪表信号处理器。管法兰式涡街流量计用于直径为 $200 \sim 450$ mm 的中等口径的管道中。

插入式涡街流量计是一个细长杆结构,一端是检测体,安装时插入管道中,检测体由护套、流量元件和检测器等组成,另一端是仪表信号处理器。插入式涡街流量计用于直径大于 250 mm 的中、大口径的管道中。

检测器(传感器)的作用是将不同频率的旋涡转变成同频率的电脉冲信号输出;转换器的作用是将微小的电脉冲信号放大、滤波、触发整形、变换,输出二次仪表所需的矩形脉冲频率信号、$4 \sim 20$ mA 直流模拟信号和计数脉冲信号。

4. 涡街流量计的安装要求

(1) 涡街流量计的上、下游要有一定长度的直管段,如表 4-1 所示。

表 4-1　涡街流量计上、下游直管段长度

上游阻击件形式	上游直管段长度	下游直管段长度
同心收缩、全开阀门	$\geq 15D$	$\geq 5D$
90°直角弯头	$\geq 20D$	$\geq 5D$
同一平面内两个 90°直角弯头	$\geq 25D$	$\geq 5D$
不同平面内两个 90°直角弯头	$\geq 40D$	$\geq 5D$

注:D 为管道内径。

(2) 涡街流量计不应装在温度变化大的区域,也不能装在机械振动和碰撞程度大的场所。

(3) 流体的流向应与仪表壳体所示箭头方向一致。

(4) 仪表必须与管道同径(指内径)同轴。

(5) 流量计可以竖直、水平或以其他任何角度安装,但在竖直安装时,流体应向上流动。

(6) 当需要测量压力、温度时,测压点应在流量计的下游侧且距旋涡发生体 $3.5D \sim$

5.5D 的位置,测温点应在流量计的下游侧且距旋涡发生体 6D~8D 的位置。

(7) 密封垫片不能凸入管内。

(8) 布线应尽量远离巨大的变压器、电动机和发电机等产生电干扰的设备,如果避免不了应使用屏蔽线。

5. 涡街流量计的选择

为了保证仪表的正常运转,实现准确计量,正确地选用涡街流量计是非常重要的。涡街流量计的选用必须考虑以下几个方面。

1) 检测方式的选择

热敏式的优点是灵敏度高、量程比大,缺点是耐腐蚀、耐脏污性能较差,因此比较适合测量一般气体。尤其是在管道内流量较小,其他方式测量比较困难的情况下,热敏式更有可能胜任。

压电式比较耐脏污,有较强的耐腐蚀能力,检测灵敏度较高,缺点是系统冲击振动性能较差,适用于大多数场合。

磁敏式的缺点是灵敏度较低、量程比较小,但其突出的优点是耐高温、耐腐蚀,所以在测量有腐蚀介质时是一种理想的选择。

2) 流量测量范围的选择

各种形式、各种类型的涡街流量计都有其固有的测量范围,涡街流量计必须在其自身的测量范围内方能正常工作,因此,在对流量范围进行选取时,必须保证涡街流量计的允许范围覆盖实际的流量范围,不得勉强。

为了使涡街流量计在良好的特性下工作,应尽量选用公称通径小的涡街流量计。

4.1.5　超声波流量计

1. 超声波流量计的测量原理

通常将频率高于 20 kHz 的声波称为超声波。超声波流量计的基本工作原理是在管道的一侧或两侧嵌置两个能发射和接收声脉冲的探头,其中一个探头发射的声脉冲能被另一个探头接收。这样,两个探头便构成了声道。在几毫秒之内两个探头轮流发射和接收声脉冲。沿顺流方向声道传播的声脉冲的声速增大,即叠加一个气流速度分量;而沿逆流方向声道上的声速会减小,因为要减去一个气体流速的速度分量。这就形成了顺流方向与逆流方向声脉冲传播的时间差。顺流方向与逆流方向的传播时间分别为

$$t_{\text{down}} = \frac{L}{c + v_{\text{m}}\cos\varphi} \tag{4-7}$$

$$t_{\text{up}} = \frac{L}{c + v_{\text{m}}\cos\varphi} \tag{4-8}$$

式中:L——声道长度,也称声程;

　　　c——声速;

　　　v_{m}——沿声程测得的被测气体的流速;

　　　φ——管道轴线与声程之间的夹角。

根据式(4-7)、式(4-8)可以推出被测气体流速为

$$v_{\text{m}} = \frac{L}{2\cos\varphi}\left(\frac{1}{t_{\text{down}}} - \frac{1}{t_{\text{up}}}\right) \tag{4-9}$$

在气体组分、压力、温度等产生波动时,超声波脉冲信号的同步发送就显得尤其重要。在对超声波速度波动的敏感性上,数字技术具有其他技术无可比拟的优越性。

另外,由于信号接收完全数字化,可以将每个脉冲与预设标准进行对比,来检验信号的质量,这是该项技术的独特之处,可以获得高质量的测量结果。

2.超声波流量计的特点

超声波流量计与孔板、涡轮等传统流量计相比,具有如下特点。

(1)适用于各种管径、气体流量的高精度计量。管径最大可达 1600 mm,流量和管径越大,其精确度越高。管径为 100~1600 mm 时,在较大流量条件下,其精度优于或等于被测流量的 0.5%。

(2)测量范围(量程比)很宽,一般为 1∶40~1∶160,甚至能达到 1∶300。

(3)重复性很好。

(4)能实现双向流量计量。

(5)流量计本体无压力损失。

(6)可精确测量脉动流。

(7)不受沉积物或湿气的影响。

(8)所需上、下游直管段较短,上游为 10D,下游为 3D。

(9)不受涡流和流速剖面变化的影响。

(10)可测质量流量。

(11)不受压力、温度、相对分子质量、气体组分变化的影响。

(12)可允许清管球自由通过。

(13)系统本身有自我检测功能,能进行自检。

3.超声波流量计按使用范围分类

天然气超声波流量计按其使用范围大致可以分为如下几类:

(1)用于高压气体流量计量的 Gas Sonic 流量计;

(2)用于贸易计量的 Q 型超声流量计;

(3)用于生产过程气体流量计量的 Process Gas 流量计;

(4)用于火炬气体流量计量的 Flare Gas 流量计。

这几类超声波流量计的基本工作原理是相同的,都是采用数字式绝对传播时间法,只是由于使用范围不同,其在结构上存在一些细微的差别。

4.2　天然气体积流量修正

天然气的计量方式有体积计量、质量计量、能量计量等三种方式,目前我国主要采取体积计量方式。体积流量是气体状态的函数,而气体的工作状态千差万别,因此气体在工作状态下的体积流量必须转换到统一的状态(标准状态)下进行表示和比较。我国国家标准 GB 17820—2012《天然气》中规定天然气的标准状态为 20 ℃,101.325 kPa。将工作状态下的体积流量(简称工况流量)转换到标准状态下的体积量(简称标况流量)的关键就是对状态参数进行修正。引起天然气体积量变化的因素主要有:① 气体密度的变化,其中包括因气体温度、压力偏离标准状态导致的气体密度变化以及气体的组分含量变化所导致的气体密度变化；② 实际气体与理想气体的差别,即压缩系数 Z 的不同；③ 气体湿度的变化。所以天然气体积流量的修正包括密度的修正、压缩系数 Z 的修正以及湿度的修正。

4.2.1　密度的修正

对天然气来说,气体温度、压力或成分的变化都会引起其密度的变化,用密度计直接检测气体的实际密度并进行计算修正是最简便的方法,然而气体密度检测技术尚不完善,因此多用间接的方法来修正气体的密度。这种间接修正包括两个方面:温度、压力修正和摩尔质量修正。

1. 温度、压力修正

在组分及含量不变的情况下,天然气密度的变化主要是由温度或压力变化引起的,因此可用温度、压力修正来间接修正其密度。

1）修正原理

根据理想气体状态方程

$$pV = nRT \tag{4-10}$$

式中: R——气体常数;

$\quad\quad n$——气体的物质的量(摩尔数)。

当组分及含量不变时, n 为常数,则

$$\frac{p_N N_N}{T_N} = \frac{p_1 N_1}{T_1},\ 即\ V_N = \frac{T_N p_1}{p_N T_1}V_1 \tag{4-11}$$

式中: p_1——实际工况下的绝对压力, $p_1 =$ 表压 + 当地大气压;

$\quad\quad p_N$——标准大气压, $p_N = 101.325\ \text{kPa}$;

$\quad\quad T_1$——实际工况下的热力学温度,K;

$\quad\quad T_N$——标准工况下的热力学温度, $T_N = 293.15\ \text{K}$;

$\quad\quad V_1$——实际工况下的体积流量;

$\quad\quad V_N$——标准工况下的体积流量。

令 $c = \dfrac{T_N p_1}{p_N T_1}$,称其为修正系数,则 $V_N = cV_1$,即标准工况下天然气体积流量等于修正系数乘以实际工况下的体积流量。

2）修正方法

这两个参数的修正需要用压力及温度传感器在线检测气体在实际工况下的压力 p_1 和温度 T_1,计算得出修正系数的值,在测得实际工况下气体的体积流量 V_1 后,两者相乘即可得到标准工况下天然气的体积流量。

2. 摩尔质量修正

天然气为混合气体,其成分和含量随着地理位置、采气年限的不同而变化,密度也随之变化。通常气田的天然气早期甲烷的含量较高,后期则会降低,由组分变化引起的密度变化达到一定程度之后若再不加修正就会引起较大的误差。

1）修正原理

根据理想气体状态方程 $pV = nRT = \dfrac{m}{M}RT$ 可得

$$pM = \frac{m}{M}RT = \rho RT$$

即

$$\rho = \frac{pM}{RT} \tag{4-12}$$

式中：M——天然气的摩尔质量。

可得出成分含量变化时密度的修正系数：

$$\frac{\rho}{\rho_s} = \frac{M}{M_s} \tag{4-13}$$

式中：ρ、ρ_s——天然气的实际密度、原始密度；

  M、M_s——天然气的实际摩尔质量、原始摩尔质量。

2）修正方法

根据天然气成分变化的大小，有两种修正方法可供选择：① 气井开采早期、成分变化缓慢的阶段，可取每月或每季甚至每年的天然气平均摩尔质量计算出密度修正系数，进行人工修正。这种方法只需根据日常分析的数据，计算一定时间内气体的平均摩尔质量 M，成本较低，便于实现。② 在天然气成分变化较大且变化频繁的阶段，可通过在线的工业色谱仪连续分析各成分含量的变化，自动计算出混合气体的平均摩尔质量及其修正系数，进行在线修正。这种方法修正及时、精度高，但设备投资费用、运行费用较高，一般在大的站点及交接界面上使用。

4.2.2　压缩系数 Z 的修正

1. 修正原理

实际气体因分子之间存在着作用力、气体分子也占有一定的体积，与理想气体存在着差异，故在状态方程里引入压缩系数 Z，即实际气体状态方程为

$$pV = nZRT \tag{4-14}$$

此时，$V_N = \frac{T_N p_1 Z_N}{p_N T_1 Z_1} V_1$，修正系数 $c = \frac{T_N p_1 Z_N}{p_N T_1 Z_1} = \frac{T_N p_1}{p_N T_1 k}$。其中 $k = \frac{Z_1}{Z_N}$，为压缩系数的修正系数；Z_N 为标准工况下的压缩系数；Z_1 为实际工况下的压缩系数。低压常温工况下气体的 Z_1 接近于 Z_N，k 近似等于 1，一般不需要修正。其他状态特别是高压下 Z_1 变化明显，不考虑修正将会引起较大的误差，例如常温下 0.8 MPa 的天然气 $k \approx 0.98$，不修正将会造成 2% 的误差。因此天然气的高、中压计量点必须考虑压缩系数的修正。

2. 修正方法

当天然气的成分含量基本稳定时，标准状况下天然气的压缩系数 Z_N 可取定值，或者按如下式（4-15）计算：

$$Z_N = 1 - \left[\sum_{j=1}^{n} x_j \sqrt{b_j}\right]^2 + 0.005(2x_H - x_H^2) \tag{4-15}$$

式中：x_j——天然气第 j 组分的摩尔分数；

  $\sqrt{b_j}$——天然气第 j 组分的求和因子；

  x_H——天然气中氢气的摩尔分数。

而实际工作状况下天然气的压缩系数 Z 是气体成分、压力与温度等参数的函数，其计算公式非常复杂，因此压缩系数的修正计算只能用计算机或智能仪表来实现，用单元组合仪表无法实施。以前国内的智能仪表多采用离散法来计算 Z，即在 $Z = f(p,T)$ 线图上，划分若干区域，在各区域内取 Z 的平均值记为 $Z_1, Z_2, Z_3, \cdots$，连同各区域 p、T 的范围值以表格

形式存入智能流量计算仪,当 p、T 变化到某一范围时,自动调出该区域对应的平均值进行修正。目前压缩系数 Z 值的修正多采用连续补偿法,也就是采用天然气专用方程实时计算,专用方程也有两个:源于美国的 AGA8-92DC 方程或源于欧洲的 SGERG-88 方程。两个方程各有一定的适用范围,在相同的范围内,两种计算方法是等效的。不同的是,用 AGA8-92DC 方程计算时要求输入天然气各组分的摩尔分数及 p、T 等参数;用 SGERG-88 方程计算时要求输入 4 个特征的物性值——高位发热量、相对密度、CO_2 含量、H_2 含量,及 p、T 等参数。详情请参阅我国国家标准 GB/T 17747.1—2011、GB/T 17747.2—2001、GB/T 17747.3—2011。

4.2.3　湿度的修正

1. 修正原理

如果天然气经净化、脱水处理后已达到干气标准,则不需要进行湿度修正,否则应考虑含湿量变化引起的误差程度,误差大的应进行修正。湿度修正实际上就是指从湿气中去除水蒸气,得到干气。湿气具有以下特点。

(1) 湿气中除水蒸气外的其他组分都可作为理想气体处理,湿气遵守道尔顿分压定律,即 p_1(湿气压力)$= p_g$(干气压力)$+ p_{水蒸气}$。

(2) 湿气中饱和水蒸气的分压 p_b 只取决于湿气的温度,与湿气的压力无关。

(3) $\rho = \rho_g + \rho_{水蒸气}$,湿气的状态参数(温度、压力和湿度)的变化将影响湿气的密度。

对于湿气来说,湿度是描述其状态的重要参数,其中:

相对湿度 $\varphi = \dfrac{\rho_{水蒸气}}{\rho_b} = \dfrac{p_{水蒸气}}{p_b}$,即 $p_{水蒸气} = \varphi p_b$,$\rho_{水蒸气} = \varphi \rho_b$。

根据 $p_g = p_1 - p_{水蒸气} = p_1 - \varphi p_b$,也可得出湿气的修正公式为:

$$V_N = \frac{T_N(p_1 - \varphi p_b)}{T_1 p_N k} V_1$$

此时

$$c = \frac{T_N(p_1 - \varphi p_b)}{T_1 p_N k}$$

2. 修正方法

实现湿度修正需要测量湿气的相对湿度 φ。水蒸气的饱和压力 p_b 虽然也是个变量,但它由温度决定,p_b 与 T 的相应数值可从有关手册中查得,它们之间为非线性关系。为便于实施修正,可在工作温度范围内进行线性回归,求得 $p_b = f(T)$ 的表达式。例如上海地区天然气的工作温度范围为 6～30 ℃,此范围内 p_b 与 T 的对应数值如表 4-2 所示。

表 4-2　p_b 与 T 的对应数值　　　　　　　　　　温度范围:6～30 ℃

温度 T/℃	饱和蒸汽压 p_b/kPa
6	0.9361
12	1.4024
18	2.0594
24	2.9812
30	4.2463

根据表 4-2 的数据回归得到：$p_b=0.1368T-0.1382$，这样只要已知测量温度即可算出 p_b。如果湿天然气的温度范围波动很大，用线性表达式进行修正时会产生较大的误差，则可用查表的方式确定 p_b，即增加一个相对湿度 φ 的测量，实现湿度的修正。

实际工况下天然气体积计量应进行状态参数修正，具体修正哪些参数应视实际情况而定。其中温度、压力修正是最普遍、最基本的修正。一般来说，在低压、常温工况之外的计量应同时进行压缩系数的修正；当成分含量变化较大时，必须考虑摩尔质量修正；如果达不到干气标准，还应考虑湿度的修正。

4.3 天然气的质量计量

质量计量能够保障天然气贸易中计量的准确可靠和公平公正，由体积计量方式向质量计量方式的转变是我国天然气计量领域未来发展的方向。

与体积流量测量不同，用质量流量计测量气体流量，不必对其输出结果进行温度和压力修正，因此免去了相应的辅助测量设备，为整个计量系统降低成本和减少维护费用提供了另一种选择。

国际标准化组织(ISO)发布的 ISO 13686—2013《天然气质量指标》，成为全世界天然气质量控制的指导性准则和各国之间签订天然气贸易合同的指南。该国际标准明确规定了天然气质量必须满足安全卫生、环境保护、经济利益等三个方面要求。

我国对天然气质量计量技术的研究从 20 世纪 80 年代开始，经过对天然气产品质量控制指标，天然气计量系统技术要求和配套的检测技术、方法的长期研究，在 2000 年左右先后发布了 GB 17820《天然气》和 GB/T 18603《天然气计量系统技术要求》等国家标准。以此为基础，形成了配套的测试技术与方法，以及完整的标准体系和量传溯源体系。

根据 Coriolis 效应设计的流量测量系统不需要直管段和整流器来防止气体扰动，因为质量流量计并不依赖于可预知的流体速度剖面来测量流量，有助于节省安装空间。只要流量计的测量管不被流体介质腐蚀、磨损，其性能就不会随着时间的推移而发生偏离。

如果被测量气体组分不变，用单一气体在标准状态下的密度可求得该混合气体的标准密度，输入到质量流量计的变送器中，便可实现质量流量和体积流量的单位换算。在某些情况下，质量流量计还可以测量流体的密度，尤其适用于流体组分随时变化的场合，但此时测得的流体密度不能用于标准状态的流体计算，要通过气相色谱仪和流量计的输出值在流量计算机中进行运算才可实时地计算流体的标准密度。

带多变量数字技术的变送器是以数字信号处理技术为基础建立起来的。质量流量的信号处理由直接安装在传感器上的处理单元执行。变送器收到来自信号处理单元的总线数字信号后将其转换成标准信号。标准信号具有抗噪声性能以及很好的重复性，并且信号的稳定性与流量计的精度无关。

质量流量计的工作原理是高速流体通过具有一定刚度的细小口径测量管时使之振动，并能依据其产生的微振动性能测得流量计进、出口处正弦波信号之间的相位差，谓之 Coriolis 效应，信号源通常是电磁线圈。该类型的质量流量计结构简图如图 4-12 所示。

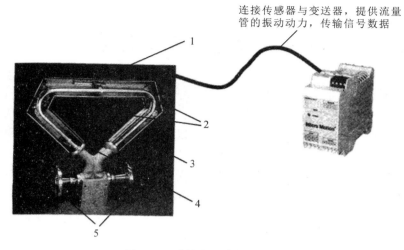

连接传感器与变送器,提供流量管的振动动力,传输信号数据

图 4-12　质量流量计结构简图

1—驱动线圈组;2—检测线圈组;3—温度探测装置(RTD);4—流量管;5—管线接口

在双管型质量流量计中,入口处的分流管将流入介质等分送入两根测量管中。两根测量管中由于驱动线圈的作用,产生以支点为轴的相对振动。当测量管中有流量时即产生 Coriolis 效应。其结构如图 4-13 所示。

因 Coriolis 力作用发生测量变形引起的相位差与流体的质量成正比,所以测量 Coriolis 力引起的相位差即可测出流量。

$$F_c = 2\omega v m \qquad (4\text{-}16)$$

式中:F_c——Coriolis 力;

　　　v——流体线速度;

　　　ω——角速度;

　　　m——流体通过测量管的质量。

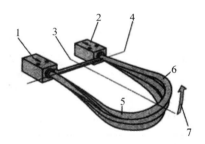

图 4-13　双管型质量流量计结构示意图

1—进口;2—出口;3—扭弯轴;4—支撑轴;5—进口侧;6—出口侧;7—流体作用力及方向

由于气体密度小,故必须提高流体通过测量管的流动速度,才能达到仪表分辨率所要求的质量流量。质量流量计电子部件的灵敏度取决于测量管的结构和电子部件的检测能力。例如,直管形状的测量管的最大振幅只能达到 0.1 mm,而 U 形的测量管的最大振幅可以达到0.8 mm。

目前,Emerson 公司的质量流量计的测量结构形式有 S 形、U 形、Ω 形等,Ω 形质量流量计结构如图 4-14 所示。

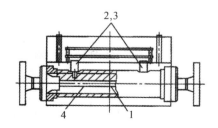
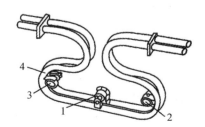

图 4-14　Ω 形质量流量计结构示意图

1—驱动器;2—传感器 A;3—传感器 B;4—Ω 形测量管

4.4 天然气能量计量

目前我国天然气计量主要采用体积计量方式。分析表明,自国外引进的 LNG 和天然气,其热值要高于我国天然气的热值,现行的天然气计量方式已不能充分反映天然气的实际价值。国际上天然气计量方式以能量计量为主,以体积计量为辅。在保留体积计量的基础上,实行能量计量,使我国天然气贸易计量方式与国际惯例接轨是非常必要的。从能源利用的角度来看,实行能量计量不仅能真正体现天然气的优越性,而且能为天然气销售价格达到合理水平提供技术支持。

4.4.1 能量计量原理

天然气中可利用的是具有一定发热量的烃类组分。作为燃料,天然气的商品价值是其所含的发热量,即天然气使用的实质是天然气的能量,而不是体积,因此贸易结算中最合理的方式是以能量为单位进行结算。

天然气的能量计量是通过两个不相关的测量来完成的,即体积流量或质量流量的测量和体积发热量或质量发热量的测量。将这两种测量合成,可以计算得到天然气的能量,即

$$E = Q \times H \tag{4-17}$$

式中:E——天然气的能量,MJ;

Q——天然气在标准状态下的体积,m^3;

H——天然气高位发热量,MJ/m^3。

当采用能量计量方式进行贸易结算时,单价乘以能量便得到金额,不必按发热量对天然气进行分级,只需规定天然气的发热量达到某一限定值即可。例如加拿大 NOVA 公司规定,管输天然气的高位发热量应高于 36 MJ/m^3。

天然气的能量计量过程主要由流量计量、发热量计量和组成分析三部分组成。流量计量是能量计量的主要部分,技术较成熟。发热量计量分为直接和间接两种方法。直接测量法又分为水流式和气流式两种。气流式对设备和环境的要求比水流式严格,但准确度和灵敏度更高。美国 20 世纪 70 年代使用水流式,80 年代用气流式取代了水流式;我国采用水流式(GB/T 12206—2006)。间接测量法是利用组分分析数据进行计算,国内外相关标准有ISO 6976—2016、ASTM D3588—1998 和 GB/T 11062—2014。天然气的组分分析可分为在线分析和离线分析两种,由取样和分析两部分组成,国内外相关标准有 ISO 10715—2005、ISO 6974—2014、GB/T 13609—2012 和 GB/T l3610—2014。

4.4.2 国外能量计量现状

在国外,天然气计量分为能量计量和体积计量两种方式。实行能量计量的有北美、西欧和中东国家及东南亚部分国家,实行体积计量的国家以华约国家为主。随着欧盟的扩大和北约的东扩,这些国家也逐步使用能量计量,与西欧国家接轨。国外多数大流量计量站都配备在线色谱仪(即 BTU 仪),中小计量站则从附近的大流量计量站获取天然气组分数据或采用实验室色谱仪进行离线分析。在流量计量时,绝大多数使用组分分析或物性参数测定数据计算标准参比条件下的发热量、密度和相对密度及工作条件下的压缩因子或密度。

1. 英国的测量方法

英国的热能计算规范规定在一个计费区内使用一个发热量进行结算。发热量测量有以下三种方式。

（1）最低发热量：在一个计费区内，测量所有交接点的进气发热量，取每天的最低值用于该区当天的能量结算。

（2）指定发热量：在一个计费区内，指定一个供需双方承认的发热量，用于该区的能量结算。

（3）加权平均发热量：在一个计费区内，同时测量所有交接点进气发热量和体积流量并计算能量，以每天的能量除以体积流量得出的发热量用于该区当天的能量结算。

2. 意大利的测量方法

从特定气相色谱仪站的日平均发热量测量值计算月平均值，用于在计费区内的所有用户。发热量有以下三种。

（1）测量发热量：从气相色谱仪站得到的未经修改的发热量，并用相同周期的体积测量计算能量。

（2）调整发热量：从气相色谱仪站得到发热量，用气相色谱仪站到体积测量点的时间差进行调整的发热量，并用调整发热量计算能量。

（3）校正发热量：从气相色谱仪站得到发热量，用经过不可预见的环境因素校正后的发热量，并用校正发热量计算能量。

3. 奥地利的测量方法

计量站每个计量点的能量都是由日体积累积量（或月体积累积量）和相应的加权平均发热量计算的，加权平均发热量的计算方法如下。

（1）测量每个进气口和出气口的发热量，并计算日加权平均发热量，用于进气和出气之间所有计量点的能量计算。

（2）将月加权平均发热量与前月进行比较，若超出规定的误差，则用当月新值，否则用前月值。

4.4.3　我国能量计量状况

目前我国主要采用的天然气计量方式为体积计量，所用仪表主要为孔板流量计，其比例约占 88%，采用几何检定法。从 20 世纪 70 年代以来，我国参照国外系列标准，在天然气仪表的设计选型、使用、安装、维护、管理、气质分析等方面做了相应的工作，得出了一些重要结论，制定了 SY/T 6143—2004《用标准孔板流量计测量天然气流量》，但在总体水平上还与其他国家存在着显著的差距。近年来，我国天然气流量计量研究取得了显著成就，典型的有天然气、空气、水为介质对孔板计量性能的影响研究、天然气计量技术研究、气体超声流量计的测试与现场应用研究、新型流量计及新型整流器的研究与应用、安装条件对孔板影响因素的研究等。

随着我国天然气计量与国际接轨，今后我国天然气计量将向着以下几个方面发展。

（1）由于电子技术、计算机以及互联网技术的迅猛发展，天然气计量已逐步向在线、实时、智能靠近，同时依靠网络技术实现远程化通信、控制和管理，例如 SCADA 系统的应用和智能涡轮、超声波流量计智能系统。西气东输、冀宁联络线等管道项目已经采用 SCADA 系统和超声波流量计计量。

(2) 以前流量计检定方式通常采用检定静态单参数方法,例如标准孔板依靠几何检定法检定孔板的 8 个几何静态单参数来保证流量计的准确性。随着国内外实流检定技术的成熟,天然气流量量值溯源正逐步向实流检定方向发展,即以实际天然气为介质,在接近实际现场工况等条件下对气体的分参数(例如压力、温度、组分和流量总量)进行动态量值溯源。

(3) 以前流量仪表选型比较单一,近几年,随着对流量计的研究和开发,不同的流量计有不同的特点和适用范围,流量仪表的选型也向多元化方向发展。例如,对中低压、中小流量可选择智能型速度式流量计(涡轮、旋进旋涡流量计);对高压、大流量可选择气体超声流量计。近期又出现了一种新型流量计——内文丘利管,它适用于流量变化范围较大的中低流量工况。

(4) 我国天然气计量标准正在不断发展、丰富和完善,通过消化吸收国外标准,我国天然气计量标准已基本构成完整的体系,正逐步由单一标准向多重标准发展。

(5) 我国天然气贸易计量方式是在法定的质量指标下按体积计量。市场经济的不断完善,迫切要求我国天然气贸易计量方法与国际接轨。

4.4.4　我国开展能量计量的可行性和将要开展的工作

1. 我国开展能量计量的可行性

天然气作为清洁能源的核心价值在于其供出的发热量。我国天然气贸易量逐年上升,且随着 GB/T 22723—2008《天然气能量的测定》正式实施,在政策上将推动天然气交接从体积计量方式逐步转向能量计量方式。

自 2007 年起中国石油天然气股份有限公司天然气与管道分公司和西南油气田公司先后在西气东输一线和川渝管网,按照《天然气能量的测定》的要求,根据各输气管线计量站点的配置情况、输配站级别(输气量)和用户类型等,选择具有代表性的计量站,进行了天然气能量计量技术现场应用。其中,在线色谱仪主要选择了各管线使用较多的 AC 6890、ABB 8000、DANIEL 570,流量计主要有使用最多和最早的孔板流量计及新建管线使用较多的超声波流量计和涡轮流量计,用户类别主要有工业(化肥和发电)、城市燃气等。结果表明,国内各计量站已具备实施能量计量的条件。

2. 今后将要开展的工作

目前我国基本具备了开展天然气能量计量的条件,应进行试点,积累经验,完善相应设施后再推广使用。为了将来在我国逐步实行用能量计量方式进行贸易交接,应积极开展以下几方面工作。

(1) 积极完善和制定天然气计量的有关标准,特别要尽快研究制定天然气能量计量的有关标准和天然气产品质量标准及其检测方法标准。

(2) 开展天然气能量计量配套技术研究,积极推行天然气能量计量体系。引进国外先进的在线气相色谱仪和流量计算机,按照我国的标准进一步发展能量计量系统。

(3) 积极进行天然气能量计量的试点工作,推出天然气能量计量方式的法规性管理文件,逐渐使能量计量得到认可。

(4) 实施能量计量的法制性及技术经济评价。

(5) 将发热量作为制定燃料价格的一项重要因素进行考虑。

4.5　天然气流量计算机

　　流量计算机是针对流量贸易计量提出的。大型贸易计量站是一个城市或地区的能源枢纽,流量计量精度的微小偏差就会造成巨大的经济损失。因此,大型贸易计量站对流量的计量提出了非常高的要求。我国国家标准《天然气计量系统技术要求》(GB/T 18603—2014)中对流量计量系统进行了分级,其中级别最高的 A 级计量系统要求温度精度为 0.5 ℃,压力精度为 0.2 %,密度精度为 0.25 %,压缩因子精度为 0.25 %,发热量精度为 0.5 %,实际工况下体积流量的精度为 0.75 %。上述规定的几个参数除压缩因子外,其他的均可以采用相应等级的测量装置或仪器获取。随着计算机技术的高速发展,高精度压缩因子的实时补偿成为可能,流量计算机应运而生。

4.5.1　流量计算机功能描述

　　典型流量计量站的结构如图 4-15 所示。上游门站为气源,可能由多路不同供应商提供,下游则是大量的用户。由于不同气源的温度、压力、组分、密度和热值不一致,需要逐一对不同的气源进行温度、压力、密度、热值和组分进行分析。一般采用在线气相色谱仪分析气体的各组分及其含量,或用热值分析仪获取其高位和低位热值,用密度计获取其密度,用压力传感器或变送器获取其压力,用温度传感器或变送器获取其温度。天然气从进站到出站,经过了大管道、小管道、调压装置、储气罐等,其温度和压力均有所改变。在给不同的用户供气时,除了对其流量进行计量外,还需要对其温度和压力进行再一次测量。

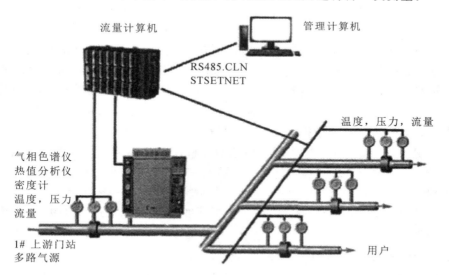

图 4-15　流量计量站结构示意图

　　由上述描述可知,流量计量站应具备在线气相色谱分析仪、热值分析仪、密度计、大量的温度和压力传感器或变送器,以及诸多的流量计等。这些众多的设备和仪器均由一台或者多台流量计算机和上位机监控管理软件来集中管理。为实现多个流量计量站的集中管理,流量计算机还应具有远程通信功能。

4.5.2 流量计算机在某实际工程中的应用

1.流量计算机的工作流程分析

在该实际工程中,长输管线各分输站均使用了流量计算机。主要使用的流量计算机有 Daniel 公司的 S600 流量计算机和 Elster 公司的 F1 流量计算机。现以 Elster 流量计算机为例,介绍流量计算机在该工程中的应用。

计量撬、流量计算机机柜和分析小屋构成了一套计量系统,如图 4-16 所示。计量系统在流量计算机上完成流量计算和能量计算,同时还向站控系统 PLC 传送气体流量、压力、温度、组分和热值等原始数据,由 PLC 同时进行流量比对计算。计量撬上装有涡轮流量计、温度变送器、压力变送器、各类阀门和相应辅助设备。流量计算机机柜内安装了流量计算机、网关以及相应的辅助设备。分析小屋内装有在线气相色谱分析仪以及相应的辅助设备。

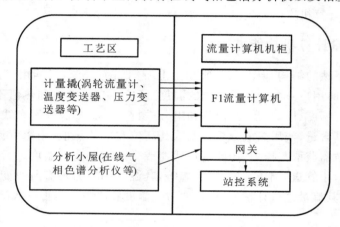

图 4-16　计量系统结构示意图

从图 4-16 中可以看出,涡轮流量计把流量信号送给 F1 流量计算机,F1 流量计算机根据温度变送器、压力变送器以及通过网关传送来的气体组分等数据进行修正计算并累积。

涡轮流量计同时发送两个流量脉冲信号,F1 流量计算机接收到信号后,把这两个信号进行比较。两个信号差值在允许范围内时,使用第一路信号进行计算;一旦两个信号的差值过大,则 F1 流量计算机会产生提示,并使用数值大的信号进行计算。

正常情况下,F1 流量计算机使用气相色谱分析仪的气体组分数据进行压缩因子的计算,一旦气相色谱分析仪发生故障,将自动使用上一次分析的结果进行计算。

考虑到天然气分输的可靠性要求,每套计量系统采用一用一备两流路设计。正常情况下使用一路计量分输,另一流路作为备用。根据调度指令,可以通过入口阀、出口阀的开关,进行流路切换。

2.流量计算机在该工程中的应用情况介绍

在实际应用过程中,整套计量系统的准确度符合设计要求。通过一年多的使用,根据各分输站场的反应,F1 流量计算机的故障率很低,有较高的可靠性,目前尚未发生由 F1 流量计算机本身而引起的故障。

F1 流量计算机的操作比较容易上手,这是因为它的操作菜单类似 Windows 系统。F1 流量计算机储存数据较多,既有每小时的参数,又有每天的分输量,查找以前的分输数据比较方便,还有报警的记录,可以查找以前的运行情况。

F1 流量计算机的自诊断功能不错,能够及时反映错误。操作人员或维护人员能通过 F1 流量计算机前面板的状态指示灯,直观迅速地了解 F1 流量计算机的运行情况,判断是否有错误发生,以及发生何种级别的错误,并能根据错误列表初步知道出错原因,便于维护。

F1 流量计算机的维护工作量小。对于站场人员而言,F1 流量计算机几乎不需要进行日常维护。对于维修队而言,所需要进行的维护也只是更换电池或熔断器。

使用过程中,同样也发现 F1 流量计算机有些不足之处。例如:F1 流量计算机无法设置快捷键,对于常用操作,不能快捷实现;每次查看历史记录,都必须通过菜单一层层进入,无法做到一键查看;对 F1 流量计算机进行远程操作必须通过电话线实现,速度较慢。

不过,从整体使用情况来看,F1 流量计算机仍是不错的选择。

思 考 题

1. 天然气流量计主要包括哪几种类型?不同类型流量计的特点是什么?
2. 为什么要对体积计量方式进行修正?
3. 天然气体积计量方式的修正包括哪几方面的内容?
4. 天然气质量计量与能量计量方式相较于体积计量方式的优势是什么?
5. 流量计算机的功能与工作原理是什么?

本章参考文献

[1] 严铭卿,宓亢琪,田贯三,等. 燃气工程设计手册[M]. 北京:中国建筑工业出版社,2009:240-253.
[2] 杨帆. 我国天然气计量技术现状及发展趋势[J]. 中国计量,2010(1):30-32.
[3] 朱文莉. 天然气体积计量中的状态参数修正[J]. 上海煤气,2003(6).
[4] 黄黎明. 中国天然气质量与计量技术建设现状与展望[J]. 天然气工业,2014,34(2):117-122.
[5] 徐婷,宋素合,李宝忠,等. 实行天然气能量计量的可行性分析[J]. 油气储运,2008(2):47-49,62,68.
[6] 王博. 流量计算机在西气东输工程中的应用[J]. 中国计量,2012(2):68-69.
[7] 刘涵. 气体流量计计算机的研究[D]. 杭州:浙江大学,2012.
[8] 姚伟江. 流量计算机的设计与研发[D]. 杭州:浙江大学,2011.

第 5 章　天然气储存及调峰

燃气系统的工作由生产、输送和分配三个环节构成。生产环节需要保持相对稳定的生产强度,供出的天然气流量不会有太大的波动,经过输送后到达分配环节,然而分配环节所连接的终端用户结构多样,数量众多,用户用气量随时间变化范围大,变化存在随机性、周期性和某种趋势性。

城镇燃气输配系统存在供需总量平衡与实时平衡问题,为此需尽可能采取多气源供气结构并为系统配置储气设施。

5.1　储　气　分　类

按储气的目的进行分类,储气可分为战略性储气、常规储气和商业性储气。这三类储气都属于燃气储存范畴,都要通过储存设施实现。

5.1.1　战略性储气

战略性储气是相对于国家层级的,一般依靠国家的大规模储气设施,为应对多级政治、经济以及军事形式的变动,从保障国家能源安全出发进行规划、建设和实施。其储备容量可能分散富含在国内大型天然气公司的储库系统中。战略性储气的储气设施主要有地下储气库与液化天然气储气库。

采取多方向国外管道气及进口液化天然气(LNG)多气源方式可视为准战略性储气,这是国家应当采取的重要的天然气储存战略;保留或者低强度开发天然气气藏资源则可视为广义的战略性储气。

衡量战略性储气水平的指标包括基本储备水平(R_B)与安全储备水平(R_S),通常安全储备水平要大于基本储备水平。

天然气的储备水平是国家能源安全的重要组成因素。基本储备容量与储备水平之间的关系是

$$V = R_B q_a \tag{5-1}$$

式中:V——天然气的基本储备容量,10^8 m^3;

　　　q_a——天然气的需用量,10^8 m^3;

　　　R_B—基本储备水平。

5.1.2　常规储气

常规储气是为解决燃气系统在供需总量平衡的条件下实现实时平衡问题而进行的储

气,按功能可分为调峰与应急两类。

调峰储气可分为季节调峰、日和小时调峰。调峰储气是为平衡供气、用气不均匀性进行的储气。调峰有四种途径:① 利用各种储气设施,如大型枯竭油气田地下储气库、长输管线末端储气、城镇输配管网高压输气管道储气、地下管束储气、LNG 储库储气与压力储罐储气等;② 设置机动气源或改变气源生产能力,如设置液化石油气(LPG)混气厂、调峰型 LNG 液化厂等;③ 利用缓冲用户,如在系统中设适量的可中断用户进行消峰,以及发展调峰电厂用户;④ 利用本系统外的调度的作用。

应急储气是为应对突发事件的储气,按照突发事件的发生方向可分为:因供气事故引发的应急储气与因用气量骤变产生的应急储气。供气事故可分为天然气气源事故、长输管线事故与城镇输气干管事故等,引发需用气量骤变的原因主要包括气温骤降、突发的自然灾害等。

常规储气中季节调峰储气与应急储气有不同的性质。由于用气季节高峰的同步性,即各城镇、各地的用气高峰乃至季节高峰基本上都会出现在冬季同一时间段,因此在系统内会形成叠加负荷,不能在系统内通过调度来削峰,但是应急储气存在在系统内调度解决的可能性。

地区范围的季节调峰和应急储气容量为

$$V_{are} = q_{dav} D_{are} \tag{5-2}$$

式中:V_{are}——地区范围的季节调峰和应急储气容量,10^4 m^3;

q_{dav}——地区范围的日平均用气量,10^4 m^3/d;

D_{are}——地区范围的季节调峰和应急储气天数,d。

5.1.3　商业性储气

国际市场上天然气的产量是比较稳定的,而天然气的需用量有很强的季节不均匀性,一般冬季需用量大,夏季需用量小。图 5-1 是 1984—2014 年的天然气现货价格。在国际天然气市场上存在着现货交易,因此可以利用储气进行天然气买卖交易,以获得经营利润。

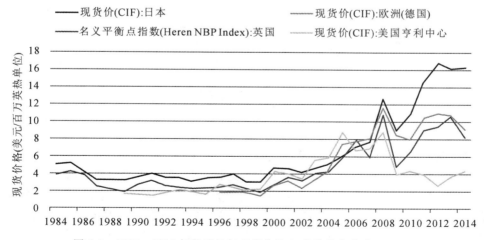

图 5-1　1984—2014 年的天然气现货价格(1 英热单位约为 1055 J)

天然气供应、需求的数量与价格是市场运行的基本要素,天然气大型地下储气库以及 LNG 生产和储存设施是天然气市场运行的物质基础。天然气的商业性储气,区别于常规储气的单纯的服务性质，储存的天然气作为商品实体，需要在具体的市场环境中按某种价格系统运作。商业性储气经营活动的最基本的操作是夏季买进天然气、冬季卖出天然气。

商业性储气对实现天然气的供需平衡有促进作用，对得到调节的供需双方在经济上也是有利的；同时，商业性储气赢利，会推动地下储气库、长输管道或 LNG 生产厂、LNG 终端站等需要大投资的设施的建设。

在商业性储气中，天然气是储存设施所有人持有的实体商品，因此对天然气的买进或卖出就具有一般商品交易的操作共性。建设和运营天然气商业储存设施，需要进行项目的经济评价，需要对天然气市场进行需用量预测、气价预测，需要结合天然气现货市场变化评估储气的价值，以确定买入或卖出，从而对储库进行注入或采出的运作。储库运行与天然气价格的基本对应关系是：低价进，高价出。

5.2 地下储气库

地下储气库是天然气系统的主要储气设施，其种类如图 5-2 所示。

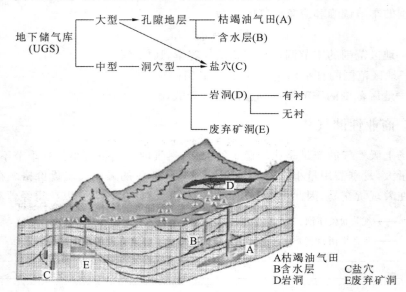

图 5-2 天然气地下储气库的种类

5.2.1 孔隙底层地下储气库

天然气藏形成的基本条件之一是必须有聚集和贮藏的场所，即孔隙底层的圈闭。气源岩石生成的天然气在各种地质力的作用下发生运移，当遇到适当的圈闭时，就聚集起来形成规模不一的天然气藏。在油气工程中圈闭被定义为储集层中被非渗透性遮挡、高等势面单独或联合遮挡形成的低势区，或者储集层中被高势面封闭而形成的低势区。圈闭分为构造圈闭、底层圈闭、水动力圈闭和复合圈闭四大类。任一圈闭都包含储集层与封闭条件这两个基本要素。

地下储气库（UGS）储存的天然气容量大，不受气候影响，维护管理简便，安全可靠，不影响城镇地面规划，不污染环境，节省投资，见效快，具有其他储气设施无法比拟的优势。孔隙地层地下储气库包括枯竭油气田地下储气库和含水层地下储气库,它们属于大型储气库,是天然气系统的骨干储气设施,用于提供季节调峰容量,也为系统提供日调峰或应急供气;同时,它们也是国家天然气战略储备的载体。

1.枯竭油气田地下储气库

油气田开采枯竭后,其孔隙地层可以用于天然气的储存,原有油气井可用作注采天然气的通道。枯竭油气田地下储气库的储气可分为两种:一种是工作用气,另一种是垫层气。难以回收的垫层气使储气底层保持一定的压力。

枯竭油气田地下储气库的一般构造如图 5-3 所示。

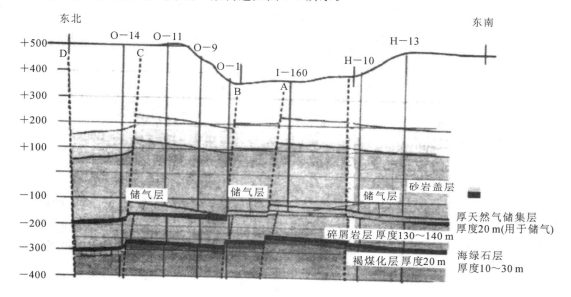

图 5-3　枯竭油气田地下储气库的一般构造

地下储气库系统注气时需对天然气进行冷却,采气时需对天然气进行加热干燥,在运行过程中对底层、井筒及地上设施集气管道加压站等的压力流量参数进行监测。对地下储气库系统需按照负荷预测的供气与储气量,对各气井进行调度。

枯竭油气田地下储气库的优点如下。

(1)具备良好的封闭条件,密闭性好,储气不易漏失,安全可靠。

(2)有很大的储存空间,枯竭油气田不需要或者仅需要少量的垫层气,注入气利用率高。

(3)注气库承压能力高,储气量大。

(4)有较多的现成采气井可供选择利用,建库周期短,试注、试采运行把握大,工程风险小,有完整成套的成熟采气工艺技术。

2.含水层地下储气库

用人工的方法将天然气注入地下含水层中,用天然气将含水层孔隙中的水体驱除,在非渗透的含水层盖层下形成人工气藏,实现天然气的储存,这种人工气藏称为含水层地下储气库,其基本构造如图 5-4 所示。

适合做储气库的地下含水层应具备如下条件。

(1)具有完整封闭的地下含水层构造,无断层,含水层有较大的孔隙度、渗透率。

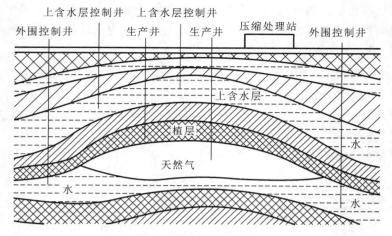

图 5-4　含水层地下储气库基本构造示意图

（2）含水层上下有良好的盖层及底层。密封性良好，储气后不会发生漏失，与城市生活用水等水源不相互连通。

（3）含水层埋藏有一定深度，能承受高储气压力。

5.2.2　洞穴型地下储气库

洞穴型地下储气库指具有较大储气容量和较好性能的一定规模的地下储气空间，包括盐穴地下储气库、岩洞地下储气库（有衬岩洞、无衬岩洞、废弃矿井）等。洞穴型地下储气库一般为中型规模，在天然气系统中用于季节调峰及日和小时调峰。由于具有一定的储气规模，且一般采气强度高，因此洞穴型地下储气库也便于提供应急用气。

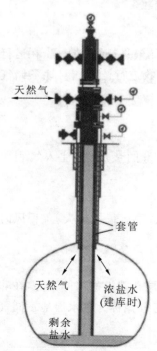

图 5-5　盐穴地下储气库简图

1. 盐穴地下储气库

对于地下盐岩地层，采用向其注入清水的方式，溶解盐岩矿体，使其形成卤水排出到地面，从而在盐岩矿体中形成椭球柱状空间，这种空间即称为盐穴地下储气库。盐穴地下储气库简图如图 5-5 所示。

建造盐穴地下储气库的 3 个重要条件：① 有位于 700～1500 m 深的岩理结构合适的盐岩地层，盐层厚、圈闭整装、无断层、闭合幅度大，围岩及盐层分布稳定，有良好的储盖组合。盐的纯度大于 90%，渗透率不超过 100～1000 Md。② 附近有造库可用的水源。③ 附近有能容纳造库卤水的地表或地下接纳空间，或卤水可用于工业应用。

盐穴地下储气库的建造方式分为以下两种。

1）利用废弃的采盐盐穴

为采盐在地面打井，钻开岩层，下套管固井，再下水管，从环型空间注入淡水，以水溶解岩盐，待水中含盐饱和后，用泵从水管采出盐水制盐；再注入淡水，采盐，经若干次循环，地下盐体被溶蚀成大洞穴。当停止采盐后，将废弃的盐穴改建为天然气地下储气库。

2）新建盐穴

按调峰气量要求,选定气库井位、井数、地层、地层岩盐厚度及盐穴容积,有计划地进行溶蚀造穴。

盐穴地下储气库的特点为:单个盐穴容积大,可达 5×10^6 m³ 以上,储气量可达 1×10^8 m³;开井采气量大,调速快,调峰能力强;储气无泄漏。

2. 岩洞地下储气库

1）有衬岩洞（LRC）

典型的有衬岩洞地下储气库由 2～4 个对称布置的岩洞组成,岩洞中心距约为 130 m,每个岩洞是直径约 40 m、高度约 100 m 的圆柱空间。岩洞顶位于深度 100～150 m 处。每个岩洞内都有特殊工程的整体钢衬,钢衬使天然气与周围岩体隔绝,从而防止天然气逸出,同时防止水分侵入。有衬岩洞的壁面构造如图 5-6 所示。

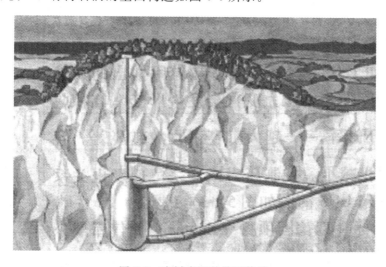

图 5-6　有衬岩洞的壁面构造

岩洞体由岩石、混凝土层、钢衬及排水系统构成。岩石承受压力;混凝土层传递压力,防止变形,为钢衬提供平整面;钢衬密封气体;排水系统由管道等组成,当岩洞卸压时,排水系统将地层水排出,防止其对钢衬产生极大的外压。

有衬岩洞地下储气库的建造过程:采用现成的高级开矿技术,首先开一通行隧道,然后由通行隧道开出各洞库,洞库完成后,为每一洞库开出带有管道的通向地面的竖井。

2）无衬岩洞（NRC）

无衬岩洞地下储气库在岩洞开凿后不加内衬,依靠地下水压对岩洞中的气体形成密封作用。当岩洞地层无水源环境时,需围绕岩洞人工安设分布水管形成密封水压。

3）废弃矿井

利用开采过的废弃地下矿井及巷道容积,经过改造修复后用作地下储气库。其优点是废弃利用,建库费用少;缺点是密封性差,高压注入天然气易漏失,导致灾害发生,危及安全,因此需做较长时间的试注、观察、监测,建库周期长,经营运行成本高。废弃煤矿井地下储气库如图 5-7 所示。

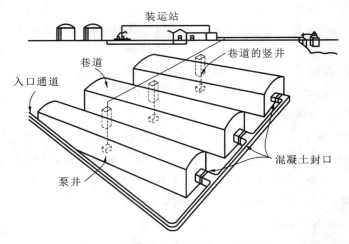

图 5-7　废弃煤矿井地下储气库示意图

5.3　管道及储气罐储气

5.3.1　长输管道末端

高压燃气管道末端由于管道上游稳定的供气和终端用气的周期性形成了压力的大幅变化,从而使其具备较大的储气能力。

天然气长输管道末端储气将输气和储存结合在一起。长输管道距离长、管径大、输送压力较高,是减少或取消储气罐、降低工程造价的一种比较理想的储气方法。但是它有局限性,只有在高压输气的条件下才能实现。

管道储存的天然气主要供城市昼夜或小时调峰用。长输管道末端储气在我国应用较广。

5.3.2　城市高压天然气管道

位于城市门站与配气站之间的城市高压天然气管道的实际运行压力会在一定范围内变化,其容纳的天然气量也会发生变化。城市高压天然气管道兼具输气和储气的功能,可以提高城市供气能力的可靠性,又在一定程度上解决了调峰问题。

城市高压天然气管道通过城市门站与上游长输管道连接,门站的作用是将长输管道内的气体压力调节到城市高压天然气管道的设计压力以下,在下游城市高压天然气管道通过配气站与城市主干管网连接,配气站将城市高压管道内的天然气压力调节到城市主干管网的设计压力以下。简化之后的城市高压天然气管道如图 5-8 所示。

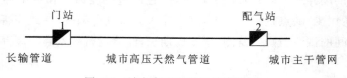

图 5-8　城市高压天然气管道简图

长输管道按照稳定流量给城市高压天然气管道供应天然气,配气站按照用气负荷向城市主干管网供气,并且维持配气站出口压力稳定,城市门站与配气站都不设置储气设施,调峰量由城市高压天然气管道解决。典型的城市小时用气量与供气量如图 5-9 所示。

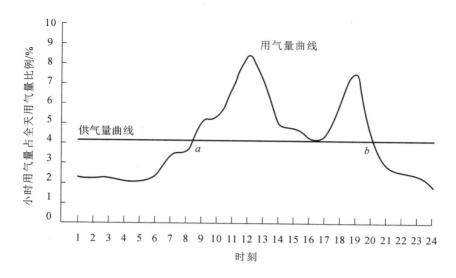

图 5-9　典型的城市小时用气量与供气量

由图 5-9 可知,在 a 时刻之前,长输管道供气量大于城市天然气用气负荷,城市高压天然气管道处于储气阶段;在 a 时刻,供气量与用气量相等;在 a 时刻与 b 时刻之间,城市天然气用气负荷大于长输管道供气量,城市高压天然气管道处于补充供气阶段;在 b 时刻,用气量与供气量再次相等;在 b 时刻之后,城市高压天然气管道再次进入储气阶段,直到第二天的 a 时刻。这个过程不断循环。

在 a 时刻,城市高压天然气管道压力处于一天之中的最高水平;在 b 时刻,城市高压天然气管道压力处于一天之中的最低水平。在 a、b 时刻,城市主干管网进气量与供气量达到短暂的平衡。

5.3.3　高压球形罐

高压球形罐的容积为 $1000 \sim 10000 \ m^3$ 不等,其工作压力为 $0.25 \sim 3.0 \ MPa$,一般较多采用 $1.6 \ MPa$ 的球罐。高压球形罐的储气一般用于城镇的日和小时调峰。高压球形罐在逐渐向大型化发展,国外的高压球形罐的直径达到 $47.3 \ m$,容积为 $5.55 \times 10^4 \ m^3$,大型高压球形罐采用高强度钢材,屈服强度达 $589 \sim 891 \ MPa$。目前,我国采用进口钢材已能制造容积为 $5000 \sim 10000 \ m^3$ 的大型高压球形罐。

高压球形罐可储存气态天然气,也可以储存液态天然气和液化石油气。根据储存介质的不同,高压球形罐设有不同的附件,但所有高压球形罐均设有进出口、安全阀、压力表、人孔、梯子和平台等。高压球形罐的结构示意图如图 5-10 所示。

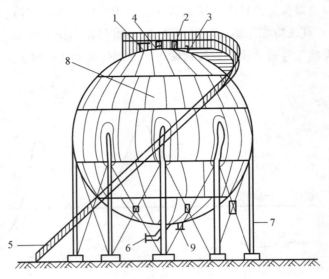

图 5-10　高压球形罐结构示意图

1—人孔；2—液体或气体进口；3—压力表；4—安全阀；5—梯子；
6—液体或气体出口；7—支柱；8—球壳；9—冷凝水出口

5.3.4　高压管束

高压管束实质上是一种高压储气罐，不过因其直径较小，能够承受更高的压力，故称为高压管束。管径小、压力高是高压管束区别于圆筒形和球形高压储气罐的特点。

高压管束一般是将直径 1.0～1.5 m、长度几十米或几百米的几根乃至几十根钢管排列起来配置而成的，各钢管之间有一定的距离，同时须有足够的埋设深度，以保证温度的较小变化。钢管束有一总连通管，流出管道上装有减压器，以避免气体膨胀时发生急剧冷却现象。钢管上敷以防腐层，此外，还用阴极保护防腐。

高压管束的优点：储气压力可达 20 MPa 以上，储气容量大，当管束埋入地下时天然气不受大气温度的影响，几乎不占用土地。缺点：储气压力高，需要设置专门的加压设备，对加压设备要求严格，同时对管束的要求也非常高；管束的价格比较高，投资费用很大，不适合大规模储气。

高压管束储气容量为

$$V_s = V \frac{T_0}{p_0 T} \left(\frac{p_{\max}}{Z_2} - \frac{p_{\min}}{Z_1} \right) \tag{5-3}$$

式中：V_s——输气管束储气容量，m^3（20 ℃，0.1013 MPa）；

$p_{\max}$、$p_{\min}$——运行最高、最低压力（绝对），MPa；

T——平均储气温度，K；

p_0——基准状态压力，0.1013 MPa；

T_0——基准温度，$T_0 = 393$ K；

Z_1——在最小压力下的气体压缩因子；

Z_2——在最大压力下的气体压缩因子；

V——管束几何容积，m^3。

5.3.5　低压储气罐储气

低压储气罐主要用于人工燃气供气系统或石油伴生气的回收系统,其最主要的特点是储气压力很低,按构造有湿式和干式之分。

湿式低压储气罐因其钟罩、塔节坐落在水槽中,又称水槽式储气罐。在水槽内放置钟罩,钟罩随着天然气的进出而升降,并利用水的密封防止罐内天然气逸出和外面的空气进入罐内。罐的容积可随供气量变化而变化。

湿式低压储气罐按罐的节数分为单节罐与多节罐,按钟罩的升降方式分为在水槽外壁上带有导轨立柱的直立罐和钟罩自身外壁上带有螺旋状轨道的螺旋罐。储气罐的进、出气管可以分为单管和双管两种,当供应的气体组分经常发生变化时,使用进、出气管各一根的双管形式,以利于气体组分混合均匀。直立湿式低压储气罐的结构如图 5-11 所示。

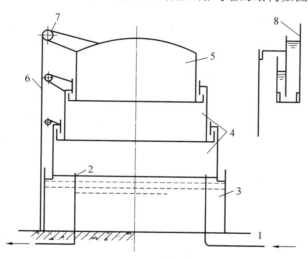

图 5-11　直立湿式低压储气罐

1—燃气进口;2—燃气出口;3—水槽;4—塔节;5—钟罩;6—导向装置;7—导轮;8—水封

干式低压储气罐主要由圆柱形外筒、沿外筒上下运动的活塞构成。气体储存在活塞以下部分,随活塞上下而增减体积。干式低压储气罐没有水槽,因而防止活塞与外筒之间漏气的密封问题不易解决,但大大减少了储气罐的基础载荷,有利于建造大型储气罐,又节约金属,因此应用比较普遍。根据密封方式不同,干式低压储气罐分为三种类型:曼型,可隆型,威金斯型。曼型干式低压储气罐如图 5-12 所示。

因低压储气罐容积可变,确定储气罐几何容积时,应考虑到供气量的波动、用气负荷的误差、气温等外界条件的变化;而且储气罐内有一部分垫底气和灌顶气不能利用,这部分气量约占储气罐几何容积的 15%～20%。

湿式低压储气罐的几何容积按下式计算:

$$V = \frac{V_c}{\varphi} \tag{5-4}$$

式中:V_c——所需储气容积,m^3;

$\quad\;\; V$——储气罐的几何容积,m^3;

$\quad\;\; \varphi$——储气罐的活动率,取 0.75～0.85。

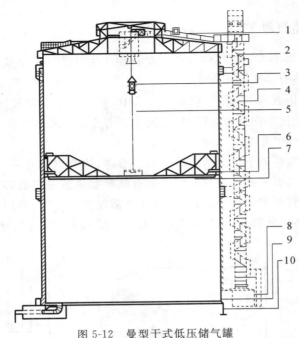

图 5-12　曼型干式低压储气罐

1—内部升降机驱动装置；2—台阶；3—内部吊笼；4—外部电梯；5—内部吊笼操纵销；

6—密封装置；7—活塞；8—外部电梯机械室；9—底部油沟；10—基础

5.4　液化天然气储存

天然气以液态形式储存，从系统形式上有两大类型：LNG 调峰液化厂储存和 LNG 终端站储存。LNG 储存最基本的设备是低温储罐。

5.4.1　LNG 调峰液化厂储存

LNG 液化厂是以天然气为原料，以一定的净化、液化工艺获取液化天然气产品的生产系统。在 LNG 液化厂中有相应容量的低温储罐。LNG 液化厂分为 LNG 基本负荷液化厂和 LNG 调峰液化厂。LNG 调峰液化厂还设有气化工艺设施，可将液化天然气气化后再经管道供出。

一般在天然气下游建设 LNG 调峰液化厂，在用气低谷季节将天然气液化储存，在用气高峰季节将储存的液化天然气气化后从管道供出。因此 LNG 调峰液化厂储存是一种天然气相态转换的特殊储存方式。

LNG 调峰液化厂的功能定位是调峰。即在用气低谷的夏季将天然气液化储存，在用气高峰的冬季将储存的液化天然气气化后送入管网。虽然 LNG 调峰液化厂可用于应急供气，但不宜将 LNG 调峰液化厂定位为应急气源。

天然气主要生产地（如阿尔及利亚、印度尼西亚、马来西亚、尼日利亚、卡达尔、特立尼达和多巴哥、安哥拉、伊朗、挪威、俄罗斯、委内瑞拉）与主要消费地（如日本、韩国、欧洲诸国、美国、中国）相距遥远，进行天然气贸易时，液化天然气是一种现实有效的方式。在天然气生产地建造 LNG 基本负荷液化厂，液化天然气经海运送达消费地的 LNG 终端站。

5.4.2 LNG 终端站储存

LNG 储库是输入、储存,输出液化天然气或将液化天然气气化后经管道供出,即具有单纯储配操作的工程设施。LNG 储库的典型工程项目是 LNG 终端站(或称 LNG 接收站)。LNG 终端站本质上是一种气源设施,在天然气系统中构成多气源的一极。它以气源方式参与调节天然气系统的供需平衡。

由于采取液态储存方式,LNG 终端站拥有较大的储存容量。LNG 终端站的建设条件是要有可停泊大型 LNG 槽轮的港口以及天然气输送干管。最一般的形式是在沿海口岸建设 LNG 终端站,对进口液化天然气进行操作。

LNG 终端站的基本功能是接收、储存、分配供应液化天然气或将液化天然气气化后供出管道。LNG 终端站的主要设施有:港口,LNG 储罐,BOG 压缩机及冷凝器,LNG 加压泵,气化器,测量和控制系统,加臭设备,管理、维护设施以及建筑物和构筑物。

LNG 储罐根据防漏设施不同可分为以下 4 种形式。

(1)单容积式储罐。此类储罐在金属罐外有一比罐高低得多的混凝土围堰,围堰内容积与储罐容积相等。此类储罐造价最低,但安全性稍差,占地面积较大。

(2)双容积式储罐。此类储罐在金属罐外有一与储罐筒体等高的无顶混凝土外罐,即使金属罐内液化天然气泄漏也不至于扩大泄露面积,只能少量向上空蒸发,安全性比单容积式储罐好。

(3)全容积式储罐。此类储罐在金属罐外有一带顶的全封闭混凝土外罐,金属罐泄漏的液化天然气只能在混凝土外罐内而不至于外泄。在三种地上式储罐中安全性最高,造价也最高,流行于欧美。

(4)地下式储罐。地下式储罐完全建在地下,金属罐外是深达百米左右的混凝土连续地中壁。地下式储罐主要集中在日本,抗震性好,适宜建在海滩回填土上,占地面积小,多个储罐可紧密布置,对周围环境要求较低,安全性最高。但这种储罐投资大,且建设周期长。

LNG 储罐简图如图 5-13 所示。

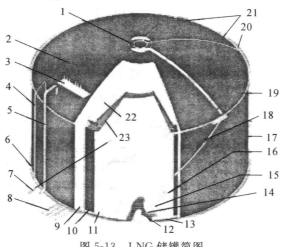

图 5-13 LNG 储罐简图

1—中央平台;2—拱顶;3—内罐阀组;4—20″LNG 管道;5—36″蒸发气管道;6—混凝土底板;

7—6″天然气管道;8—LNG 管道;9—松散膨胀珍珠岩;10—发泡玻璃绝热层;11—内壳板;12—外底板;

13—膨胀珍珠岩绝热块;14—绝热砂层;15—膨胀珍珠岩和发泡玻璃绝热层;16—内底板;17—外壳板;

18—螺旋梯;19—径向梯;20—环周梯;21—罐表冷却水管道;22—膨胀珍珠岩绝热层;23—悬吊顶板

5.5 我国储气设施与调峰机制建设现状与要求

5.5.1 储气设施建设与调峰机制完善的必要性

截至目前,我国地下储气库工作气量仅为全国天然气消费量的3%,远低于国际平均水平的12%~15%;液化天然气接收站罐容占全国消费量的2.2%,而日韩这一指标为15%左右;各地方基本不具备日均3天用气量的储气能力。2017年年冬季和2018年春季全国较大范围内出现的天然气供应紧张局面,充分暴露了储气能力不足的短板。这已成为制约我国天然气产业可持续发展的重要瓶颈之一。

储气和调峰机制上存在的诸多问题,制约了天然气的稳定安全供应。已有规定中储气责任界定不清,储气能力和调峰能力混淆,储气能力核定范围不明确,储气责任落实的约束力不够。辅助服务市场未建立,企业除在属地自建储气设施外,储气责任落实缺乏其他途径;支持政策不完善,峰谷差价等价格政策未完全落实,市场化、合同化的调峰机制远未形成,各类企业和用户缺乏参与储气调峰的积极性。

加强储气和调峰能力建设,是推进天然气产供储销体系建设的重要组成部分,是保障天然气稳定供应,提高天然气在一次能源消费中的比重,推进我国能源生产和消费革命,构建清洁低碳、安全高效能源体系的必然要求。

5.5.2 主要目标

1.储气能力指标

供气企业应当建立天然气储备,到2020年拥有不低于其年合同销售量10%的储气能力,满足所供应市场的季节(月)调峰以及发生天然气供应中断等应急状况时的用气要求。

县级以上地方人民政府指定的部门会同相关部门建立健全燃气应急储备制度,到2020年至少形成不低于保障本行政区域日均3天需求量的储气能力,在发生应急情况时必须最大限度保证与居民生活密切相关的民生用气供应安全可靠。北方采暖的省(区、市)尤其是京津冀大气污染传输通道城市等,宜进一步提高储气标准。

城镇燃气企业要建立天然气储备,到2020年形成不低于其年用气量5%的储气能力。要结合购销合同和自身实际需求统筹供气安全,鼓励大用户自建自备储气能力和配套其他应急措施。

2.指标核定范围

储气指标的核定范围包括:一是地下储气库(含枯竭油气田、含水层、盐穴等)工作气量;二是沿海LNG接收站(或调峰站、储配站、终端站等,以下统称为LNG接收站)储罐罐容;三是陆上(含内河等)具备一定规模,可为下游输配管网、终端气化站等调峰的LNG、CNG储罐罐容(不重复计算周转量,不含液化厂、终端气化站及瓶组站、车船加气站及加注站)等。合资建设的储气设施,其储气能力可按投资比例分解计入相应出资方的考核指标,指标认定的具体方案应在相关合同或合作协议中明确约定。可中断合同供气、高压管存、上游产量调节等,不计入储气能力。

5.5.3　重点任务

1. 统筹构建多层次储气系统

（1）加大地下储气库扩容改造和新建力度。各企业要切实落实国家天然气发展专项规划等对地下储气库工作气量的约束性指标要求，加快全国地下储气库的库址筛选和评估论证工作，创新工作机制，鼓励各类投资主体参与地下储气库的建设运营。

（2）加快 LNG 接收站储气能力建设。鼓励多元主体参与，在沿海地区优先扩大已建LNG 接收站储转能力，适度超前新建 LNG 接收站。以优化落实环渤海地区 LNG 储运体系实施方案为重点，尽快完善全国的 LNG 储运体系。推动 LNG 接收站与主干管道间、LNG 接收站间管道互联，消除"LNG 孤站"和"气源孤岛"。

（3）统筹推进地方和城镇燃气企业储气能力建设。针对地方日均 3 天需求量、城镇燃气企业年用气量 5% 的储气能力落实，各省级人民政府指定的部门要统筹谋划，积极引导各类投资主体通过参与 LNG 接收站、地下储气库等大型储气设施的建设来履行储气责任。

2. 构建规范的市场化调峰机制

（1）以购销合同为基础规范天然气调峰。全面实行天然气购销合同管理，供用气双方签订的购销合同原则上应明确年度供气量、分月度供气量或月度不均衡系数、最大及最小日供气量等参数，并约定双方的违约惩罚机制。鼓励企业采购 LNG 现货、签订分时购销合同（调峰合同），加强用气高峰期天然气供应保障。

（2）积极推行天然气运输、储存、气化、液化和压缩服务的合同化管理。基础设施使用方应与运营方签订服务合同，合理预定不同时段、不同类型的管输服务等。设施使用方及运营方应共同加强用气曲线的科学预测，提高基础设施运营效率。设施运营方不能履行服务合同的，保供支出超出正常市场运行的部分原则上由设施运营方承担。

3. 构建储气调峰辅助服务市场

（1）自建、合建、租赁、购买等多种方式相结合履行储气责任。鼓励供气企业、管输企业、城镇燃气企业、大用户及独立第三方等各类主体参与储气设施的建设和运营。支持企业通过自建或合建储气设施、租赁购买储气设施或者购买储气服务等方式，履行储气责任。支持企业异地建设或参股地下储气库、LNG 接收站及调峰储罐项目。

（2）坚持储气服务和调峰气量市场化定价。储气设施实行财务独立核算，鼓励成立专业化、独立的储气服务公司。天然气购进价格和对外销售价格由市场竞争形成。储气设施经营企业可统筹考虑天然气购进成本和储气服务成本，根据市场供求情况自主确定对外销售价格。

（3）坚持储气调峰成本合理疏导。城镇区域内燃气企业自建自用的储气设施，投资和运行成本纳入城镇燃气配气成本统筹考虑，并给予合理收益。城镇燃气企业向第三方租赁购买的储气服务和气量，在同业对标、价格公允的前提下，其成本支出可合理疏导。鼓励储气设施运营企业通过提供储气服务获得合理收益，或利用天然气季节价差获取销售收益。

此外，还应加强市场监管力度，构建规范有序的市场环境，加强储气调峰能力建设情况的跟踪调度，对推进不力、违法、失信等行为实行约谈问责和联合惩戒。

思 考 题

1. 储气的分类包括哪几种？不同类型的储气用途有何区别？

2. 地下储气库的种类与地下储气方式的优势是什么？

3. 简述城市高压天然气管道的储气原理。

4. LNG 储罐包括哪几种？不同类型的 LNG 储罐的优缺点分别是什么？

5. 低压储气罐与高压储气罐的区别在哪里？

6. 加快储气设施建设和完善调峰机制对我国天然气工业发展有何意义？应当采取哪些措施？

本章参考文献

[1] 严铭卿，宓亢琪，等. 燃气输配工程学[M]. 北京：中国建筑工业出版社，2014：207-257.

[2] 李斌. 城市高压天然气储气管道的优化设计[J]. 上海煤气，2011(4)：9-12.

[3] 中华人民共和国国家发展与改革委员会. 关于加快储气设施建设和完善储气调峰辅助服务市场机制的意见[EB/OL]. [2018-04-01]. http://bgt. ndrc. gov. cn/zcfb/201804/W020180427572073059418.pdf.

第6章　液化天然气供应

液化天然气(liquefied natural gas,LNG)是气田开采出来的天然气,经过脱水、脱酸性气体和重烃类,然后液化而成的低温液体。LNG 是天然气的一种高效的储存和运输形态,它有利于天然气的远距离运输,有利于边远地区天然气的回收,能降低天然气的储存成本,同时,由于天然气在液化前进行了净化处理,所以它比管道输送的天然气更为洁净。

LNG 工业已经成为一门新兴工业,正在迅猛发展。LNG 工业包含天然气液化、储存、运输、汽化、应用等环节。LNG 作为燃料广泛地用于发电、工业、城镇居民生活、交通、采暖空调等。LNG 调峰厂对城镇燃气用气负荷具有独特的调峰和填谷作用。

6.1　液化天然气的特性

天然气主要成分有甲烷、氮气以及 $C_2 \sim C_5$ 的饱和烷烃,另外还含有微量的氦、二氧化碳及硫化氢等,通过制冷液化后,就成为含甲烷、乙烷及少量 $C_3 \sim C_5$ 烷烃的低温液体。LNG 组分如表 6-1 所示。

表 6-1　LNG 组分

LNG 组分	甲烷	乙烷	$C_3 \sim C_5$ 烷烃
质量分数/%	≥96	<4	少量

由于 LNG 组分96%以上都是甲烷,所以它和液体甲烷性质基本类似。LNG 的常压沸点通常为 $-166 \sim -157\ ℃$,且随蒸汽压力的变化梯度约为 $1.25 \times 10^{-4}\ ℃/Pa$;液体密度通常为 $430 \sim 470\ kg/m^3$,某些特殊情况下可高达 $520\ kg/m^3$,其密度还是液体温度的函数,变化梯度约为 $1.35\ kg/(m^3 \cdot ℃)$。LNG 汽化后密度在常压下约为 $0.688\ kg/m^3$;气液体积比为625,汽化潜热为 $510.25\ kJ/m^3$;气态下的热值为 $38518.6\ kJ/m^3$,根据研究得出辛烷值为130。

6.1.1　液化天然气的优点

由液化天然气的性质可以看出它的优点,有以下 3 个方面。

1. 储存方便

(1) LNG 的体积是同质量的气态天然气的1/625,便于进行经济可靠的运输,可用专门的 LNG 槽车、轮船进行长距离运输。

(2) LNG 的储存效率高,占地面积小,投资费用少。

2. 应用广泛

(1) LNG 可作为城市用气的调峰气源或事故应急气源。据国外资料统计,在美国、日本、欧洲已建成投产 100 多座 LNG 调峰装置;截至 2016 年年底,我国累计建成投产地下储气库 18 座,总工作气量为 64 亿 m^3。

(2) 生产过程中释放出的冷能可回收利用。例如可将 LNG 汽化时产生的冷能用于冷藏、冷冻、低温破碎、温差发电等。因此,有的调峰装置就和冷冻厂进行联合建设。按目前 LNG 生产的工艺技术水平,可将天然气液化生产所耗能量的 50% 加以回收利用。

(3) 低温液化还可分离出部分有用的副产品。在生产过程的不同阶段,可分离出 C_2、C_3、C_4、C_5 烃类,以及 H_2S、H_2 等化工原料及燃料。LNG 也可同提氦(He)进行联产。因为 He 的液化温度是 -269 ℃,而天然气的液化温度为 -162 ℃,所以当温度降到 -162 ℃时,LNG 先分离出来。

(4) LNG 可作为优质的车用燃料。与汽油相比,它具有辛烷值高、抗爆性好、燃烧完全、排气污染少、运输成本低等优点。即使与压缩天然气(CNG)相比,它也具有储存效率高、加一次气的续驶行程远、车装钢瓶压力小、重量轻、建站不受供气管网的限制等优点。

3. 安全

(1) 生产使用比较安全。LNG 的燃点为 650 ℃,比汽油高约 230 ℃;LNG 的爆炸极限为 5%~15%,汽油的为 1%~5%;LNG 的密度约为 0.47 g/cm^3,汽油的约为 0.7 g/cm^3;LNG 与空气相比更轻,所以稍有泄漏便立即飞散,不致引起自燃爆炸。

(2) 有利于环境保护,减少城市污染。我国现有城市污染源主要来自大量烧煤和车辆排放的尾气。若汽车改用 LNG 燃料,其燃烧后的有害物大为减少。据国内测试资料,LNG 汽车与汽油汽车相比:排放的 CH_x 减少 72%,NO_x 减少 39%,CO 减少 24%,SO_2 减少 90%。

6.1.2　液化天然气的危险

液化天然气潜在的危险主要来源于其 3 个重要性质。

(1) LNG 的温度极低。其沸点在大气压力下约为 -60 ℃,并与其组分有关;在常压下沸点通常为 -166~-157 ℃。在这一温度条件下,其蒸发气密度大于周围空气的密度。

(2) 极少量的 LNG 可以汽化为很大体积的气体。在标准状态下,1 单位体积的 LNG 可以汽化为约 600 单位体积的气体。

(3) 类似于其他气态烃类化合物,天然气是易燃的。在大气环境下,LNG 汽化后与空气混合时,在体积占 5%~15% 的情况下就是可燃的。

6.1.3　关于液化天然气的物理现象

1. 蒸发

LNG 作为一种低温液体储存于绝热罐中。任何传导至罐中的热量都会导致一些液体蒸发为气体,这些气体称为蒸发气体,其组分与液体组分有关。当 LNG 蒸发时,蒸发气中轻组分含量高。

对于蒸发气体,不论是温度低于 -133 ℃的纯甲烷,还是温度低于 -85 ℃的含 20% 氮气的甲烷,它们都比周围的空气重。在标准条件下,这些蒸发气体的密度大约是空气密度的 1.6 倍。

2. 闪蒸

如同任何一种液体,当 LNG 的压力降至其沸点压力以下时,例如经过阀门后,部分液体蒸发,而液体温度也将降到此时压力下的新沸点,此即为闪蒸。由于 LNG 为多组分的混合物,因此闪蒸气体的组分与剩余液体的组分不一样。作为示例数据,在压力为 $1×10^5 \sim 2×10^5$ Pa 时的沸腾温度条件下,压力每下降 $1×10^3$ Pa,1 m^3 的液体产生大约 0.4 kg 的气体。

3. 溢出

当 LNG 溢出至地面上时(例如事故溢出),最初会猛烈沸腾,然后蒸发速率会迅速衰减至一个固定值,该值取决于地面的热性质和周围空气供热情况。当溢出发生在水上时,水中的对流会非常强烈,足以使所涉及范围内的蒸发速率保持不变,LNG 的溢出范围将不断扩展,直到气体的蒸发总量等于泄漏的 LNG 总量。

4. 气体云团的膨胀和扩散

(1) LNG 泄漏到空气中,最初蒸发气体的温度几乎与 LNG 的温度一样,其密度比周围空气的密度大。这种气体首先沿地面上的一个层面流动,直到从大气中吸热升温后为止。当纯甲烷的温度上升到 -133 ℃,或 LNG 的温度上升到 -80 ℃(与组分有关)时,蒸发气体的密度将比周围空气的密度小。当蒸发气体与空气混合物的温度上升至使其密度比周围空气的密度小时,这种混合物将向上运动。

(2) LNG 泄漏到空气中,由于大气中的水蒸气的冷凝作用将产生"雾云"。当这种"雾云"可见(在日间且没有自然界的雾时),可用来显示蒸发气体的运动,并且给出蒸发气体与空气混合物可燃性范围的指示。

(3) LNG 从压力容器或管道泄漏时,将以喷射流的方式进入大气中,且同时发生节流(膨胀)和蒸发,并与空气强烈混合。大部分 LNG 最初作为空气溶胶的形式被包裹在气云之中。这种溶胶最终将与空气进一步混合而蒸发。

5. 着火与爆炸

对于天然气和空气混合的云团,天然气的体积分数为 5% ～ 15% 时就可以被引燃和引爆。

6. 池火

直径大于 10 m 的着火 LNG 池,火焰表面辐射功率(SEP)非常高,并且能够用测得的实际法向辐射通量及所确定的火焰面积来计算。SEP 取决于火池的尺寸、烟的发散情况以及测量方法。SEP 随着烟尘炭黑的增加而降低。

7. 低速燃烧压力波

没有约束的气体云团低速燃烧时,在气体云团中产生小于 5 kPa 的超低压,但在拥挤的或受限制的区域(如密集的设备和建筑物区),可以产生较高的压力。

8. 容积约束

天然气的临界温度约为 -80 ℃。这意味着被容积约束的 LNG,例如在两个阀门之间或秘密容器中,有可能随着温度超过临界温度而使压力急剧增加,导致包容系统遭到破坏。因此,装置和设备都应设计有适当尺寸的排放孔或泄压阀。

9. 翻滚

翻滚(rollover)是指大量气体在短时间内从 LNG 容器中释放的过程。除非采取预防措施或对容器进行特殊设计防止翻滚,否则翻滚将使容器受到超压。

10. 快速相变

温度不同的两种液体在一定条件下接触时,可产生爆炸力,这种现象称为快速相变(RRT)。当 LNG 与水接触时,快速相变现象就会发生,尽管不发生燃烧,但是这种现象具有爆炸的所有其他特征。

11. 沸腾液体膨胀蒸汽爆炸

任何液体处于或接近其沸腾温度,并且承受高于某一确定值的压力时,如果由于压力系统失效而突然获得释放,都将以极高的速率蒸发,这种现象称为沸腾液体膨胀蒸汽爆炸。沸腾液体膨胀蒸汽爆炸在 LNG 装置上发生的可能性极小。这或者是因为储存 LNG 的容器将在低压下发生破坏,而且蒸汽产生的速率很低;或者是因为 LNG 在绝热的压力容器和管道中储存和输送,这类容器和管道具有内在的抑制蒸发的能力。

6.2　天然气液化工艺

将气态天然气转化为液态天然气的工业设施称为天然气液化装置,有基本负荷型天然气液化装置、调峰型天然气液化装置和小型天然气液化装置。

基本负荷型天然气液化装置是指生产供当地使用或外运的天然气的大型液化装置。对于基本负荷型天然气液化装置,其液化单元常采用级联式液化流程和混合制冷剂液化流程。20 世纪 60 年代最早建设的天然气液化装置,采用当时技术成熟的级联式液化流程;20 世纪 70 年代又转而采用流程大为简化的混合制冷剂液化流程;20 世纪 80 年代后新建或扩建的基本负荷型天然气液化装置,80%以上采用丙烷预冷混合制冷剂液化流程。

调峰型天然气液化装置是指为调峰负荷或补充冬季燃料供应天然气的液化装置,通常将低谷负荷期间过剩的天然气液化储存,在高峰负荷时或紧急情况下再汽化使用。此类装置非常年运行,生产规模小,其液化能力一般为高峰负荷量的 1/10 左右,但储存能力大,故生产的 LNG 一般不作为产品外售。其液化部分常采用带膨胀机的液化流程和混合制冷剂液化流程。

小型天然气液化装置,可用于液化零散气田或边远气田天然气、油田伴生气和油气田放空气以及煤层气等。由于这种液化装置较为少见,本节不做详细介绍。

6.2.1　天然气净化工艺

天然气作为液化装置的原料气,其在液化之前应进行净化加工,以脱除其中的水分、酸性物质(CO_2、H_2S)、重烃类气体(C_5 及以上)以及汞等杂质,以避免杂质腐蚀设备、在低温下冻结或堵塞设备和管道。

脱水常用的方法是分子筛吸附法,这种方法可脱除天然气中大部分水蒸气;天然气中的酸性气体 CO_2 和 H_2S 的脱除常采用分子筛吸附法和溶剂吸收法;C_5 及以上重烃类气体脱除常用的方法也有两种,即活性炭吸附法和制冷剂分离法。具体过程详见第 2 章。

6.2.2　天然气液化工艺的热力学特性

天然气液化过程基本是热力学过程。其工艺要点如下。

(1)利用制冷工质(制冷剂)、天然气工质绝热膨胀或焦耳-汤姆逊效应产生制冷作用。工质在膨胀机中绝热膨胀,发生焓降,因而温度大幅度降低,产生制冷作用。工质经焦耳-汤姆逊阀(J-T 阀)等节流,温度下降并部分液化,低温的工质和液化的工质汽化都产生制冷作用。

(2)使较高压力的工质进入分离器发生闪蒸,使工质中较轻组分进入气相,较重组分进入液相;一般,分离的液相经节流形成制冷工质;气相经冷却降温再节流,形成更低温度的制冷剂。

(3)使绝热膨胀前的工质增压降温,或使节流前的工质降温都可有效地增加工质提供的冷能。

(4)换热器是液化装置的主要设备,尽量减小冷热流体换热温差以提高过程中的㶲效率。

(5)使天然气的冷却、液化温度曲线与制冷剂的温度曲线靠近。级联式流程或混合制冷剂流程都是基于这一原理的。

6.2.3　天然气液化流程

将气态天然气液化为液态天然气的过程称为天然气液化流程。天然气液化流程按照不同的分类方法可以分为不同的形式。

天然气液化流程根据原理可以分为以下三种。

(1)无制冷剂的液化工艺。天然气经过压缩,向外界释放热量,再经膨胀(或节流)使压力和温度下降,部分液化。

(2)只有一种制冷剂的液化工艺。这包括氮气制冷剂循环和混合制冷剂循环。这种工艺是通过制冷剂的压缩、冷却、节流过程获得低温,通过换热使天然气液化的工艺。

(3)多种制冷剂的液化工艺。这种工艺选用蒸发温度成梯度的一组制冷剂,如丙烷、乙烷(或乙烯)、甲烷,通过多个制冷系统分别与天然气换热,使天然气温度逐渐降低,从而达到液化的目的,通常也称为阶式混合制冷工艺或复叠式制冷工艺。

天然气液化流程按制冷方式分为以下三种方式:① 级联式液化流程;② 混合制冷剂液化流程;③ 带膨胀机的液化流程。

需要指出的是,这样的划分并不是严格的,通常采用的是包括了上述各种液化流程中某些部分的不同组合的复合流程。

这里主要介绍按照制冷方式分类的三种天然气液化流程。

1.级联式液化流程

级联式液化流程也被称为阶式液化流程、复叠式液化流程或串联蒸发冷凝液化流程,主要应用于基本负荷型天然气液化装置。

在级联式液化流程中,较低温度级的循环将温度转移给相邻的较高温度级的循环。具体原理是第一级为丙烷制冷循环,丙烷通过蒸发把冷能传递给天然气、乙烯和甲烷;第二级为乙烯制冷循环,乙烯再传递冷能给天然气和甲烷;第三级为甲烷制冷循环,为天然气提供冷能。级联式液化流程的示意图如图 6-1 所示。

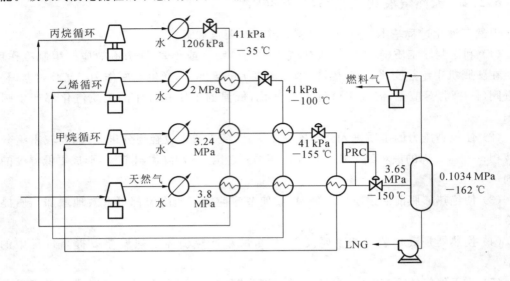

图 6-1　级联式液化流程示意图

级联式液化流程的优点是能耗低;制冷剂为纯物质,无配比问题;技术成熟,操作稳定。缺点是机组多,流程复杂,初投资大;附属设备多,要有专门生产和储存多种制冷剂的设备;管道和控制系统复杂,维护不便。

2. 混合制冷剂液化流程

混合制冷剂液化流程(mixed refrigerant cycle,MRC)是以 $C_1 \sim C_5$ 的碳氢化合物及 N_2等五种以上的多组分混合制冷剂为工质,进行逐级冷凝、蒸发、节流膨胀得到不同温度水平的制冷剂,以达到逐步冷却和液化天然气目的的天然气液化流程。MRC 既可达到类似级联式液化流程的目的,又克服了其系统复杂的缺点。

与级联式液化流程相比,MRC 具有的优点为:机组设备少,流程简单,投资省,投资费用低 15%～29%;管理方便;混合制冷剂可以部分或全部从天然气本身提取与补充。但是MRC 的缺点也很明显:能耗高,比级联式液化流程要高 10%～20%;混合制冷剂的合理配比较为困难;流程计算须提供各组分可靠的平衡数据与物性参数,计算困难。

目前的 MRC 主要分为三种,分别为丙烷预冷混合制冷剂液化流程、APCI 液化流程、CII 液化流程。

1) 丙烷预冷混合制冷剂液化流程

丙烷预冷混合制冷剂液化流程(propane-mixed refrigerant cycle,C3/MRC)如图 6-2 所示。此流程结合了级联式液化流程和混合制冷剂液化流程的优点,既高效又简单,适用于调峰型和基本负荷型天然气液化装置。该流程共由三部分组成:① 混合制冷剂循环;② 丙烷预冷循环;③ 天然气液化回路。在此液化流程中,丙烷预冷循环用于预冷混合制冷剂和天然气,而混合制冷剂循环用于深冷和液化天然气。

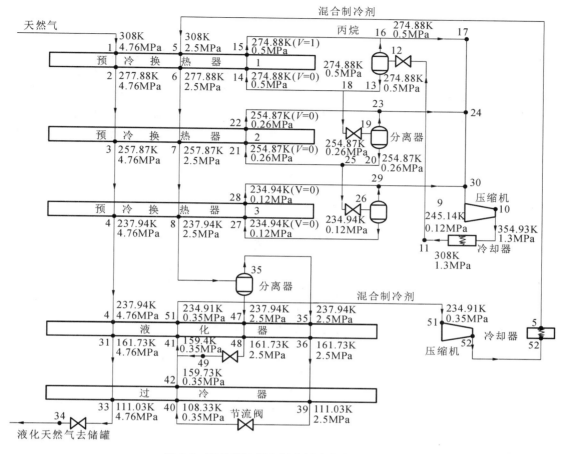

图 6-2　丙烷预冷混合制冷剂液化流程示意图

（1）天然气液化循环。

参数为 4.76 MPa、308 K 的天然气依次经预冷换热器 1、2、3，液化器、过冷器，变成温度为 111.03 K 的过冷 LNG，节流后进入储罐储存。

（2）混合制冷剂循环。

混合制冷剂经压缩机由 0.35 MPa 压缩至 2.5 MPa，首先经冷却，带走一部分热能，然后通过预冷换热器 1、2、3，由丙烷预冷循环预冷到 237.94 K。经分离，气相通过液化器和过冷器后温度降为 111.03 K，节流、降压、降温为过冷器、液化器提供冷能。液相通过液化器后温度降为 161.73 K，节流、降压为液化器提供冷能。最后气相和液相返流的混合制冷剂回到压缩机入口。

利用混合制冷剂中 N_2 和 CH_4 保证 LNG 的过冷度，且配以适量的 C_2H_6 和 C_3H_8 为流程中的液化器提供冷能。流程中混合制冷剂只做一次分离，分离后的液相经冷却、节流产冷。当天然气液化规模较小时，采用高压储罐，可减少液化能耗；反之，采用低压储罐可降低储罐造价。

（3）丙烷制冷循环。

经压缩机压缩的丙烷工质压力为 1.3 MPa，经冷却器温度降到 308 K。然后依次经过三级节流、分离，液相分别通过预冷换热器 1、2、3，为天然气和混合制冷剂提供冷能，分离器分离的气相则与提供冷能后汽化的丙烷工质一同汇合到压缩机入口。

2）APCI 液化流程

图 6-3 所示是 APCI 液化流程示意图。在该液化流程中，天然气先经丙烷预冷，然后用混合制冷剂进一步冷却液化。低压混合制冷剂经两级压缩机压缩后，先用水冷却，然后流经丙烷换热器进一步降温至约 238 K，之后进入气液分离器分离成气、液两相。生成的液相流体在混合制冷剂换热器温度较高区域（热区）冷却后，经节流阀降温，并与返流的气相流体混合后为热区提供冷能；分离器生成的气相流体，经混合制冷剂换热器冷却后节流降温，为其冷区提供冷能，之后与液相流体混合，为热区提供冷能。混合后的低压混合制冷剂进入压缩机压缩。

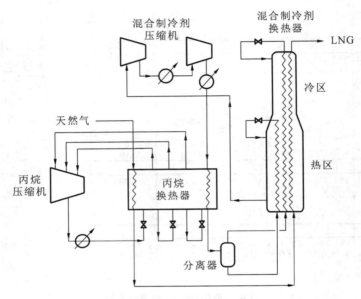

图 6-3　APCI 液化流程示意图

在丙烷预冷循环中，从丙烷换热器来的高、中、低压的丙烷，在同一个压缩机内压缩，压缩后先用水进行预冷，再经节流、降温、降压后为天然气和混合制冷剂提供冷能。

这种液化流程的操作弹性很大。当生产能力降低时，可通过改变制冷剂组成及降低吸入压力来保持混合制冷剂循环的效率。当需液化的原料气发生变化时，通过调整制冷剂组成及混合制冷剂压缩机的吸入和排出压力，也能使天然气高效液化。

3）CII 液化流程

天然气液化技术的发展要求液化循环具有高效、低成本、可靠性好、易操作等特点。为了适应这一发展趋势，研究人员开发了新型的混合制冷剂液化流程，即整体结合式级联型液化流程（integral incorporated cascade，CII），简称 CII 液化流程。CII 液化流程吸收了国外天然气液化技术的最新发展成果，代表天然气液化技术的发展趋势。

在上海建造的 CII 液化流程装置是我国第一座调峰型天然气液化装置中所采用的。CII 液化流程如图 6-4 所示。该液化流程的主要设备包括混合制冷剂压缩机、混合制冷剂分馏设备和整体式冷箱三部分。整个液化流程可分为天然气液化系统和混合制冷剂循环两部分。

在天然气液化系统中，经预处理后的天然气进入整体式冷箱 12 上部被预冷，在气液分离器 1、3 中进行气液分离，气相部分进入整体式冷箱 12 下部被冷凝和过冷，最后节流至 LNG 储罐。

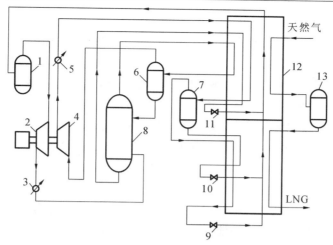

图 6-4　CII 液化流程示意图

1、6、7、13—气液分离器；2—低压压缩机；3、5—冷却器；

4—高压压缩机；8—分馏塔；9、10、11—节流阀；12—整体式冷箱

在混合制冷循环中，混合制冷剂是 N_2 和 $C_1 \sim C_5$ 的烃类混合物。整体式冷箱 12 出口的低压混合制冷剂蒸气被气液分离器 1 分离后，被低压压缩机 2 压缩至中间压力，然后经冷却器 3 部分冷凝后进入分馏塔 8。混合制冷剂分馏后分成两部分，分馏塔底部的重组分液体主要含有丙烷、丁烷和戊烷，进入整体式冷箱 12，经预冷后节流降温，再返回上部蒸发制冷，用于预冷天然气和混合制冷剂；分馏塔上部的轻组分气体主要含有氮气、甲烷和乙烷，进入整体式冷箱 12 上部被冷却并部分冷凝，经气液分离器 6 进行气液分离，液体作为分馏塔 8 的回流液，气体经高压压缩机 4 压缩，冷却器 5 冷却后，进入整体式冷箱 12 上部预冷，进入气液分离器 7 进行气液分离，得到的气液两相分别进入整体式冷箱 12 下部预冷，节流降温后返回整体式冷箱 12 的不同部位为天然气和混合制冷剂提供冷能，实现天然气的冷凝和过冷。

CII 液化流程具有如下特点。

（1）流程精简、设备少。CII 液化流程出于减少设备投资和建设费用的考虑，简化了预冷机组的设计。在流程中增加了分馏塔，将混合制冷剂分为重组分（以丙烷、丁烷和戊烷为主）和轻组分（以氮气、甲烷和乙烷为主）两部分。重组分冷却、节流后返流，作为冷源进入冷箱上部预冷天然气和混合制冷剂；轻组分气液分离后进入冷箱下部，用于冷凝、过冷天然气。

（2）冷箱采用高效钎焊铝板翅式换热器，体积小，便于安装。整体式冷箱结构紧凑，分为上、下两部分，由经过优化设计的高效钎焊铝板翅式换热器平行排列组成，换热面积大，绝热效果好。天然气在冷箱内由环境温度冷却至 $-160\ ^\circ\mathrm{C}$ 左右，冷凝成液体，减少了漏热损失，并较好地解决了两相流体分布问题。冷箱以模块化的形式制造，便于安装，只需在施工现场对预留管路进行连接，减少了建设费用。

（3）压缩机和驱动机的形式简单、可靠，减少了投资与维护费用。

3. 带膨胀机的液化流程

带膨胀机的液化流程（expander-cycle）是利用高压制冷剂通过透平膨胀机绝热膨胀的克劳德循环制冷实现天然气液化的流程。气体在膨胀机内膨胀降温的同时，能输出功，可用于驱动流程中的压缩机。当管路输送来的、进入装置的原料气与离开液化装置的商品气有"自由"压差时，液化过程就可能不需要外来能量，而是靠"自由"压差通过膨胀机制冷，使进入装置的天然气液化。该液化流程的关键设备是透平膨胀机。

　　带膨胀机的液化流程的优点是：① 流程简单，调节灵活，工作可靠，易启动，易操作，维护方便；② 用天然气本身作为制冷工质时，可省去专门生产、运输和储存制冷剂的费用。

　　其缺点是：① 送入装置的气流须全部深度干燥；② 回流压力大，换热面积大，设备金属投入量大；③ 受低压用户规模大小的限制；④ 液化率低，如果作为尾气的低压天然气再循环，则在增加循环压缩机后，功耗大大增加。

　　由于带膨胀机的液化流程操作比较简单，投资费用适中，因此其特别适用于液化能力较小的调峰型天然气液化装置。根据制冷剂的不同，其可分为天然气膨胀液化流程和氮气膨胀液化流程。

1) 天然气膨胀液化流程

　　天然气膨胀液化流程是指直接利用高压天然气在膨胀机中绝热膨胀至压力达到输出管道压力而使天然气液化的流程。该液化流程最突出的优点是它的功耗小，只需对液化的那部分天然气脱除杂质，因而预处理的天然气量大为减少，占总气量的 20%～35%。但该液化流程不能获得像氮气膨胀液化流程那样低的温度，且循环气量大，液化率低。膨胀机的工作性能受原料气压力和组分变化的影响较大，对系统的安全性能要求较高。天然气膨胀液化流程如图 6-5 所示。

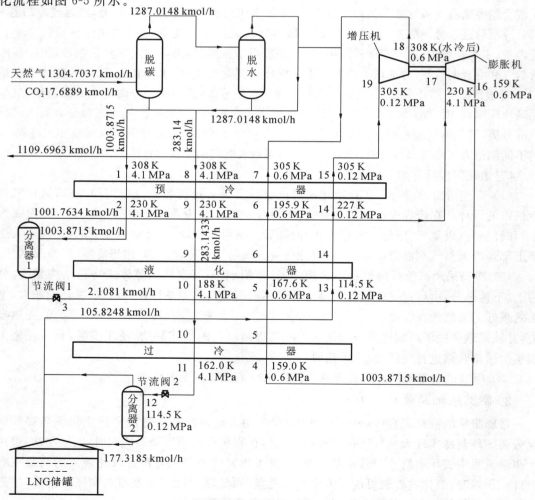

图 6-5　天然气膨胀液化流程示意图

天然气膨胀液化流程包括天然气液化和天然气膨胀制冷两个过程。

（1）天然气液化。

高压原料气脱碳、脱水后，由点 8 进入预冷器，经液化器、过冷器液化过冷，经节流阀 2 节流后进入分离器 2。分离的液化天然气进入储罐储存，分离的气相与 LNG 储罐的蒸发气依次经液化器、预冷器放出冷能，由点 19 进入增压机增压到 0.6 MPa、308 K，供向城镇燃气管网。

（2）天然气膨胀制冷。

由天然气管道来的天然气脱碳、脱水后，经预冷器，温度由 308 K 下降为 230 K，进入分离器 1（若膨胀机出口天然气温度低于露点则必须设分离器）。压力为 4.1 MPa 的天然气在膨胀机中压力降为 0.6 MPa，温度由 230 K 降为 159 K，成为制冷工质，依次经过冷器、液化器和预冷器向被液化的天然气提供冷能，温度升为 305 K，与增压机来的分离天然气一起进入城镇燃气管网。

经计算，图 6-5 所示液化流程节流阀 2 后的气相分率为 37.4%，LNG 回收率为 13.8%，膨胀功有效利用率约为 80%。

图 6-5 所示的天然气膨胀液化流程属于开式循环，即高压的原料气经冷却、膨胀制冷与提供冷能后，作为尾气的低压天然气和经增压达到所需压力的天然气直接作为商品气供入配气管网。若在流程中增加一台压缩机，将提供冷能后的低压天然气增压到与原料气相同的压力后，返回至原料气中开始下一个循环，则形成闭式循环。闭式循环的流程可得到较大的液化量，称为带循环压缩机的天然气膨胀液化流程，其缺点是流程功耗大。

2）氮气膨胀液化流程

与混合制冷剂液化流程相比，氮气膨胀液化流程（N_2-cycle）较为简化、紧凑，造价略低；启动快，热态启动 1～2 h 即可获得满负荷产品；运行灵活，适应性强，易于操作和控制；安全性好，放空不会引起火灾或爆炸危险；制冷剂采用单组分气体。其缺点是能耗比混合制冷剂液化流程高 40% 左右。氮气膨胀液化流程如图 6-6 所示。

（1）天然气液化。

天然气原料气经压缩、脱硫、脱碳、干燥、脱汞后进入图 6-6 所示的点 1。先进入冷箱，冷箱由换热器 1、2、3、4 组成。经过换热器 1 预冷后，分离出的重烃由点 25 排出到重烃储罐。分离后的气相经换热器 2、3、4 分别液化、深冷，经点 6 节流降压到点 24。在点 24 处即为液化天然气，由管道余压送到 LNG 储罐中储存。

（2）制冷剂氮气。

氮气经压缩机压缩、水冷后依次进入低压增压机、中压增压机，经冷却器冷却，由点 7 进入冷箱。经换热器 1 初步预冷后进入中压膨胀机，膨胀后其压力、温度降低，同时输出膨胀功带动中压增压机工作。膨胀后的氮气由点 9 进入换热器 3 继续冷却，再由点 10 进入低压膨胀机，膨胀后其压力、温度进一步降低，同时输出膨胀功带动低压增压机工作。经低压膨胀机膨胀后的氮气由换热器的最冷端点 11 逐级进入各换热器，为天然气和氮制冷提供冷能。

为了降低膨胀机的功耗，实际中可采用 N_2-CH_4 混合气体代替纯 N_2，称为 N_2-CH_4 膨胀液化流程（N_2-CH_4 cycle）。与混合制冷剂液化流程相比较，N_2-CH_4 膨胀液化流程具有启动时间短、流程简单、控制容易、混合制冷剂测定及计算方便等优点。由于缩小了冷端换热

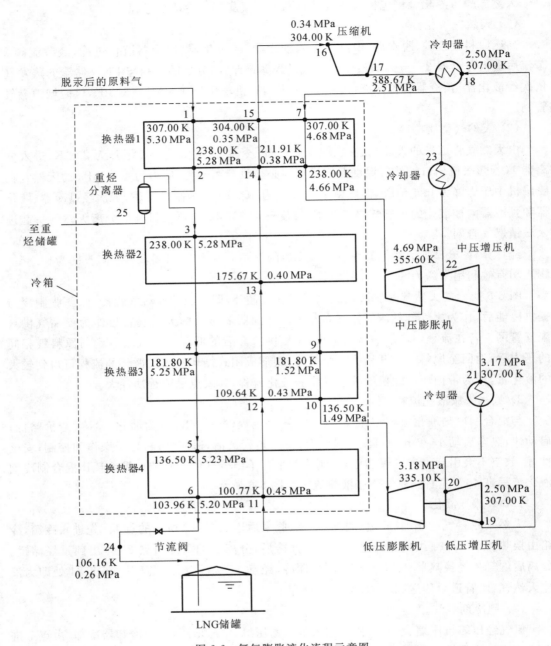

图 6-6　氮气膨胀液化流程示意图

温差,它比纯氮膨胀液化流程节省了 $10\%\sim20\%$ 的动力消耗。图 6-7 所示为 $N_2\text{-}CH_4$ 膨胀液化流程示意图。

$N_2\text{-}CH_4$ 膨胀液化流程由天然气液化与 $N_2\text{-}CH_4$ 制冷两个各自独立的过程组成。

(1) 天然气液化。

经过预处理装置 1 脱酸、脱水后的天然气,经换热器 2 冷却后,在重烃分离器 3 中进行气液分离,气相部分进入换热器 4 冷却液化,在换热器 5 中过冷,节流降压后进入 LNG 储罐11。

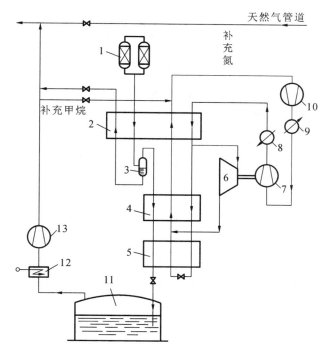

图 6-7　N_2-CH_4 膨胀液化流程示意图

1—预处理装置；2、4、5—换热器；3—重烃分离器；6—透平膨胀机；
7—制动压缩机；8、9—水冷却塔；10—循环压缩机；11—LNG 储罐；12—预热器；13—压缩机

（2）N_2-CH_4 制冷。

制冷剂 N_2-CH_4 经循环压缩机 10 和制动压缩机 7 压缩到工作压力，经水冷却塔 8 冷却后，进入换热器 2 被冷却到透平膨胀机的入口温度。一部分制冷剂进入透平膨胀机 6 膨胀到循环压缩机 10 的入口压力，与返流制冷剂混合后，作为换热器 4 的冷源，回收的膨胀功用于驱动制动压缩机 7；另外一部分制冷剂经换热器 4、5 冷凝和过冷后，经节流阀节流降温后返流，为过冷换热器提供冷能。

表 6-2 列出了几种液化流程的功耗的粗略比较。典型的级联式液化流程的比功耗为 0.33 kW·h/kg，作为比较标准，记为 1。

表 6-2　不同液化流程的功耗比较

液化流程	功耗比较
级联式液化流程	1
单级混合制冷剂液化流程	1.25
丙烷预冷的单级混合制冷剂液化流程	1.15
多级混合制冷剂液化流程	1.05
单级膨胀机液化流程	2.00
两级膨胀机液化流程	1.70

6.3 液化天然气气化站

天然气作为液体状态存在时有利于储存与运输,但天然气最终被利用时的状态是气态。因此,液化天然气在被利用之前须先经过汽化。

液化天然气气化站(LNG 气化站)通常指具有接收、储存、汽化并外输 LNG 功能的站场,主要作为运输管线达不到或采用长输管线不经济的中小型城镇的气源,另外也可以作为城镇的调峰应急气源。LNG 气化站与接收站或天然气液化工厂的经济运输距离宜在 1000 km 以内,可采用公路运输或铁路运输。与天然气管道长距离输送、高压储罐储存等相比,LNG 气化站采用槽车运输、LNG 储罐储存,具有运输灵活、储存效率高、建设投资费用少、建设周期短、见效快等优点。

当前国内将 LNG 气化站按总储量 2000 m³ 分为两类:① 1 类,总储量不大于 2000 m³,以 GB 50028—2006《城镇燃气设计规范》为主要设计依据;② 2 类,总储量大于 2000 m³,可按 GB 50183—2015《石油天然气工程设计防火规范》执行。

6.3.1 大型 LNG 气化站

1. 气化站工艺流程

LNG 气化站工艺流程如图 6-8 所示。LNG 由低温槽车运至气化站,在卸车台利用增压器对储罐加压,将 LNG 送入气化站 LNG 储罐内储存。汽化时通过储罐增压器将 LNG 增压,或利用低温泵加压,将 LNG 输至气化器,变为气态天然气,经调压、计量、加臭后进入供气管网。

气化器通常采用两组空温式气化器,相互切换使用,当一组使用时间过长,气化器结霜严重,导致效率降低、出口温度达不到要求时,切换到另一组使用。在夏季,经空温式气化器汽化后天然气温度可达 15 ℃ 左右,可以直接进入管网;在冬季或雨季,由于空气温度或湿度的影响,气化器汽化效率降低,汽化后的天然气温度达不到要求时,可以采用水浴式气化器。

气化站内设有 BOG 储罐,LNG 储罐顶部的蒸发气体经过 BOG 加热器加热后进入 BOG 储罐;卸车完毕后,低温槽车内的气体通过顶部的气相管被输送到 BOG 加热器中加热,然后进入 BOG 储罐。当 BOG 储罐内的压力达到一定值后,储罐内的气体被并入中压供气管网。

LNG 储罐设计温度为 −196 ℃,LNG 气化器后设计温度一般不低于环境温度 8~10 ℃。LNG 储罐设计压力根据系统中储罐的配置形式、液化天然气组分及工艺流程确定。当采用储罐等压气化器时,气化器设计压力为储罐设计压力;采用加压强制气化器时,气化器设计压力为低温加压泵出口压力。

2. 气化站工艺设备

LNG 气化站工艺设备主要有 LNG 储罐、气化器、调压计量装置、低温泵等。

1) LNG 储罐

当气化站的储存规模不超过 1000 m³ 时,一般采用 50~150 m³ 的 LNG 储罐,可根据现场地质和用地情况选择卧式罐或立式罐;当气化站的储存规模在 1000~3500 m³ 时,一般采

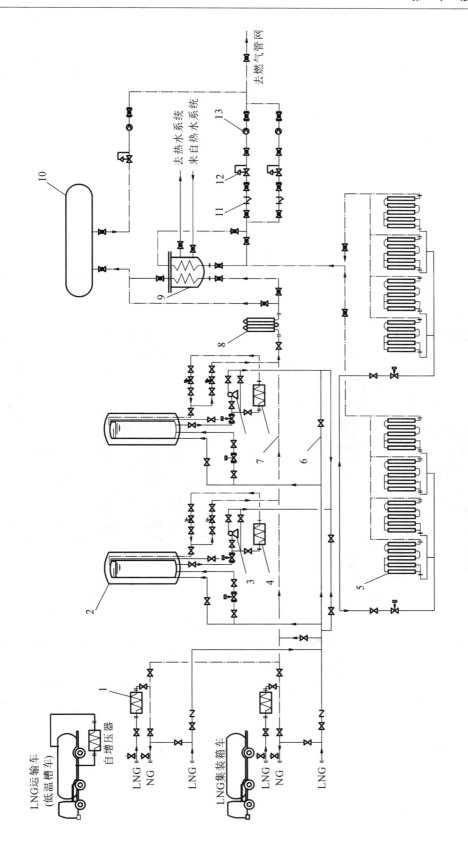

图6-8　LNG气化站工艺流程

1—槽车增压器；2—LNG储罐；3—低温泵；4—储罐增压器；5—空温式气化器；6—液相管；7—气相管；
8—BOG加热器；9—水浴式气化器；10—BOG储罐；11—过滤器；12—调压器；13—流量计

用子母罐形式;当气化站的储存规模在 3500 m³ 以上时,宜采用常压罐形式。

为了保证不间断供气,特别是在用气高峰季节也能保证正常供应,气化站中应储存一定量的液化天然气。目前最广泛采用的储存方式是利用 LNG 储罐储存。气化站总储存容积为

$$V_{\mathrm{tot}} = \frac{n K_{\mathrm{m}}^{\max} G_{\mathrm{d}}}{\rho_{T_{\max}} \varphi_{\mathrm{b},T_{\max}}} \tag{6-1}$$

式中:V_{tot}——总储存容积,m³;

　　　n——储存天数,d;

　　　$K_{\mathrm{m}}^{\max}$——月高峰系数,推荐使用 $K_{\mathrm{m}}^{\max}=1.2\sim1.4$;

　　　G_{d}——平均日用气量,kg/d;

　　　$\rho_{T_{\max}}$——最高工作温度下的液化天然气密度,kg/m³;

　　　$\varphi_{\mathrm{b},T_{\max}}$——最高工作温度下的储罐允许充装率。

储存天数主要取决于气源情况(气源厂个数、气源厂检修周期和时间、气源厂的远近等)和运输方式。

2) 气化器

气化器根据热源的不同,可分为空温式气化器和水浴式气化器两种类型。图 6-9 所示是空温式气化器结构示意图,图 6-10 所示是水浴式气化器结构示意图。

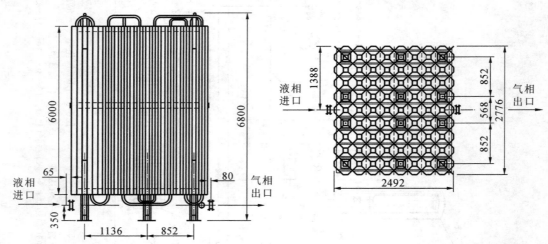

图 6-9　空温式气化器结构示意图

1 类气化站一般选用空温式气化器。如站区周围有合适的蒸汽或热水资源时,在进行详细的技术经济分析后也可采用水浴式气化器。

空温式气化器的总汽化能力应按用气城镇高峰小时流量的 1.5 倍确定。当空温式气化器作为工业用户主气化器连续使用时,其总汽化能力应按工业用户高峰小时流量的 2 倍考虑。气化器的台数不应少于 2 台,其中应有 1 台备用。

气化器换热面积为

$$F = \frac{\omega q}{k \Delta t} \tag{6-2}$$

式中:F——气化器的换热面积,m²;

　　　ω——气化器的汽化能力,kg/s;

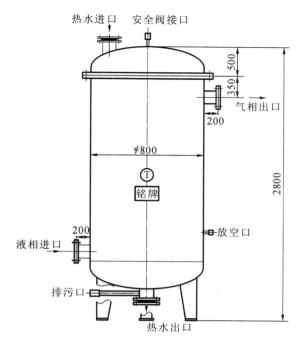

图 6-10　水浴式气化器结构示意图

q——汽化单位质量液化天然气所需的热量，kJ/kg，$q = h_v - h_1$，h_v 为进入气化器时液化天然气的比焓(kJ/kg)，h_1 为离开气化器时气态天然气的比焓(kJ/kg)；

k——气化器的总传热系数，kW/(m²·K)；

Δt——加热介质与液化天然气的平均温差，K。

3. LNG 气化站安全控制

考虑到 LNG 易燃易爆的特性，LNG 气化站内需配备监控及消防系统。

LNG 气化站安全报警系统需设置储罐高低液位报警、储罐超压及真空报警、低温报警、可燃气体检测报警、火灾检测报警等。

LNG 气化站应按现行国家规范《建筑设计防火规范》(GB 50016—2014)和《城镇燃气设计规范》(GB 50028—2006)的要求，设置必要的消防时间。

4. 站址选择及总平面布置

由于 LNG 具有低温储存的特点，同时具有易燃易爆的特性，因此 LNG 气化站在建设布局、设备安装、操作管理等方面都有一些特殊要求。

1) 站址选择

站址选择一方面要从城镇的总体规划和合理布局出发，另一方面也应从有利生产、方便运输、保护环境着眼。因此在站址选择过程中，既要考虑到能完成当前的生产任务，又要想到将来的发展。站址选择一般考虑以下问题。

(1) 站址应选在城镇和居民区的全年最小频率风向的上风侧。若必须在城镇建站，则应尽量远离人口稠密区，以满足卫生和安全的要求。

(2) 考虑气化站的供电、供水和电话通信网络等条件，站址宜选在城镇边缘。

(3) 站址至少要有一条全天候的汽车公路。

(4) 气化站应避开油库、桥梁、铁路枢纽站、飞机场等重要场所。

（5）站址不应受洪水和山洪的淹灌和冲刷，站址标高应高出历年最高洪水位 0.5 m 以上。

（6）要考虑站址的地质条件，避免布置在容易滑坡、溶洞、塌方、断层，有淤泥等不良地质的地区。

（7）站内的 LNG 储罐、天然气放散总管等与站外建（构）筑物的安全防火间距应符合现行国家规范《建筑设计防火规范》（GB 50016—2014）和《城镇燃气设计规范》（GB 50028—2006）的要求，如表 6-3 所示。

表 6-3　LNG 储罐、天然气放散总管与站外建（构）筑物的防火间距　　　　单位：m

		LNG 储罐总容积（m³）							天然气放散总管
		≤10	>10 ≤30	>30 ≤50	>50 ≤200	>200 ≤500	>500 ≤1000	>1000 ≤2000	
居住区、村镇和影剧院、体育馆、学校等重要公共建筑（最外侧建（构）筑物外墙）		30	35	45	50	70	90	110	45
工业企业（最外侧墙、建（构）筑物外墙）		22	25	27	30	35	40	50	20
明火、放散火花地点和室外变、配电站		30	35	45	50	55	60	70	30
民用建筑、甲乙类液体储罐、甲乙类生产厂房、甲乙类物品仓库、稻草等易燃材料堆场		27	32	40	45	50	55	60	25
丙类液体储罐、可燃液体储罐、丙丁类生产厂房、丙丁类液体厂库		25	27	32	35	40	45	55	20
铁路（中心线）	国家线	40	50	60	70		80		40
	企业专线	25			30		35		30
公路、道路（路边）	高速，Ⅰ、Ⅱ级，城市快速	20				25			15
	其他	15				20			10
架空电力线（中心线）		1.5 倍杆高				1.5 倍杆高 35 kV 以上架空电力线不应小于 40 m		2.0 倍杆高	
架空通信线（中心线）	Ⅰ、Ⅱ级	1.5 倍杆高		30		40		1.5 倍杆高	
	其他	1.5 倍杆高							

注：① 居住区、村镇系指 1000 人或 300 户以上者，以下者按本表民用建筑执行；
　　② 与本表规定以外的其他建（构）筑物的防火间距按现行国家标准《建筑设计防火规范》（GB 50016—2014）执行；
　　③ 间距的计算应以储罐的最外侧为准。

2）总平面布置

LNG 气化站总平面应分区布置，一般分为生产区（包括卸车区、储罐区、气化区）和生产辅助区。生产区和辅助区之间宜采取措施间隔开，并设置联络通道，便于生产和安全管理。

卸车区设置地衡、增压器，储罐区设置储罐、增压器、围堰、溢流池，气化区设置气化器、调压器、计量和加臭装置,生产辅助区设置生产辅助用房、消防水池等。LNG 气化站总平面布置示例如图 6-11 所示。

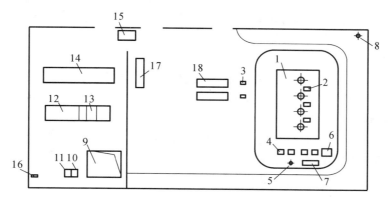

图 6-11　LNG 气化站总平面布置示意图

1—储罐;2—储罐增压器;3—卸车增压器;4—空温式气化器;5—水浴式气化器;
6—BOG、EAG 加热器;7—调压计量橇;8—放散管;9—消防水池;10—消防泵房;11—变电室;
12—生产辅助用房;13—仓库;14—综合楼;15—门卫;16—化粪池;17—地衡;18—LNG 运输槽车

6.3.2　小型 LNG 气化站

LNG 点供,也称为 LNG 区域供气单元,是指在一个或多个邻近终端用户间,先选地址投建一个气化站,然后再铺局域管网,实现小型局域的供气与用气的模式。LNG 点供适用于输气管线不易到达,或由于用气量小修建管线不经济的中小城镇和工厂等终端用户,相当于小型 LNG 接收气化站,具体模式是通过槽车运送 LNG 到用气工厂,然后卸装低温不锈钢瓶,搬到工厂自建的气化站进行汽化,点对点地独立给用户供气。目前我国的小型 LNG 气化站的供气量大多在 10×10^4 Nm^3/d 以下,且其冷能产量随供气量的变化较频繁。

2012 年,国家发展与改革委员会价格司印发了《关于规范城市管道天然气和省内天然气运输价格管理的引导意见(征求意见稿)》,首次明确提出要"鼓励大型工业用户直接与上游气源企业签订燃气商品的购销合同"。同时,近年来各项"煤改气"、LNG 汽车补贴等相关标准纷纷出台。这些政策无疑都极大地促进了 LNG 点供的快速发展。

LNG 点供长期占据市场消费前端位置,在"煤改气"和天然气"村村通"工程中发挥了十分重要的作用,国内 LNG 点供市场的发展让天然气业内专家为之侧目。但由于 LNG 点供与城镇燃气"特许经营"制度存在着天然的对立情况,在一定程度上也阻碍了 LNG 点供的快速发展,这需要国家出台相应的政策规范进行调整。

1. LNG 点供的优势

相比于大型 LNG 气化站的大范围管道输气,LNG 点供具有其自身的优势。

(1)投入低。企业几乎接近零投入,即可拥有自己的天然气气化站,建站所投入的费用无需企业自行承担。

(2)燃气费用低。城镇燃气管道费用很高,点供模式由于不需要承担庞大、复杂的管道维护费,故而燃气费用很低,在经济不发达地区非常实惠。

(3)可靠性高。相对于城镇燃气管道出现用气高峰时天然气供应不上的情况,LNG 点供供气灵活,风险低,安全可靠性非常高。

2. 小型 LNG 气化站

小型 LNG 气化站的工作环节为:LNG 槽车运输供应、卸货,LNG 储罐储存,LNG 汽化与气相处理,气相天然气进入管网计量、输配。根据站场的布置情况,小型 LNG 气化站主要分为瓶组气化站和撬装气化站。

1) 瓶组气化站

瓶组气化站采用气瓶组作为储气及供气设施,主要应用于居民小区、小型工商业用户等。瓶组气化站供应规模不宜过大,小区户数一般为 2000~5000 户,高峰时供气量可达 500 m³/h(标准状态)。

瓶组气化站工艺流程如图 6-12 所示。LNG 自瓶组引出,经气化器,再调压、计量、加臭后进入小区庭院管道。瓶组气化站的主要工艺设备包括 LNG 钢瓶、空温式气化器、BOG 加热器、过滤器、调压器、流量计、加臭装置等。

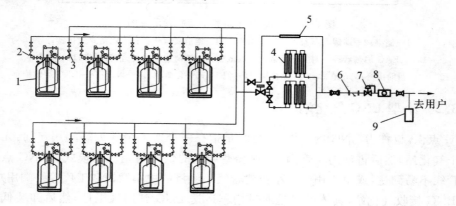

图 6-12　瓶组气化站工艺流程

1—LNG 钢瓶;2—液相连接软管;3—气相连接软管;4—空温式气化器;
5—BOG 加热器;6—过滤器;7—调压器;8—流量计;9—加臭装置

气瓶组总供气能力根据高峰小时用气量确定。储气容积应按月最大日供气量的 1.5 倍确定。气瓶组总容量应不大于 4 m³。单个气瓶宜采用 175 L 钢瓶,最大容积不应大于 410 L,灌装量不应大于钢瓶容积的 90%。图 6-13 所示为 410 L 卧式 LNG 钢瓶结构示意图。

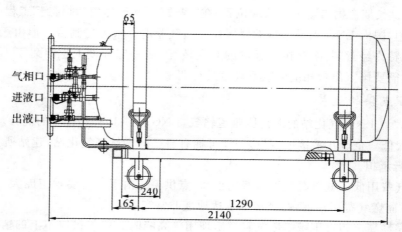

图 6-13　410 L 卧式 LNG 钢瓶结构示意图

2）撬装气化站

撬装气化站是将小型 LNG 气化站的工艺设备、阀门、零部件以及现场一次仪表集成安装在撬体上所形成的气化站。根据储罐大小、现场地形，撬装气化站可分为卸车撬气化站、储罐撬气化站、增压撬气化站、气化撬气化站，或者分为卸车撬气化站和储罐增压撬气化站。

撬装气化站工艺简单，运输、安装方便，占地面积小，适用于城镇独立居民小区、中小型工业用户和大中型商业用户。槽车运来液化天然气，通过卸车柱将其卸入储罐储存，用气时，通过增压器使储罐中的液化天然气进入气化器，再经过调压、计量、加臭送入供气管道。

图 6-14 所示为撬装气化站的工艺流程图。

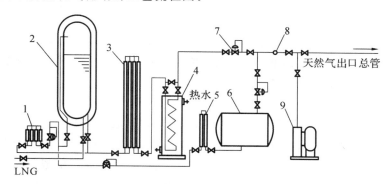

图 6-14　撬装气化站工艺流程示意图

1—增压气化器；2—LNG 储罐；3—空温式气化器；4—水浴式加热器；

5—BOG 加热器；6—BOG 储罐；7—调压器；8—流量计；9—加臭装置

6.4　液化天然气汽车加气站

6.4.1　LNG 汽车加气站

LNG 作为车用燃料，与燃油相比，具有辛烷值高、抗爆性好、燃烧完全、排气污染少、发动机寿命长、运行成本低等优点；与 CNG 相比，具有储存效率高、续驶里程长、储瓶压力低、重量轻等优点。LNG 汽车一次加气可连续行驶 1000～1300 km，可适应长途运输，减少加气次数。LNG 高压气化后也可为 CNG 汽车加气。

LNG 汽车加气站的工艺流程如图 6-15 所示。

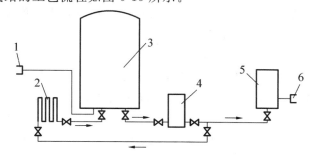

图 6-15　LNG 汽车加气站工艺流程示意图

1—卸车接头；2—增压气化器；3—储罐；4—低温泵；5—加气机；6—加气枪

LNG 汽车加气站的设备主要包括槽车、LNG 储罐、增压气化器、低温泵、加气机、加气枪及控制盘等。槽车上的液化天然气需通过泵或自增压系统升压后卸出,送进加气站内的 LNG 储罐。槽车到达加气站时,车内的液化天然气压力通常低于 0.35 MPa。卸车过程通过计算机监控,以确保 LNG 储罐不会过量充装。LNG 储罐容积一般为 50～120 m³。

槽车运来的液化天然气卸至加气站内的 LNG 储罐后,可启动控制盘上的按钮,对罐内液化天然气升压。通过低温泵,部分液化天然气进入增压气化器,汽化后天然气会到罐内升压。升压后罐内压力一般为 0.55～0.69 MPa,加气压力为 0.52～0.83 MPa(此压力是天然气发动机正常运转所需要的),所以,可以依靠罐内压力或经低温泵给汽车加气。

加气机在加液过程中不断检测液体流量。当液体流量明显减小时,加注过程会自动停止。加气机上会显示出积累的液化天然气加注量。加注过程通常需要 3～5 min。控制盘利用变频驱动手段,调节加气站的运行状况,监测流量、压力以及储罐液位等参数。

6.4.2　LCNG 汽车加气站

在有 LNG 气源同时又有 CNG 汽车的地方,可以建设液化压缩天然气(LCNG)加气站,为 CNG 汽车加气。采用高压低温泵可使液体加压,在质量流量和压缩比相同的条件下,高压低温泵的投资、能耗和占地面积均远小于气体压缩机。利用高压低温泵将液化天然气加压至 CNG 高压储气瓶组所需压力,再经过高压气化器使液化天然气汽化后,通过顺序控制盘储存于 CNG 高压储气瓶组,在需要时通过 CNG 加气机向 CNG 汽车加气。LCNG 汽车加气站的工艺流程如图 6-16 所示。

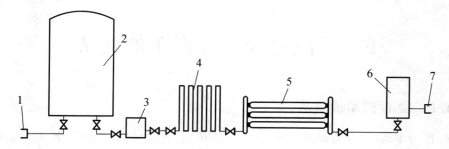

图 6-16　LCNG 汽车加气站工艺流程示意图
1—卸车接头;2—LNG 储罐;3—高压低温泵;4—高压气化器;
5—CNG 高压储气瓶组;6—CNG 加气机;7—加气枪

LCNG 汽车加气站的设备主要包括 LNG 储罐、高压低温泵、高压气化器、CNG 高压储气瓶组、加气机、加气枪及控制盘等。LCNG 汽车加气站中的监控系统,除具有 LNG 汽车加气站监控系统的功能外,还具有监测 CNG 高压储气瓶组压力并自动启停高压低温泵的功能。

LCNG 汽车加气站也可以配置成同时为 LNG 汽车和 CNG 汽车服务的加气站,只需在 LNG 汽车加气站的基础上,以较小的投资增加高压低温泵、气化器、CNG 储气设施和 CNG 加气机等设备即可。

对于 165 辆车以下的中大型车队,加气站 LNG 储罐总容量约为 110 m³,一般设置 2 个储罐。对于 200 辆车左右的大型车队,加气站 LNG 储罐总容量为 160～170 m³,可设置 3 个储罐。

6.5　调峰型城市液化天然气储配站

随着国内经济快速发展、国家能源战略逐步深化、天然气利用广度拓展以及燃气用户数量和单个用户用气量的不断提升,调峰型城市 LNG 储配站凭借其投资费用低、建站周期短、操作简单以及能迅速满足城市用气市场需求的优势,作为城镇的备用气源、调峰气源或者过渡气源,目前已得到广泛的建设和推广应用。

6.5.1　调峰型城市 LNG 储配站的基本结构及功能

调峰型城市 LNG 储配站是以调节供气负荷为主要目的天然气液化及储存装置,通常可将城市用气低峰负荷时管网中的过剩天然气液化储存,也可将 LNG 船或 LNG 槽车运输来的液化天然气储存在 LNG 储罐内。在用气高峰负荷时或紧急情况下,将储存的液化天然气进行汽化,然后送至城市供气管网,实现高峰负荷期调峰的目的,也可将储存在罐内的液化天然气装车或装船,对外供应。

1.基本结构

调峰型城市 LNG 储配站主要包括过滤增压、脱酸、脱水、脱碳、液化、储存、汽化、BOG 处理、加臭、计量及火炬等设备单元,另外还有 LNG 装车站、泡沫站、空压/氮气站、消防系统、供热系统和循环水系统等储运及公用工程等。

2.功能

(1) 将天然气高压管网输送至城市的天然气经过滤、加压后脱酸、脱水和脱碳,再液化,最后将液化天然气送至 LNG 储罐内储存。

(2) 在高峰负荷时或紧急情况下,储罐内的液化天然气经低温泵送至气化器内进行汽化,汽化后的天然气经过调压、计量、加臭后送入下游次高压、中压管网,实现对城市各类天然气用户供气。

(3) 调峰型城市 LNG 储配站还可以通过站内的 LNG 装车站对 LNG 槽车或 LNG 船加装液化天然气,实现对外输送。

6.5.2　调峰型城市 LNG 储配站的工艺流程

调峰型城市 LNG 储配站的工艺流程主要包括气体预处理、液化、储存、汽化及加臭计量、BOG 处理及 LNG 装车外输等如图 6-17 所示。

1.液化天然气的储存

液化天然气的温度为 −162 ℃,储存所用储罐必须具有可靠的耐低温性能和良好的绝热性能。常见的 LNG 储罐有双金属地面储罐、预应力钢筋混凝土外壳地面储罐及地下储罐等 3 种类型。

从安全、经济、先进和技术成熟程度等方面综合考虑,一般选用碳钢外壳、9％镍钢内胆的单容式 LNG 低温储罐。预应力钢筋混凝土外壳、自承式 9％镍钢内胆的全容式 LNG 低温储罐常用于沿海接收站。

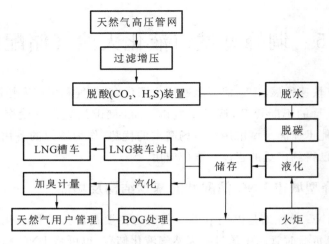

图 6-17　调峰型城市 LNG 储配站的基本工艺流程

2.汽化及加臭计量工艺

当城市天然气供应紧张或发生临时故障需要调峰装置供气时,液化天然气由置于储罐内的潜液泵或置于储罐外的外置泵输送至气化器(根据 LNG 储配站用于应急气源或调峰的功能、特点和要求,选用空温式气化器或水浴式气化器)。汽化后的天然气经过加臭、计量后输送至天然气用户管网,供城市用户使用。

3.BOG 处理工艺

BOG 是指低温液体系统中由于低温液体受热而自然蒸发的气体,调峰型城市 LNG 储配站中的 BOG 气体主要包括:① 液化天然气在储罐内储存过程中,因冷能损失产生的蒸发气体;② 管道受热及 LNG 储罐内的液化天然气潜液泵工作时产生的热能导致的蒸发气体;③ 装车过程中,槽车储罐内的残余气体和进入槽车储罐内的液化天然气与原槽车储罐内温度较高的低温蒸发气体接触时产生的蒸发气体。

目前,调峰型城市 LNG 储配站选用的 BOG 处理工艺分为 BOG 再液化工艺和 BOG 直接压缩工艺。

(1) BOG 再液化工艺。该工艺是指将 BOG 送至 BOG 压缩机吸入筒,经 BOG 压缩机增压后,由空气冷却器冷却或与液化天然气过冷液换热,冷凝成液化天然气。该工艺适用于当 LNG 储罐产生大量 BOG 需要回收而 LNG 外输量又较少时的情况,目前国内调峰型城市 LNG 储配站普遍采用该工艺来处理 BOG。

零蒸发损耗(zero boil off,ZBO)储存技术是将主动制冷技术和被动绝热技术相结合,用耦合于低温制冷机的热交换器从低温储罐内移出外部漏入热量,使 BOG 气体再液化的技术。该技术在 BOG 再液化工艺中的应用尚处于实验研究阶段,但其特点优异,必将成为BOG 再液化工艺的优先选择技术。

(2) BOG 直接压缩工艺。该工艺是指将 BOG 经压缩机加压至外输管网所需压力,经计量、加臭,以高压天然气形式进入输气管网供下游用户使用。该工艺需消耗大量压缩功,所以适用于外输管网压力较小(2.0～3.0 MPa)或 BOG 量小及 LNG 外输量不稳定的储配站。当 BOG 流量大于压缩机工作能力时,多余气体需通过集气管送至火炬进行燃烧处理。

4. LNG 装车外输工艺

LNG 槽车运输方便、灵活、快捷,适应面广。通过储配站设置的 LNG 装车站对 LNG 槽车进行充装,可以将液化天然气输送至下游用户,特别是天然气管网未铺设地区的用户,满足不同的客户需求。例如 LNG 加气站和 LNG 卫星站的天然气就主要依靠 LNG 槽车输送。

6.5.3　LNG 调峰的优势

与其他调峰方法相比,LNG 调峰有许多独具的优势。

1. 储气效率高

在常压下甲烷由气体变为液体,其体积缩小为原来的 1/625,大大提高了液化天然气的能量密度,提高了储存效率。其与井口采气压力 6 MPa 的地下储气库相比,高出单位容量储气比 10.4 倍;与 1 MPa 的地面球罐相比,高出单位容量储气比 62.5 倍。

2. 建库选址容易

以北京为例,就近要找到适合作为地下储气库的岩洞穴不大可能,要找到已经或即将枯竭的大气藏作为地下储气库也很困难。但是,要在北京市周围选择适当的地址建设几座 LNG 工厂就比较容易,因为它不受很多地下因素的严格限制。而且,从气源到产品的产供销,从调峰到资源的综合利用,从环保到节能等许多有利条件都可得到充分利用。

3. 储运方便

LNG 调峰工厂有两种形式可供选择,一种是将工厂建在距城市供气不远的地方,直接和城市供气管网相连,到冬春季需要调峰时,将液化天然气气化以后及时输送给需要调峰的用户;另一种是"卫星型"的储备厂,这种储备厂可根据城市管网的覆盖面积和用户的分布状况,在适当的地方分散建设。

4. 生产技术先进

我国液化天然气的生产至今已有十多年的发展历史,截至 2016 年年底,我国已投产 LNG 接收站 13 座,总接受能力达到 5310 万 t;预计到 2020 年,我国投运的 LNG 接收站将达到 21 座,接收能力达到 6880 万 t。

思　考　题

1. 液化天然气的主要用途有哪些?
2. 天然气预处理过程中常用的脱水方法有哪些? 各自的适用情况是什么?
3. 天然气液化流程有哪些? 试分析比较它们各自的应用范围以及优缺点。
4. 有哪些政策对 LNG 点供产生了一定的推动作用?
5. LNG 气化站的液化天然气汽化过程中产生的冷能主要有哪些用途?
6. 简述 LNG 调峰相对于其他城市调峰方式的优缺点。

本章参考文献

[1]　顾安忠,鲁雪生. 液化天然气技术手册[M].北京:机械工业出版社,2010.
[2]　段常贵. 燃气输配[M].4 版.北京:中国建筑工业出版社,2011.

［3］ 严铭卿,宓亢琪,等. 燃气输配工程学［M］. 北京:中国建筑工业出版社,2014.

［4］ 严铭卿,宓亢琪,田贯三,等. 燃气工程设计手册［M］.4 版. 北京:中国建筑工业出版社,2014.

［5］ 国家能源局石油天然气司,国务院发展研究中心资源与环境政策研究所,国土资源部油气资源战略研究中心. 中国天然气发展报告(2017)［R］. 2017.

［6］ 国家公安部,住建部. 建筑设计防火规范 GB 50016—2014［S］.北京:中国计划出版社,2014.

［7］ 国家建设部. 城镇燃气设计规范 GB 50028—2006［S］. 北京:中国建筑工业出版社,2006.

［8］ 郭庆方,李亚伟.天然气点供模式潜力不容小觑［N］.中国石油报,2017(002).

［9］ 孙清泰.小型点供装置［J］.煤气与热力,2017,37(11):35-41.

［10］ 杨义,李琳娜,黄苏琦,等. LNG 点供行业现状及前景展望［J］.天然气工业,2017,37(09):127-134.

［11］ 张伟,胡宇刚.调峰型城市液化天然气储配站技术与应用［J］.城市建设理论研究:电子版,2016(15).

［12］ 任金平,刘福录,任永平,等.调峰型城市液化天然气储配站技术与应用［J］.石油化工设备,2014,43(04):72-75.

［13］ 杨帆,陈保东,姜文全,等.液化天然气技术在调峰领域的应用［J］. 油气储运,2006,25(10):26-28.

第7章 压缩天然气供应

压缩到压力大于或等于 10 MPa 且不大于 25 MPa(表压)的气态天然气称为压缩天然气(compressed natural gas,CNG)。CNG 在 25 MPa 压力下体积约为标准状态下同质量天然气体积的 1/250,一般充装到高压容器中储存和运输。CNG 的能储密度低于液化石油气和液化天然气,但由于生产工艺、技术设备较为简单且运输装卸方便,因此广泛用于汽车替代燃料或作为缺乏优质燃料的城镇、小区的气源。车用 CNG 的各项技术指标如表 7-1 所示。

表 7-1 车用 CNG 的技术指标

项目	技术指标
高位发热量/(MJ/m³)	>31.4
总硫(以硫计)/(mg/m³)	≤200
硫化氢/(mg/m³)	≤15
二氧化碳 y_{CO_2}/%	≤3.0
氧气 y_{O_2}/%	≤0.5
水露点/℃	汽车驾驶的特定地理区域内,在最高操作压力下,水露点不应高于 −13 ℃;当最低气温低于 −8 ℃时,水露点应比最低气温低 5 ℃

注:本表中气体体积的标准参比条件是 101.325 kPa,20 ℃。

CNG 供应系统泛指以符合国家标准的二类天然气作为气源,在环境温度为 −40～50 ℃时,经加压站净化、脱水、压缩至压力不大于 25 MPa 的条件下,充装入气瓶转运车的高压储气瓶组,再经气瓶转运车送至 CNG 汽车加气站,用于汽车,或送至 CNG 供应站(CNG 储配站或减压站),用于居民、商业、工业企业生活和生产的燃料系统。其流程如图 7-1 所示。

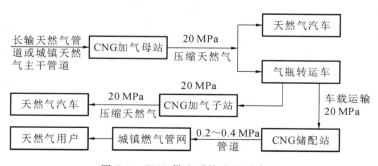

图 7-1 CNG 供应系统流程示意图

CNG 供应系统的优势如下。

(1) 在长输天然气管道尚未敷设的区域,运输距离一般在 200 km 左右的范围内,较适合采用 CNG 作为气源,并可节省大量建设投资。

(2) 以天然气替代车用汽油,减少汽车尾气排放量,改善城区大气环境质量,利于环境保护。

(3) 以天然气替代车用汽油,相对便宜,可以节省交通运输费和公交车、出租车等的运营成本。

7.1 压缩天然气加气站

7.1.1 CNG 加气母站

CNG 加气母站是指通过气瓶转运车向汽车加气子站或 CNG 储配站供应 CNG 的加气站。此外,CNG 加气母站还可根据需要与 CNG 汽车加气站合建,具有直接给天然气汽车加气的功能。进入 CNG 加气母站的天然气一般来自天然气长输管道或城镇燃气主干管道,因此 CNG 加气母站多选择建设在长输管道、城镇燃气干线附近或与城市门站合建。

CNG 加气母站一般由天然气管道、调压、计量、压缩、脱水、储存、加气等主要生产工艺系统及控制系统构成。

1. CNG 加气母站的工艺流程

来自高、中压燃气管道的天然气,首先进行过滤、计量、调压,经缓冲罐进入压缩机,压力提高至 20~25 MPa,然后进入高压脱水装置,脱除天然气中多余的水分。典型的 CNG 加气母站(与 CNG 汽车加气站合建)的工艺流程如图 7-2 所示。

经过处理的 CNG 在压力、质量等条件满足加气要求时,通过顺序控制盘完成储气或加气作业。一般 CNG 加气母站在顺序控制盘的控制下可完成以下 3 种作业。

(1) 通过加气柱为气瓶转运车的高压储气瓶组加气。

(2) 将 CNG 充入站内储气瓶组(或储气井)。为便于运行操作,降低压缩费用,储气瓶组(或储气井)一般按起充压力分为高、中、低三组,充气时按照先高后低的原则对三组气瓶分别充气。

(3) 为天然气汽车加气。有两种方式:一种是直接经压缩机为天然气汽车加气;另一种是利用储气瓶组(或储气井)内的 CNG 为天然气汽车加气。

若 CNG 加气母站仅作为城镇气源向气瓶转运车加气,而后由其将 CNG 运输至 CNG 储配站,则可不设顺序控制盘、储气瓶组(或储气井)和加气机,只需设置压缩机和加气柱等主要工艺设备。

CNG 加气母站压缩机的进气压力根据进站天然气压力确定,并经调压器稳定。压缩机排气压力一般设定为 25 MPa;当只为气瓶转运车加气时,压缩机出口压力可设定为 20 MPa。

2. CNG 加气母站的主要工艺设备

仅向气瓶转运车加气的 CNG 加气母站,由于功能相对单一,其主要工艺设备也较汽车

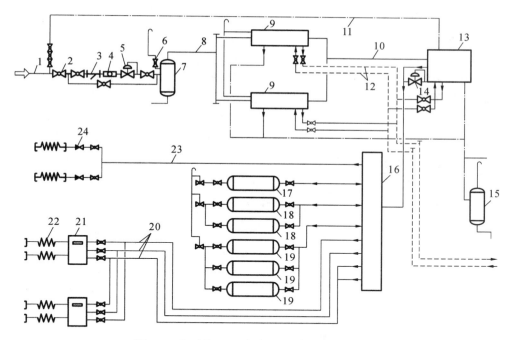

图 7-2　典型的 CNG 加气母站工艺流程示意图

1—天然气进气管(0.2～4 MPa)；2—球阀；3—过滤器；4—流量计；5—调压器；6—安全放散阀；7—缓冲罐；
8—压缩机进气管；9—压缩机；10—压缩机出气管(25 MPa)；11—再生气回收管；12—冷却水给水、回水管；
13—高压脱水装置；14—干燥器再生调压器；15—回收罐；16—顺序控制盘；17—高压起充储气瓶组；18—中压起充储气瓶组；
19—低压起充储气瓶组；20—加气机加气管；21—加气机；22—加气软管；23—CNG 气瓶转运车加气管线；24—单向阀

加气站简单。一般包括以下几部分。

1) 调压计量装置

对于气源来自城镇燃气主干管道的 CNG 加气母站，其进口压力取决于天然气进口压力。由于城镇燃气主干管道在运行中压力是波动的，因此为保证压缩机进口处天然气的压力稳定，需要在压缩机前设置调压装置，调压装置出口压力根据压缩机要求确定。天然气进入加气站后需设置计量装置，一般采用具有一定计量精度的涡轮流量计。

2) 天然气净化装置

(1) 脱硫。

当进入加气站的天然气含硫量高于车用天然气的要求时，应在站内设置脱硫装置，以避免 H_2S 对站内管道、设备和车载高压储气瓶组产生腐蚀而引起破坏事故，保证设备的使用寿命。

(2) 除尘。

进入压缩机的天然气含尘量不应大于 5 mg/m³，微尘直径应小于 10 μm。当天然气含尘量和微尘直径超过规定值时，应设除尘净化装置。

(3) 脱水。

在汽车驾驶的特定地理区域内，在最高操作压力下，水露点不应高于−13 ℃；当最低气温低于−8 ℃时，水露点应比最低气温低 5 ℃。因此，当天然气含水量超过该规定时，站内必须设置脱水装置，以减轻 CO_2、H_2S 水溶物对系统的腐蚀，以及防止在 CNG 减压膨胀降温过程中供气系统出现冰堵现象。天然气脱水是保证站内设备正常运行的最关键环节之一。

　　根据设置位置的不同，天然气脱水装置可分为低压脱水装置、中压脱水装置和高压脱水装置三种。

　　低压脱水装置位于压缩机进口之前，由前置过滤器、干燥塔和后置过滤器组成脱水系统，由加热器、循环风机和冷却器组成再生系统。图 7-3 所示为低压脱水装置流程图。图示箭头方向表示干燥塔 A 工作、干燥塔 B 再生时气体的流动方向，阀门 2、3、5、8 关闭，阀门 1、4、6、7 打开；当干燥塔 B 工作、干燥塔 A 再生时，各阀门开关状态相反。

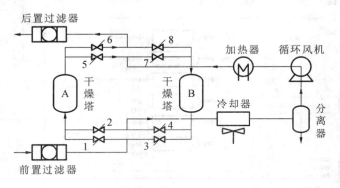

图 7-3　低压脱水装置流程图

　　高压脱水装置位于压缩机之后，由前置过滤器、分离器、干燥塔和后置过滤器组成脱水系统，由调压器、加热器和冷却器组成再生系统。再生气来自压缩后的成品气，经调压器减压后依次进入加热器、再生塔，带走再生塔中解析的水分，进入冷却器将水冷凝，再回压缩机进口或进入燃气管网。图 7-4 所示为中、高压脱水装置流程图。图示箭头方向表示干燥塔 A 工作、干燥塔 B 再生时气体的流动方向，阀门 2、3、5、8 关闭，阀门 1、4、6、7 打开；当干燥塔 B 工作、干燥塔 A 再生时，各阀门开关状态相反。

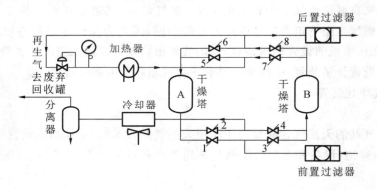

图 7-4　中、高压脱水装置流程图

　　高压脱水装置结构紧凑，占地面积小，投资费用低，能耗小，脱水效果好，是较为常用的脱水装置。中压脱水装置位于压缩机中间级出口与下一级进口的管路中，压力在 4.0 MPa 左右。其工作流程与高压脱水装置流程相同。中压脱水装置投资费用低，能耗和维修费用较高。

　　CNG 加气站脱水装置采用的吸附剂多为分子筛。在处理含水量较高的天然气时，也可先用硅胶脱除部分水分，再利用分子筛进一步脱水，以降低脱水成本。天然气经脱水装置后，需采用在线露点仪或便携式露点仪检测脱水后的天然气露点是否达到要求。

3）天然气压缩系统

天然气压缩系统主要由压缩机、润滑系统、冷却系统、压缩机的控制系统及附件等组成。

（1）压缩机。

压缩机是 CNG 加气站最重要的设备，其性能好坏直接影响加气站运行的可靠性和经济性。CNG 加气站使用的压缩机排气压力高，排气量小。一般采用往复活塞式压缩机，按结构可分为立式、卧式、角度式和对称平衡式等几种。

压缩机总排气量与加气站功能、规模、储气容积、充装速度以及工作时间等因素有关，一般可根据各类用途的平均日用气量总和、压缩机每日工作的小时数（一般为 10～12 h）及储气设施可能补充的气量确定。由于 CNG 汽车车载气瓶承压的规定所限，压缩机排气压力不应大于 25 MPa（表压），出口温度不应大于 40℃。多台并联运行的压缩机的单台排气量，应按公称容积流量的 80％～85％计。

（2）润滑系统。

气缸与活塞之间的润滑方式可分为有油润滑和无油润滑两种。

压缩机一般使用润滑油泵将集油池中的润滑油强制输送到个润滑点，润滑油经循环油路进行过滤、冷却后返回集油池，如此循环往复。当采用有油润滑压缩机时，润滑油可能被带入 CNG 中，因此压缩机各级之间、级末及高压脱水装置前应设置油气分离器或除油过滤器。

无油润滑是指活塞环具有自润滑功能。国外压缩机多采用无油润滑方式。

（3）冷却系统。

根据冷却方式一般可将压缩机冷却系统分为风冷和水冷两种形式。水冷系统由冷却塔、水池或水箱、循环泵、压缩机级间/级后冷却器及气缸夹套等组成。冷却循环水升温后，送至冷却塔、水池进行冷却，然后再经过循环泵循环使用。风冷压缩机的气缸一般设置散热翅片，排出的高温气体进入冷却器的散热管束后，经风扇吹风冷却。风冷压缩机噪声较大，需采用隔声措施。压缩机的冷却除包括气缸、压缩天然气的冷却外，还包括润滑油的冷却等。

（4）压缩机的控制系统及附件。

压缩机的控制系统包括进气、排气压力越限报警、连锁，排气温度越限报警、连锁，水压、油压越限报警、连锁等保护装置。

压缩机附件包括各级安全阀、油水分离器等。为保证吸气压力稳定，压缩机入口前一般设有进气缓冲罐。此外，为回收压缩机排污、卸载释放的天然气，还应设有收集罐，也可利用缓冲罐回收释放的天然气。

3.CNG 加气母站的平面布置

CNG 加气母站多选择建设在长输管道、城镇燃气干线附近或与城市门站合建，具备适宜的交通、供电、给排水、通信及工程地质条件。CNG 加气母站的总平面图应分区布置，即分为生产区和生产辅助区，CNG 工艺设施与站内外建（构）筑物应具有安全的防火间距。CNG 加气母站的平面布置示例如图 7-5 所示。

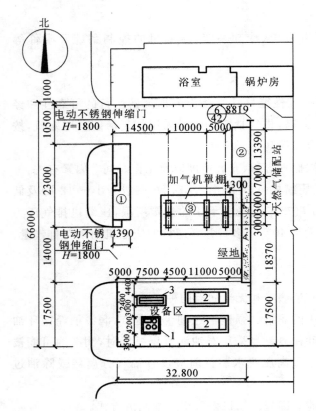

建筑项目一览表

编号	项目名称	建筑面积/m²
①	营业办公用房	85.89
②	生产用房	58.78
③	加气机罩棚	90.00

说明:
本站占地面积:2245.00 m²。
建筑面积:234.67 m²。
绿化面积:92.00 m²。

设备区设备表

编号	设备名称	数量
1	干燥器	1套
2	撬装压缩机	2套
3	储气瓶组	1组

图 7-5　CNG 加气母站的平面布置示例

7.1.2　CNG 汽车加气站

CNG 汽车加气站根据气源来气方式不同等因素一般可分为加气子站和标准站(也称常规站)。引入标准站站内的天然气需经脱水、脱硫、计量、压缩等工艺后为 CNG 汽车充装 CNG。

1.CNG 汽车加气站的分类

1)加气子站

加气子站是指利用气瓶转运车从 CNG 加气母站运输来的 CNG 为天然气汽车进行加气作业的加气站。当存在以下客观情况时,常采用加气子站:

(1)站址远离城镇燃气管网;

(2)燃气管网压力较低,中压 B 级及以下不具备接气条件;

(3)建设加气站对燃气管网的供气工况将产生较大影响。

通常一座 CNG 加气母站根据规模可供应几座加气子站。

2)标准站

标准站是指由城镇燃气主干管道直接供气为天然气汽车进行加气作业的加气站。此类加气站适用于距压力较高的城镇燃气管网较近、进站天然气压力不低于中压 A 级、气量充足的情况。

2.CNG 汽车加气站的工艺流程

CNG 汽车加气站一般由天然气引入管、调压、计量、压缩、脱水、储存、加气等主要生产工艺系统及控制系统构成。进站的天然气应达到二类天然气气质标准,并满足压缩机运行要求,否则还应进行脱水、脱硫等相应处理,直至符合标准。

1) 加气子站的工艺流程

加气子站气源为来自 CNG 加气母站的气瓶转运车的高压储气瓶组,一般由 CNG 的卸气、储存和加气系统组成,其典型工艺流程如图 7-6 所示。

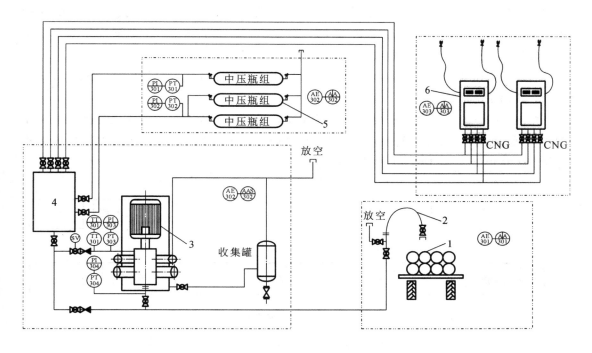

1-CNG气瓶拖车;2-卸气柱;3-压缩机;4-顺序控制盘;5-储气瓶组;6-加气机

工艺图例

符号	说明
——	天然气管道
—▶◁▶◁—	球阀
—▶◁—	止回阀
安全阀图标	安全阀

仪表图例

符号	说明	符号	说明
○	就地仪表	⊖	远传仪表
PT	压力变送	AE	浓度检测
PI	压力显示	AIA	浓度显示及报警
TT	温度变送	AAS	浓度报警联领
TI	温度显示	FIQ	流量显示积累
SV	电磁阀		

图 7-6　加气子站典型工艺流程示意图

为避免压缩机频繁启动对设备使用寿命产生影响,同时为用户提供气源保障,CNG 加气站应设有储气设施,通常采用高压、中压和低压储气瓶组(或储气井)分级储存方式,由顺序控制盘对其充气和取气过程进行自动控制。充气时,车载高压储气瓶组内的 CNG 经卸气柱进入压缩机,从 2.0 MPa 加压至 25 MPa 后按照起充压力由高至低的顺序向站内储气瓶组(或储气井)充气,即先向高压储气瓶组(或储气井)充气,当压力上升到一定值时,开始向中压储气瓶组(或储气井)充气,及至压力再上升到一定值时,再开始向低压储气瓶组(或储气井)充气,随后三组储气瓶组(或储气井)同时充气,待上升到最大储气压力后充气停止。

储气瓶组(或储气井)向加气机加气的作业顺序与充气过程相反。为汽车加气时,按照先低后高的原则,先由低压储气瓶组(或储气井)取气,当压力下降到一定值时,再逐次由中压、高压储气瓶组(或储气井)取气,直至储气瓶组(或储气井)压力下降到与汽车加气压力相等时,加气停止。如仍有汽车需要加气,则由压缩机直接向加气机供气。这种工作方式可以提高储气瓶组(或储气井)的利用率,同时提高汽车加气速度。

当车载高压储气瓶组内压力降至 2.0 MPa 时,气瓶转运车返回加气母站加气。

2) 标准站的工艺流程

标准站的气源来自城镇燃气管道,仅为 CNG 汽车供气,而不具备为气瓶转运车加气的功能,因此站内无须设置为气瓶转运车高压储气瓶组充气的燃气管路系统和加气柱,其余则与加气子站相似。标准站的工艺流程如图 7-7 所示。

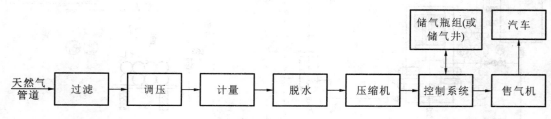

图 7-7　标准站工艺流程示意图

3. CNG 汽车加气站的主要设备

CNG 汽车加气站一般需要设置调压计量装置、天然气净化装置、天然气压缩系统、高压储气系统、加气设备、控制调节装置及仪表、消防、给排水、电气等辅助设施。在此主要介绍高压储气系统、加气设备及控制调节装置,其余设施可参考 CNG 加气母站。

1) 高压储气系统

目前 CNG 汽车加气站常用的储气系统设施有地上储气瓶和地下储气井两种,设计压力一般为 25 MPa。

地上储气瓶按单瓶水容积大小分为小容积储气瓶和大容积储气瓶。小容积储气瓶单瓶水容积有 60 L、80 L、90 L 等规格,多个气瓶组成储气瓶组。这种储气设施初投资费用低,但漏点较多,使用维护费用高。大容积储气瓶单瓶水容积有 250 L、500 L、1750 L、2000 L甚至更大的规格,为大型无缝锻造压力容器。每个气瓶上设有排水孔,无定期检查要求,初投资费用高,但使用维护费用相对较低。

地下储气井是利用石油钻井技术将套管打入地下,并采用固井工艺将套管固定,管口、管底采用特殊结构形式封闭而形成的一种地下储气设施。储气井具有占地面积小、运行费用低、安全可靠、操作维护简便和事故影响范围小等优点,是 CNG 汽车加气站较为常用的储气设施。目前已集成并运行的储气井规模为:储气井井筒直径 177.8～298.4 mm;井深80～200 m;储气井水容积 2～4 m³;最大工作压力 25 MPa。

储气设施的容积大小与储气压力和压缩机向储气设施充气时间等因素有关。我国CNG 汽车加气站储气设施的总容积应根据加气汽车数量、每辆汽车加气时间等综合因素确定,在城镇建成区内储气设施的总容积应符合下列规定:

(1) 管道供气的加气站固定储气瓶(井)总容积不应超过 18 m³;

(2) 加气子站的站内固定储气瓶(井)容积不应超过 8 m³,包括气瓶转运车高压储气瓶;

(3) 气瓶组的总容积不应超过 18 m³。

2)加气设备

加气设备分为快充式加气机和加气柱,分别为天然气汽车和气瓶转运车加气。

加气机由计量仪表、加气控制阀组、拉断安全阀、加气枪、微机显示屏、压力保护装置和远传装置等构成。加气机的微机控制器自动控制加气过程,并对流量计在计量过程中输出的流量信号和压力变送器输出的电信号进行监控、处理和显示。加气机气路系统负责对售气过程的顺序进行控制,并在售气结束后自动关闭电磁阀。此外,一般加气机还配有压力温度补偿系统,也称放过充系统,以保证在加气时根据温度调节充装压力。

加气柱一般由阀门组构成,可根据情况配备计量仪表和压力温度补偿装置。

加气机常采用质量流量计,以避免天然气密度、黏度、压力、温度等变化对体积流量的影响。测定的质量流量可通过设定的计算程序转换为体积流量,在加气机显示屏上显示。

CNG 汽车加气站内加气机的数量应根据加气站规模、高峰期加气汽车数量等因素确定。

3)控制调节装置

加气站内的控制调节装置主要指顺序控制盘,其作用是控制站内设备的正常运转和对有关参数进行监控,并在设备发生故障时自动报警或停机。

压缩机按起充压力(高、中、低压)为储气瓶组(或储气井)充气过程的顺序由充气控制盘控制;从储气设施向汽车加气过程的顺序由加气控制盘控制。目前,国外压缩机常将加气控制盘和充气控制盘合二为一,采用 PLC 实现设备的全自动化操作。

4.CNG 汽车加气站的平面布置

CNG 汽车加气站的站址宜靠近气源,并应具有适宜的交通、供电、给排水、通信及工程地质条件,且应符合城镇总体规划的要求。

CNG 汽车加气站的总平面图应分区布置,即分为生产区和辅助区。生产区一般包括压缩机房、储气瓶组或储气井、汽车加气岛、CNG 气瓶转运车加气柱等;辅助区指用于实现生产作业以外的建(构)筑物,如综合楼、花坛等。加气站车辆出口和入口应分区设置。

CNG 汽车加气站和加油加气合建站的 CNG 工艺设施与站内外建(构)筑物的安全防火间距应符合国家相关标准的规定。

某 CNG 汽车加气站的平面布置示意图如图 7-8 所示。该站设计日供应规模为15000 m³/d,占地面积为 3640 m²。设置 3 台 V-3.3/3-250 型压缩机,总排量为 1780 m³/h。设置 6 口井管为储气设备,总容积为 12 m³,分三级压力级别储存,高、中、低压组容积配置比例 1∶2∶3。设置 4 台双枪加气机。

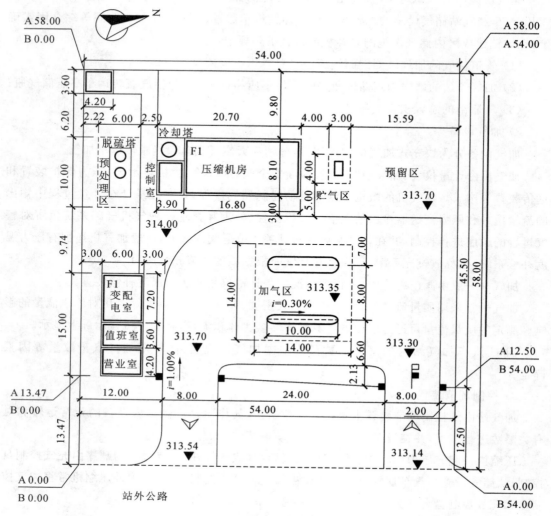

主要技术经济指标

序号	名称	单位	数量	备注
1	设计规模	m³/d	10000	标准状态
2	贮存规模	m³	1500	标准状态
3	占地面积	m²	3640	
4	总建筑面积	m²	260	其中工业建筑面积198 m²
5	建筑系数	%	17.0	
6	绿化面积	m²	884	
7	绿地率	%	36.0	

图 7-8　CNG 汽车加气站的平面布置示意图

7.2　压缩天然气供气站

压缩天然气供气站(CNG 供气站)是指将 CNG 作为气源,向配气管网供应天然气的站场。一般所接管网为小城镇天然气管网,此时 CNG 供气站相当于门站;对于集中用户的天然气管网,CNG 供气站就是气源站。

小城镇或中型城市虽然远期的人口会增多,天然气用量较大,但近期的用气量较小,且附近无气源,铺设长期管道供气不经济,不宜采用管输供气。如果采用 CNG 供气方案,则具有投资费用低、工期短、见效快、运营成本较低的优点。

CNG 供气站供气与管道供气方案的选择主要取决于用气城镇的供气规模和气源地的距离,如图 7-9 所示,其中 CNG 供气站供气方案中的成本包括了 CNG 加气、运输槽车、供气站、城内管网的费用;而管输供气方案中的成本包括输气管道、门站、城内管网的费用。

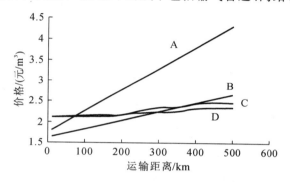

图 7-9　CNG 供气站与管输供气成本比较

A—管输供气方案(2 万户)的燃气成本;B—管输供气方案(5 万户)的燃气成本;
C—CNG 供气站供气方案(2 万户)的燃气成本;D—CNG 供气站供气方案(5 万户)的燃气成本

从建设投资的角度进行综合比较可以得出如下基本结论。

(1) 供气规模相同的情况下,随着运输距离的加大,CNG 供气站输送和管道输送的投资及成本均呈现增长趋势,其中管输方案的增幅较大。

(2) 当运输距离小于一定值时,管输供气方案优于 CNG 供气站供气方案;反之,当运输距离超过一定值时,CNG 供气站供气方案优于管输供气方案。

(3) CNG 供气站供气方案优于管输供气方案的运输距离与供气规模有关。供气规模越大,临界距离越大。如图 7-9 所示,2 万户时临界距离为 80 km,5 万户时临界距离为 300 km。

因此,CNG 供气站供气方案相对于管输供气方案,更适于向气源相对较远、用气规模不大的中小型城镇供气。但是,随着比较过程中的相关经济技术条件(比如天然气价格、运输成本等)发生变化,比较所得出的细节性结论会有差别,但不会影响总体结论。

CNG 供气站技术设施的规模在很大程度上取决于城镇用气调峰的性质。如果该 CNG 供气站要承担城镇建筑物的采暖,其季节不均匀性很突出,则计算月的小时用气量峰值比不计采暖用量的小时用气量峰值可能要大数倍之多。

CNG 供气站的另一个特点是:CNG 在供气站降压膨胀的压力能得不到(或无法)利用。

相反,还需加热以补偿CNG从20 MPa逐级调压下降的温度。如果能在CNG供气站中采用余压发电透平(TRT)回收压力能措施或其他天然气压力能利用措施,将对降低供气成本起到很大的作用。

CNG供气站的选址原则:① 应符合城镇总体规划以及燃气发展规划。② 应满足城镇CNG供气站建设规划。当无规划时,应根据供气的需要,合理布点和选址。③ 应远离重要设施和人口密集区。④ 应符合国家和地方的安全、环保和卫生要求。⑤ 应进行方案比较。

CNG供气站的选址要求:① 应避免不良地质地带。② 应避免占用有地下设施的地点。设置井管储气设施的CNG供气站,与人防、地下交通设施的间距应按规定要求执行。③ 应有良好的建设条件和运营条件,交通便利,水、电、通信等基础设施有保障。④ 应有可靠的运输组织和实施运输的条件。⑤ 应避免选在有长期火源的地址附近。当不可避免时,应保持足够的防火安全间距,并加强防火措施。⑥ 应尽量避免对当地居民和交通组织等形成负面影响。

7.2.1 CNG供气站工艺流程

1.工艺流程

CNG供气站应具有卸气、加热、调压、储存、计量和加臭等功能。CNG供气站需有一定的调峰储气能力,采用高压或次高压级储存,也可采取调度CNG运输车周转进行调峰。CNG供气站的典型工艺流程图如7-10所示。

CNG供气站按流程和设备功能分为以下几个系统:

(1) 卸车系统,即与气瓶转运车对接的卸车柱及其阀件、管道;

(2) 调压换热系统,由一级、二级换热器,一级、二级、三级调压器,一级、二级放散阀组成;

(3) 流量计量系统;

(4) 加臭系统(加臭装置);

(5) 控制系统(含与在线仪表、传感器相联系的中央控制台);

(6) 加热系统(燃气锅炉、热水泵等);

(7) 调峰储罐系统,包括高压、次高压A级储气设备。

上述(2)(3)(4)及其在线仪表和储罐出口调压器也可以集成在CNG专用调压箱内。目前国内组装的CNG专用调压箱,根据调节CNG压力参数的差别,其工艺流程可分为二级调压工艺流程和三级调压工艺流程,二者设备和仪表配置大同小异,仅在压力调节参数上有所不同。

2.基本运行

供气站的基本运行包括以下几方面。

(1) CNG卸车、加热、减压。20 MPa的CNG通过进口球阀进入一级换热器,在一级换热器内以循环热水对气体进行加热后经一级调压器压力减到3.0~7.5 MPa,再经二级换热器加热和二级调压器减压至1.6~2.5 MPa。

(2) 减压后天然气分两路:一路天然气送至次高压A级储气系统,在用气高峰时储气罐

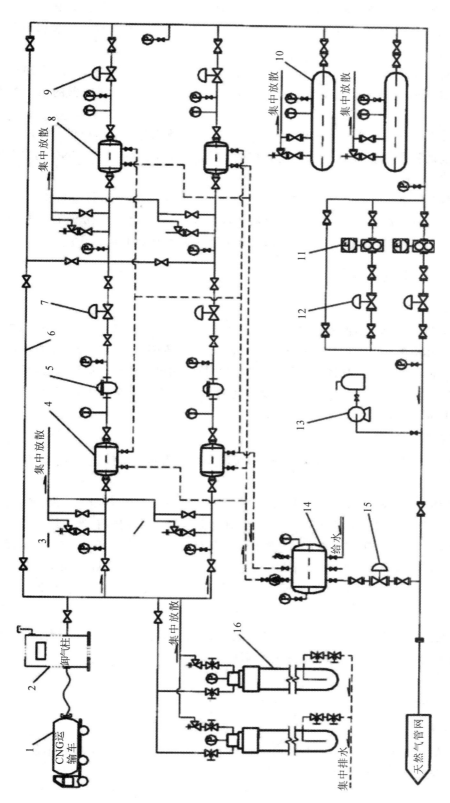

图7-10 CNG供气站典型工艺流程图

1—CNG运输车；2—卸气柱；3—放散阀；4——一级加热器；5—过滤器；6—旁通管；
7——一级调压器；8—二级加热器；9—二级调压器；10—次高压A级储气设备；11—流量计；
12—三级稳压器；13—加臭装置；14—给水；15—锅炉专用调压器；16—高压储气设备

内的天然气经调压后输入中压输配管道;另一路可直接通过三级调压器将天然气调压至 0.2~0.4 MPa 后输入中压输配管道。在站内中压输配管道中对天然气进行计量和加臭处理后,将其输配到城镇中压管网。

(3)调峰储气罐的功能是高峰时补充三级调压器后供气能力不足的部分;当卸车柱无气瓶转运车卸气时保持不间断供气。储气罐出口调压器应与三级调压器的出口参数一致。

(4)工艺系统的结构形式一般采用一用一备的形式,以热水作为热源提供 CNG 在一、二级调压前所需的补偿热量,通常进水温度取 65~85 ℃,回水温度取 60 ℃,CNG 出口温度控制在 10~20 ℃范围内。

(5)系统配套的中央控制台对以下参数进行远程显示及连锁控制:气体进口压力;一级和二级换热器前后气体温度;一级和二级换热器回水温度;一级、二级和三级调压器出口压力;二级和三级调压器出口温度;流量计参数;燃气浓度报警和加臭计量等。

7.2.2 CNG 供气站设备

1. 卸气柱

卸气柱的数量根据供气站的规模、气瓶转运车的数量和运输距离等因素确定,但应不少于两个卸气柱及相应的转运车泊位。卸气柱为罩棚下设置,罩棚上安装防爆照明灯。卸气柱由高压软管、高压无缝钢管、球阀、止回阀、放散阀和拉断阀组成。软管应耐腐蚀,承压不应小于 80 MPa,长度为 2.5~5.0 m,总承能耐是系统设计压力的 2 倍以上,并配置与气瓶转运车充卸接口相应的快装卡套加气嘴接头。

2. CNG 专用调压箱

CNG 供气站的调压装置一般采用一体化 CNG 专用调压箱,进口压力不大于 20 MPa。

CNG 专用调压箱由调压箱、高压切断阀、放散阀、换热器及截止阀等组成,并设置备用。对于采用中、次高压储气设备的输配系统,设三级调压流程的专用调压箱,选取第二级调压箱出口连通储罐,且按储气工艺要求在储气罐出口设置调压箱。在其一级、二级调压前后还应分别设置高压切断阀和换热器,热源采用天然气锅炉的循环热水。CNG 专用调压箱的通过能力为最大供气量的 1.2 倍。此外,CNG 专用调压箱要求通风并设置泄漏报警器。

3. 储罐

一般采用次高压储罐,其选型要根据城镇输配系统所需储气总容积、输配管网压力和储罐本身相关技术设施等因素进行技术经济比较后确定。

4. 天然气锅炉

专用天然气锅炉,其烟囱排烟温度不大于 300 ℃。

5. 计量仪表

CNG 供气站内设置在压力小于 1.6 MPa 的管线上的计量仪表,计量精度不低于 1.0 级,测量值经校正后换算成标准状态的读数值。

7.2.3　储气设备

1. 计算储气量

CNG 供气站全部供应量由 CNG 运输车运入,站内所需储存的计算储气量与 CNG 运输车的储气容积在站内工作时间段有关,其关系表示为

$$V_j = \sum_{i=0}^{m} \left(q_{di} - \sum_{j=0}^{n_i} q_{hij} \right) \qquad (7\text{-}1)$$

式中:V_j——站内储气设施的计算储气量,m³(标准状态);

　　　m——储气设施的设计供应天数,d;

　　　q_{di}——第 i 天的日供气量,m³/d(标准状态);

　　　n_i——第 i 天车载储气容积在站内工作时间段,h;

　　　q_{hij}——第 i 天车载储气容积在站内工作时间段 n_i 小时内的第 j 小时供气量,m³/d(标准状态)。

由式(7-1)可知,当 CNG 运输车的储气容积不在站内工作时,$n_i = 0$,计算储气量为设计供气天数内各日供气量的总和;当 CNG 运输车的储气容积在站内工作,且各时刻的供气量等于 CNG 供气站的对外供气时,$V_j = 0$,也就是站内不需要设置储气设施。

2. 储气容积

CNG 供气站的储气容积为

$$V = 3.45 \times 10^{-4} K V_j \frac{p}{p - p_1} (T + 273) Z \qquad (7\text{-}2)$$

式中:V——储气容积,m³;

　　　K——生产及储存安全操作系数,可取 1.1~2.2;

　　　V_j——站内储气设施的计算储气量,m³(标准状态);

　　　p——CNG 最高储存绝对压力,MPa;

　　　p_1——CNG 最低储存绝对压力,MPa;

　　　T——CNG 储存温度,℃;

　　　Z——天然气在压力为 p 且温度为 T 时的压缩因子。

储气容积不仅与储气压力的大小有关,还与运输车车载 CNG 压力及其容积有关。从 CNG 运输车向储罐充气,最终形成车载储罐与站内储气容器压力平衡的状态,因此,储气容积与站内储气压力之间存在的关系为

$$n = \frac{p_{tr}}{p} - 1 \qquad (7\text{-}3)$$

式中:n——储气容积与车载储气容积之比;

　　　p_{tr}——车载储气容积的 CNG 压力,MPa;

　　　p——储气容器的储气压力,MPa。

式(7-3)表明,当车载储气容积一定时,增大站内储气压力可以减少储气容积,这事实上就是提高了容积利用系数。因此,当车载容器与站内容器联合工作时,应尽量使站内容器储气压力提高,且优先利用车载容器的储气。当车载容器不与站内容器联合工作时,提高站内

储气压力,会减少车载 CNG 的单台卸车量,使 CNG 运输车运输频率提高。

7.2.4 CNG 供气站运输车运行模式

小型供气站的供气是通过车载和储气共同进行的。储气方式与储气能力的确定与小城镇的用气规模直接相关。小城镇供气系统的储气,尽管仍然具有调峰的作用,但并不是传统意义上的用气负荷调峰,而是非常明显地作为独立气源储存并具有良好的调峰能力。

由于小城镇的用气量相对较小,一部分时段采用 CNG 运输车提供气源,而运输车在运输期间是可以用储气的方式解决气源问题的。通常储气设施的工作时间应该是用气低谷时段。这样可以减少运输车的车供时间,增加运输车的运输频率,充分发挥运输工具的使用效率。同时,还可以减少储气设施的容积,进一步降低固定投资。实际上,CNG 供气站的供气模式之所以区别于管道供气模式,重要的原因就是将固定的管线变成了"虚拟"管线,如果要提高这种系统的运行效率,就必须最大限度地发挥运输工具的作用,也就是提高 CNG 运输车的运输频率。

CNG 运输车的运输频率与日用气量、单车运输量、单车运输周期以及储气量有关。

由于汽车运输可以在 24 小时内运行,因此,运输车的运输频率可以描述为

$$f_v = 24/(t_1 + t_2 + t_3 + t_4) \tag{7-4}$$

式中:f_v——运输车的运输频率,即每天运输的次数,次/(辆·d);

$\quad t_1$——运输车途中所需时间,h;

$\quad t_2$——车载容器充气所需时间,h;

$\quad t_3$——车载容器的供气时间,h;

$\quad t_4$——卸载至储气容积所需时间,h。

为了提高运输车的运输频率,可适当减少 t_3 和 t_4,一般来说,这两个时间有一部分是重叠的,可以尽量在高峰时段运行。

CNG 供气站运输车需要的最小的运输频率为

$$f_{min} = q_d/q_{tr} \tag{7-5}$$

式中:f_{min}——运输车的最小运输频率,次/d;

$\quad q_d$——日用气量,m³/d;

$\quad q_{tr}$——单车运输量,m³/次。

供气站需要的运输车数为

$$n = f_{min}/f_v \tag{7-6}$$

式中:n——运输车的最小车数,辆。

7.2.5 CNG 供气站平面布置

CNG 供气站的系统由生产储气区和配套设施区组成。生产储气区包括卸气柱、调压、计量储存和天然气输配等主要生产工艺系统;配套设施区由供调压装置的循环热水、供水、供电等辅助的生产工艺系统及办公用房等组成。卸气柱设置在站内的前沿,且便于 CNG 运输车出入的地方。

某 CNG 供气站平面布置如图 7-11 所示。该站以 CNG 为近期气源,远期谋求管输天然气气源。设计日供气规模 5000 m³/d,占地面积为 3152 m²。设 1 台双路加旁通的 CNG 专用调压箱,1 台双路加旁通的出站调压计量柜;设管井 6 口,总容积为 18 m³。

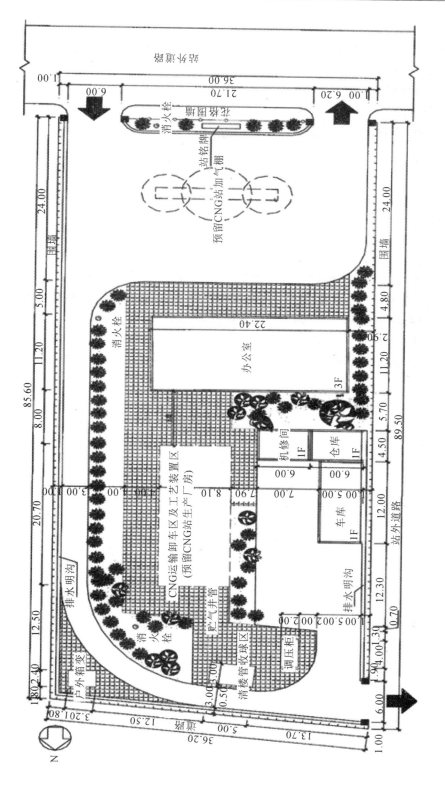

图 7-11　CNG供气站平面布置示意图

思 考 题

1.简述城镇 CNG 供应站系统以及建设城镇 CNG 供应站系统的意义。

2.CNG 加气站的工艺流程有哪些？

3.相比于常规燃油汽车,CNG 汽车具有什么样的优缺点？

4.CNG 供气站的工艺流程有哪些？

5.如何计算 CNG 供气站的储气容积？

本章参考文献

[1] 严铭卿,宓亢琪,田贯三,等. 燃气工程设计手册[M].4 版.北京:中国建筑工业出版社,2014.

[2] 段常贵. 燃气输配[M].4 版.北京:中国建筑工业出版社,2011.

[3] 严铭卿,宓亢琪,等. 燃气输配工程学[M]. 北京:中国建筑工业出版社,2014.

[4] 严铭卿,宓亢琪,等. 压缩空气站设计手册[M]. 北京:机械工业出版社,1993.

[5] 国家能源局石油天然气司,国务院发展研究中心资源与环境政策研究所,国土资源部油气资源战略研究中心. 中国天然气发展报告(2017)[R]. 2017.

[6] 郁永章,等. 天然气汽车加气站设备与运行[M]. 北京:中国石化出版社,2007.

[7] 严铭卿. 压缩天然气储气容积分区原理与方法[J]. 煤气与热力,2006(10):11-15.

第8章 天然气分布式能源供应

天然气冷、热、电三联供系统是以天然气为主要燃料带动燃气轮机、微燃机、内燃机、发电机等燃气发电设备运行,产生电力供应用户的电力需求,系统发电后排出的余热通过余热回收利用设备(余热锅炉或者余热直燃机等)向用户供热、供冷的一整套能源综合利用系统。其作为国际上技术先进、建设简单的分布式供能系统,在提高能源利用效率、削峰填谷、促进节能减排等多方面具有明显优势。

分布式能源技术是未来世界能源技术的重要发展方向,它具有能源利用效率高、环境负面影响小、能源供应可靠性高和经济效益好等特点。目前我国分布式能源项目主要集中在北京、上海、广州等城市,安装地点为医院、宾馆、写字楼和大学城等,由于技术、标准、利益、法规等方面的问题,主要采用"不并网"或"并网不上网"的方式运行。国家发展与改革委员会发布的《关于发展天然气分布式能源的指导意见》中指出要在"十二五"期间建设 1000 个天然气分布式能源项目。国务院发布的《能源发展"十三五"规划》中再次强调了分布式能源的重要性。国家能源局发布的《新兴能源产业发展规划》中指出:将在规划期内累计直接增加投资 5 万亿元,并对洁净煤、智能电网、分布式能源、车用新能源等技术的产业化应用提供政策指导。除此之外,国家发展与改革委员会还发布了《天然气利用政策》《关于下达首批国家天然气分布式能源示范项目的通知》等文件,推动发展天然气分布式能源。多项政策的支持直接推动了国内天然气分布式能源的发展。

8.1 天然气冷、热、电三联供系统

天然气冷、热、电三联供系统是以天然气为一次能源同时生产冷、热、电三种二次能源的联产联供系统。该系统以小型燃气发电设备为核心,以燃气发电设备排放出来的高温烟气或以该烟气通过余热锅炉产生的蒸汽或热水供热,并以此热量驱动吸收式制冷机,从而满足用户对冷、热、电的各种需求。该系统基本上可以摆脱对外部电网的依赖,具有相对独立性和灵活性。该系统的能源效率高、可靠性强、污染物排放较低,相比其他能源供应系统具有较强的竞争优势。

天然气燃烧后的高品位能量在三联供的动力系统中用于发电,动力系统排放的热量品位相对次之,可用于提供冷、热等中、低品位产能,进而形成冷、热、电三种能量的联合供应。具体来讲就是以"分配得当、各得所需、温度对口、梯级利用"为原则,将小型化、模块化的发电系统布置在用户附近,以管输天然气为燃料发电,供用户使用,同时把发电过程中发电机组产生的冷却水和排气中的余热用热交换系统回收生产热水或蒸汽,供用户采暖、制冷及生活日用,以此实现能量的梯级利用,使得能源综合利用效率大大提高。

天然气冷、热、电联产的主要设备有燃气发动机、燃气轮机、燃气外燃机、蒸汽轮机、余热锅炉、吸收式冷水机、燃气空调等。

其中燃气发动机属于内燃机,自天然气发动机问世以来,经过多年的发展,其技术已日趋成熟。目前来看,大部分天然气发动机都是在现有的柴油发动机或者汽油发动机机型基础上改型而来的。按照着火方式的不同,燃气发动机可以分为点燃式天然气发动机,压燃式天然气发动机和柴油引燃式天然气发动机。

燃气轮机是一种以连续流动的气体为工质带动叶轮高速旋转,将燃料的能量转变为有用功的内燃式动力机械,是一种旋转叶轮式热力发动机。燃气轮机由压气机、燃烧室和透平机这三大部件组成。压气机从外界大气环境吸入空气,并经过轴流式压气机逐级压缩使之增压,同时空气温度也相应提高;压缩空气被压送到燃烧室与喷入的燃料混合,燃烧生成高温高压的气体;然后再进入到透平机中膨胀做功,推动透平机带动压气机和外负荷转子一起高速旋转,实现了将气体或液体燃料的化学能部分转化为机械能,并输出电能。从透平机中排出的废气排至大气中自然放热。这样,燃气轮机就把燃料的化学能转化为热能,又把部分热能转变成机械能。

燃气外燃机是利用燃料燃烧加热循环工质(如蒸汽机将锅炉里的水加热产生的高温高压水蒸气输送到机器内部),使热能转化为机械能的一种热机。其由于热效率的限制而在实际过程中应用较少。

蒸汽轮机全称为蒸汽涡轮发动机,是一种将水蒸气的动能转换为涡轮转动动能的机械。相较于单级往复式蒸汽机,蒸汽轮机大幅改善了热效率,其工作过程更接近热力学中理想的可逆过程,并能提供更大的功率,至今它几乎完全取代了单级往复式蒸汽机。蒸汽轮机特别适用于火力发电和核能发电,世界上大约80%的电是利用蒸汽轮机所产生的。

余热锅炉,顾名思义,是指利用各种工业过程中的废气、废料或废液中的余热及其可燃物质燃烧后产生的热量把水加热到一定温度的锅炉。具有烟箱、烟道余热回收利用装置的燃油锅炉、燃气锅炉、燃煤锅炉也称为余热锅炉。余热锅炉通过余热回收可以生产热水或蒸汽以供其他工段使用。

吸收式制冷机是一种利用吸收器-发生器组的作用完成制冷循环的制冷机。它用二元溶液作为工质。其中低沸点组分用作制冷剂,利用它的蒸发来制冷;高沸点组分用作吸收剂,利用它对制冷剂蒸气的吸收作用来完成工作循环。吸收式制冷机主要由几个换热器组成。常用的吸收式制冷机有氨水吸收式制冷机和溴化锂吸收式制冷机两种。

广义上的燃气空调有多种形式:燃气直燃机、燃气锅炉+蒸汽吸收式制冷机,燃气锅炉+蒸汽透平驱动离心机,燃气吸收式热泵等。当前以水-溴化锂为工质对的直燃型溴化锂吸收式冷热水机组应用较为广泛。溴化锂稀溶液受燃烧直接加热后产生高压水蒸气,并被冷却水冷却成冷凝水,水在低压下蒸发吸热,使冷冻水的温度降低;蒸发后的水蒸气再被溴化锂溶液吸收,形成制冷循环。直燃型溴化锂吸收式冷热水机组具有经济性好、运行稳定、安装简便、噪声小、安全性高、维修保养操作简便等优点。

8.2　常规天然气冷、热、电三联供系统

8.2.1　"燃气轮机＋余热锅炉＋蒸汽型双效溴化锂吸收式冷水机组"应用方式

这是一种"以电定热"的常规余热利用方式,其工作流程框图如图 8-1 所示。

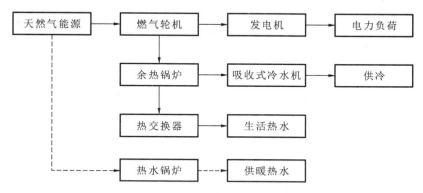

图 8-1　"燃气轮机＋余热锅炉＋蒸汽型双效溴化锂吸收式冷水机组"应用方式的工作流程框图

该系统的工作过程如下。

天然气被送入燃气轮机中燃烧做功,输出机械能带动发电机组发电。燃气轮机做功后出口烟气中的高品位余热传递至余热锅炉(温度一般为 500～600 ℃),带动余热锅炉产生高温蒸汽并驱动吸收式冷水机在夏季时提供冷能;另一部分余热锅炉产生的蒸汽通过换热器提供生活热水。冬季的供热生活热水则通过燃烧天然气加热热水锅炉来供应。

该系统有以下应用特点。

(1) 燃气轮机所发的电可以用来抵消楼宇夏季空调制冷所带来的电力高峰负荷,起到削峰的作用。

(2) 燃气轮机废气用于蒸汽型双效吸收式冷水机的夏季供冷,同样起着电力削峰的作用。同时燃气轮机出口烟气的余热得到充分利用,但是缺点在于冬季时吸收式冷水机处于停机状态,所以全年的设备利用率不高。

(3) 冬季的供暖热水全部由天然气燃烧加热热水锅炉来供应,有设备容量过大、热效率较低、投资较大等缺点。

(4) 由于采取"以电定热"的设计原则,因此针对具体楼宇(或区域)的冷、热、电联产系统,根据全年冷、热、电负荷变化,确定冷、热、电设备的热电化,是该系统设计和实施的关键。

(5) 采用以天然气为燃料的燃气轮机单循环发电,其发电效率尽管可达 35％以上(单机容量 300 MW 以上时),但楼宇(或区域)冷、热、电联供系统采用的是小型和微型燃气轮机(单机容量在 10 kW～10 MW 之间或以下)设备,其单循环发电效率仅为 18％～32％。若采用冷、热、电联供系统,由于对小型燃气轮机高温(500～600 ℃)余热的利用,其系统综合供热效率可达 80％～85％;若采用以天然气为燃料的燃气轮机-蒸汽轮机联合循环装置,其

发电效率可达 55%～60%。

该系统采用清洁热值高的天然气作为燃料,因此有发电设备体积小、轻便、启动迅速、系统的自动控制容易实现、废气和噪声公害小、一次性设备投资较小、见效快(建设周期短)等诸多优点。在城市中心区域作为大楼自备电与小规模冷暖供应的装置,应用前景广阔。例如四川华润雪花啤酒分布式能源项目,系统采取合理的匹配原则以满足啤酒厂的负荷需求,基本配置为 1 台 6 MW 级燃气轮机、1 台 20 t/h 补燃式余热锅炉、2 台 20 t/h 燃气锅炉、1 台 1 MW 级热水型溴化锂机,环保效益突出,年减排 CO_2 1.86 万 t、SO_2 160 t、氮氧化物 43 t、烟尘 29 t,极大地改善了成都市及其周边地区的空气质量。

8.2.2 "燃气轮机+天然气直燃型溴化锂吸收式冷热水机组"应用方式

该系统的工作流程框图如图 8-2 所示。

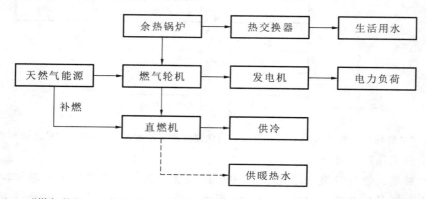

图 8-2 "燃气轮机+天然气直燃型溴化锂吸收式冷热水机组"应用方式的工作流程框图

该系统的工作过程如下。

天然气被送入燃气轮机中燃烧做功,带动发电机发电;燃气轮机出口处高温烟气中的高品位余热部分代替常温空气进入直燃机,用来预热高压发生器的吸收剂溶液,使得天然气燃料的用量大幅降低;燃气轮机出口的富余烟气通过热交换器向建筑楼宇提供生活热水,当供热量不足时由直燃机补充提供。直燃机除了在夏季供冷和冬季供暖之外还可以兼供生活热水,它由天然气或部分燃气轮机出口处烟气的余热来供能。

该系统有以下应用特点。

(1)燃气轮机所发的电可以用来抵消楼宇夏季空调制冷所带来的电力高峰负荷,起到削峰的作用。

(2)直燃机既能在夏季供冷,也能在冬季供暖,因此设备全年利用率较高。缺点是直燃机除了只能利用部分燃气轮机出口烟气余热外,还需要天然气进行补燃,其综合冷能利用效率不高。

(3)采用小型或微型燃气轮机单循环发电装置时,电效率不高。冬季电力需求减少,燃气轮机出力不足,余热量减少,发电效率更要降低,一次能源利用率相对更低。在冬季供暖高峰时(尤其是对于黄河以北的广大北方城市),为保持燃气轮机发电的满负荷运行,应考虑"以电补热"的季节措施。此时若采用电动式压缩式热泵机组供暖,比采用直接电热供暖,其能效利用更为合理。

8.2.3 "燃气轮机＋燃气轮机驱动离心式冷水机＋蒸汽型溴化锂吸收式冷水机"应用方式

这是一种采用燃气轮机双机并联动力驱动的应用方式。其工作流程框图如图 8-3 所示。

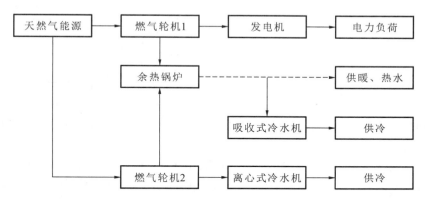

图 8-3　"燃气轮机＋燃气轮机驱动离心式冷水机＋蒸汽型溴化锂吸收式冷水机"
应用方式的工作流程框图

该系统的工作过程如下。

该系统存在两台燃气轮机。其中一台用于输出机械能,带动发电机发电;另一台用于提供机械能给离心式冷水机,带动其运转。两台燃气轮机排出的高温烟气均经过余热锅炉用来提供高温水蒸气,其中一部分水蒸气用于驱动吸收式冷水机以供冷,另一部分则直接用于供暖及生活热水。

该系统有以下应用特点。

(1) 采用一台燃气轮机直接驱动一台离心式冷水机供冷,其能效比很高。由于离心式冷水机的性能系数(COP)可达 5.0 以上,若该燃气轮机效率 $\eta_e = 32\%$,则可得燃气轮机直接驱动离心式冷水机供冷时的单机一次能效率 $PCOP_c = 1.6$。

(2) 两台燃气轮机做功后排出的高温余热全部用于加热一台余热锅炉,余热得以充分利用。夏季通过吸收式冷水机供冷;冬季靠余热锅炉承担主要的供暖负荷和热水供应。从能源的有效利用角度看,该应用方式的组合系统非常合理,但在设计时需选择合理、高效的热电比。

(3) 冬季时离心式冷水机和吸收式冷水机以及一台燃气轮机均处于停机状态,故全年设备利用率较低。除此之外,冬季供暖仅由余热锅炉提供,而余热锅炉仅由一台燃气轮机的出口烟气来提供热能,容易出现供热量不足的情况,此时就需要电热来供暖,故系统的能源利用率较低。

对于长江流域及其以南地区的城市,夏季供冷需求比冬季供暖需求更加突出,在设计中确定比较合理的热电比后,才有可能选择此种应用方式。

8.2.4 "燃气轮机＋余热锅炉＋蒸汽轮机＋各类制冷机或热泵装置"应用方式

这是冷、热、电联供的最佳应用方式之一。其工作流程框图如图 8-4 所示。

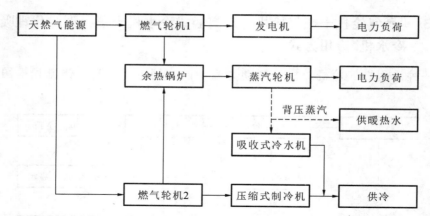

图 8-4 "燃气轮机＋余热锅炉＋各类制冷机或热泵装置"应用方式的工作流程框图

该系统的工作过程如下。

该系统包括两台燃气轮机。其中一台用于输出机械能,带动发电机发电;另一台用于提供机械能给离心式冷水机,带动其运转。两台燃气轮机排出的高温烟气均经过余热锅炉用来提供高温水蒸气,高温水蒸气通入蒸汽轮机驱动蒸汽轮机发电,蒸汽轮机出口处蒸汽再通过吸收式冷水机驱动制冷或直接用于供暖。

该系统有以下应用特点。

(1)该系统中燃气轮机与蒸汽轮机共同发电,而蒸汽轮机利用燃气轮机排出的高品位余热(500~600 ℃)发电,蒸汽轮机的余热蒸汽或抽汽又用于驱动吸收式冷水机夏季供冷或冬季供暖,形成良性的能量梯级利用,综合热效率可达 80%～90%,几乎接近于完美的全能量、全资源的利用率。而要做到这样,只有以分布式的小型和微型能源装置为动力的 DCHP 和 BCHP 冷、热、电联供系统才有可能。

(2)由于该系统中余热锅炉产生的高温水蒸气先用于蒸汽轮机发电,再通入吸收式冷制冷供冷,因此系统能源利用率高,余热被充分利用。

(3)在该联合循环装置的 DCHP 和 BCHP 联合方式的策划和设计中,也必须遵循"以电定热"的能量利用原则。因为废热型 DHC 系统的本质是回收和合理利用传统火力发电装置系统中本不该白白浪费的排热、余热和废热,这是提高能源利用率、节约资源、保护环境和可持续发展的重要战略任务的需要。

(4)燃用天然气的燃气-蒸汽联合循环装置的动力方式,不仅限于图 8-4 所示的一种应用方式,但其基本组合是相同的。如余热蒸汽轮机的排热,也可用于吸收式热泵中,提高能源利用率,并承担部分冬季的供暖需求;辅助燃气轮机 2 直接驱动活塞式冷水机、螺杆式冷水机、离心式冷水机等均可,只是驱动离心式冷水机时,能效比最高,但设备利用率低,视具体情况分析后方可决定。

8.2.5 "燃气轮机＋天然气型直燃机＋电动压缩式热泵"应用方式

其工作流程框图如图 8-5 所示。

该系统的工作过程如下。

天然气通入燃气轮机燃烧做功;燃气轮机输出的机械能一部分用于驱动发电机发电,另一部分用于驱动电动热泵用来供冷及供暖;燃气轮机出口烟气余热一部分提供给余热锅炉用于提供热水,另一部分提供给直燃机用于供冷及供暖;同时考虑到热量不够的情况,直燃

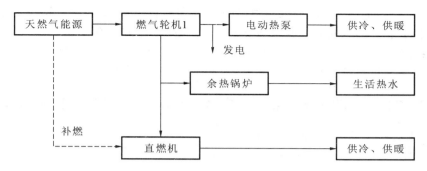

图 8-5 "燃气轮机＋天然气型直燃机＋电动压缩式热泵"应用方式的工作流程框图

机通常也由天然气补燃来提供热能。

该系统有以下应用特点。

(1) 采用大楼自身燃气轮机发电电力,用于电动压缩式热泵的夏季供冷,只对直燃机夏季承担的主要负荷是一种补充;但如果冬季供暖时,利用电动压缩式供暖,则可以"以电补热",从而保持燃气轮机发电基本负荷不变,在较高发电效率下运行的优势,其供暖又是直燃机在冬季供暖量的一种补充,且可增可减,调节方便灵活。电动压缩式热泵在供暖时,即使采用水源热泵供暖(利用地下水源),其能效系数也可达到 3.0～4.0,冬季平均供暖的能效系数可近 2.5,也较直接电热供暖合理得多。

(2) 电动压缩式热泵可以吸收燃气轮机发电时排放的高温烟气中的显热及天然气燃烧过程中产生的水蒸气中的潜热,由于采用热泵使系统综合热效率提高,因此冬季可减少可观比例的天然气耗量。

8.2.6 "燃气发动机＋余热燃气空调"应用方式

其工作流程框图如图 8-6 所示。

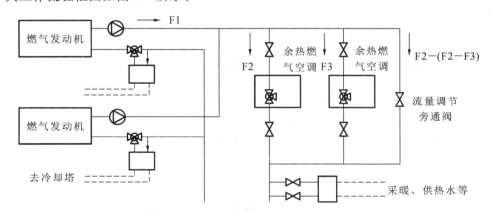

图 8-6 "燃气发动机＋余热燃气空调"应用方式的工作流程框图

该系统的工作过程如下。

燃气发动机为外界提供机械能,尾部烟气余热提供给余热燃气空调;余热燃气空调采取并行的策略;余热经余热燃气空调后再通过换热器来提供生活热水或供暖;加入旁通支路以调整两种余热利用措施的余热利用量。

该系统有以下应用特点。

(1) 当余热热水温度为 90 ℃且稳定输出时,应用余热燃气空调可减少燃气用量 10％～

25%。80℃以上的余热热水均能被利用,且热水温度越高,余热回收性能越好。当余热热水温度低于可利用温度时,控制三通阀将余热热水自动切换至旁通管引出。

(2)余热热水系统与空调机组并列连接。当通过空调机组的余热热水量比设计水量大幅上扬时,可将多余水量从旁通管引出。

8.2.7 "燃气发动机+余热燃气空调+热水吸收式制冷机"应用方式

其工作流程框图如图 8-7 所示。

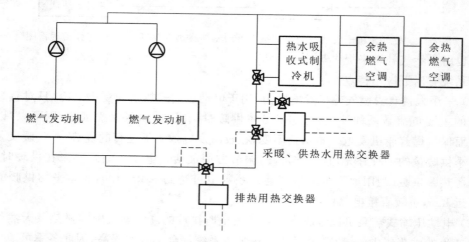

图 8-7 "燃气发动机+余热燃气空调+热水吸收式制冷机"应用方式的工作流程框图

该系统的工作过程如下。

燃气发动机为外界提供机械能,尾部烟气余热提供给余热燃气空调和热水吸收式制冷机。其中热水吸收式制冷机与余热燃气空调采取并联设置;余热经余热燃气空调和热水吸收式制冷机后再通过换热器来提供生活热水或供暖。

该系统有以下应用特点。

(1)若余热不是定量输出,则无法确保热水吸收式制冷机的制冷能力,余热利用设备的工作状况受燃气发动机影响较大。在燃气发动机机组没有全部运行时也需要保证热水吸收式制冷机能以最大功率运行,余下的空调负荷由备用的余热燃气空调来承担。

(2)余热热水应按空调、采暖、供热水的顺序依次连接。对余热利用制冷设备来说,余热进口温度越高,余热回收量越大,因此夏天的余热利用率较高。

(3)为了确保热水吸收式制冷机的制冷能力,有必要对返回发动机的余热热水进行温度补偿控制。

8.3 天然气燃料电池供电系统

燃料电池是一种化学电池,它利用物质发生化学反应时释放出的能量,直接将其变换为电能,具有效率高、安全性高、可靠性高、非常清洁、操作性能良好、灵活性强等优点。

8.3.1 建筑冷、热、电联供中的燃料电池

从理论上讲,燃料电池可将燃料能量的 90% 转化为可利用的电和热。据估计,磷酸燃

料电池设计发电效率（HHV）最高可达 46%，熔融碳酸盐燃料电池的发电效率可超过 60%，固体氧化物燃料电池的效率更高。而且，燃料电池的效率与其规模无关，因而在保持高发电效率时，燃料电池可在其半额定功率下运行。燃料电池发电厂可设在用户附近，这样也可大大减少传输费用及传输损失。燃料电池的另一特点是在发电的同时可产生热水及蒸汽。其电热输出比约为 1.0，而汽轮机为 0.5。这表明在相同电负荷下，燃料电池的热载为燃烧发电机的 2 倍。除此之外，与燃烧涡轮机循环系统或内燃机相比，燃料电池的转动部件很少，因而系统更加安全可靠。燃料电池从未像燃烧涡轮机或内燃机因转动部件失灵而发生恶性事故。燃料电池系统发生的最大事故就是效率降低。

普通火力发电厂排放的废弃物有颗粒物（粉尘）、硫氧化物（SO_x）、氮氧化物（NO_x）、碳氢化合物以及废水、废渣等。燃料电池发电厂排放的气体污染物仅为最严格的环境标准的十分之一，温室气体 CO_2 的排放量也远小于普通火力发电厂。燃料电池中燃料的电化学反应副产物是水，其量极少，与大型蒸汽机发电厂所用的大量的冷却水相比，明显少得多。燃料电池排放的废水不仅量少，而且比普通火力发电厂排放的废水清洁得多。因此，燃料电池不仅消除或减少了水污染问题，而且无须设置废气控制系统。由于没有像普通火力发电厂那样的噪声源，燃料电池发电厂的工作环境非常安静。又由于不产生大量废弃物（如废水、废气、废渣），燃料电池发电厂的占地面积也较小。燃料电池是各种能量转换装置中危险性最小的。这是因为它的规模小，无燃烧循环系统，污染物排放量极少。

燃料电池按照不同的分类标准，有不同的类型，如以工作温度来划分，有低温、中温、高温和超高温燃料电池。但目前最常用的分类方法还是以燃料电池中最重要的组成部分即电解质来划分。电解质的类型决定了燃料电池的工作温度、电极上所采用的催化剂以及发生反应的化学物质。按电解质划分，燃料电池大致可分为五类：碱性燃料电池（AFC）、磷酸型燃料电池（PAFC）、固体氧化物燃料电池（SOFC）、熔融碳酸盐燃料电池（MCFC）和质子交换膜燃料电池（PEMFC）。表 8-1 列出了上述五种燃料电池的主要特性。

表 8-1　燃料电池分类及其主要特性

类型	电解质	导电离子	工作温度	燃料	氧化剂	技术状态	可能应用领域
碱性燃料电池（AFC）	KOH	OH^-	50～200 ℃	纯氢	纯氧	高度发展，高效	航天，特殊地面应用
磷酸型燃料电池（PAFC）	H_3PO_4	H^+	100～200 ℃	重整气	空气	高度发展，成本高，余热利用价值低	特殊需求，区域性供电
熔融碳酸盐燃料电池（MCFC）	Li_2CO_3、K_2CO_3	CO_3^{2-}	650～700 ℃	净化煤气、天然气、重整气	空气	正进行现场实验，需延长寿命	区域性供电
固体氧化物燃料电池（SOFC）	氧化钇稳定的氧化锆	O^{2-}	900～1000 ℃	净化煤气、天然气	空气	电池结构选择，开发廉价制备技术	区域供电，联合循环发电
质子交换膜燃料电池（PEMFC）	全氟磺酸膜	H^+	室温～100 ℃	氢气、重整气	空气	高度发展，需降低成本	电动汽车，潜艇推动，可移动动力源

8.3.2 燃料电池冷、热、电三联供系统

在所有的燃料电池中,固体氧化物燃料电池 SOFC 工作温度最高,属于高温燃料电池。近些年来,分布式电站由于其成本低、可维护性高等优点已经渐渐成为世界能源供应的重要组成部分。SOFC 属于第三代燃料电池,是一种在中、高温下直接将储存在燃料和氧化剂中的化学能高效、环境友好地转化成电能的全固态化学发电装置,被普遍认为是在未来会与质子交换膜燃料电池(PEMFC)一样得到广泛普及应用的一种燃料电池。SOFC 的工作原理与其他燃料电池相同,在原理上相当于水电解的"逆"装置。其单电池由阳极、阴极和固体氧化物电解质组成,阳极为燃料氧化的场所,阴极为氧化剂还原的场所,两极都含有加速电极电化学反应的催化剂,工作时相当于一直流电源,其阳极为电源负极,阴极为电源正极。由于 SOFC 发电的排气有很高的温度,具有较高的利用价值,可以提供天然气重整所需热量,也可以用来生产蒸汽,更可以和燃气轮机组成联合循环,非常适用于分布式发电。燃料电池和燃气轮机、蒸汽轮机等组成的联合发电系统不但具有较高的发电效率,同时也具有低污染的环境效益。

图 8-8 所示为 SOFC 冷、热、电三联供系统示意图,由 SOFC 排出的 755℃的废气并不能够直接加以利用,而要首先经过热回收装置变成 315℃的废气,然后再通入余热回收锅炉与冷水进行热交换,变为蒸汽或热水,用来供热、提供生活热水或驱动蒸汽吸收式制冷剂供冷。热回收装置出来的高温废气也可以直接进入排气直热或排气再燃型吸收机用于制冷、供热和提供生活热水。余热锅炉可以加补燃系统,使发电量和供热量的调节更为灵活。SOFC 排出的高温烟气还可以驱动燃气轮机进一步发电,形成 SOFC-燃气轮机联合循环系统,这种系统的发电效率最高可以达到 70%。

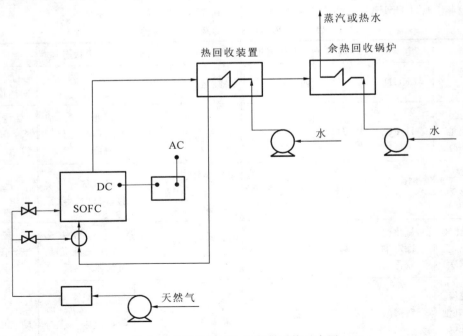

图 8-8　SOFC 冷、热、电联供系统示意图

8.4　天然气微型燃气轮机供电系统

8.4.1　微型燃气轮机简介

微型燃气轮机是一类新近发展起来的小型热力发电机,其单机功率范围为 25～300 kW,基本技术特征是采用径流式叶轮机械(向心式透平机和离心式压气机)以及回热循环。微型燃气轮机具有多台集成扩容、多燃料、低燃料消耗率、低噪声、低排放、低振动、低维修率、可遥控和诊断等一系列先进技术特征,除了分布式发电外,还可用于备用电站、热电联供、并网发电、尖峰负荷发电等,是提供清洁、可靠、高质量、多用途、小型分布式发电及热电联供的最佳方式,无论对中心城市还是远郊农村甚至边远地区均能适用。

与其他的发动机相比,微型燃气轮机发电机组具有以下优势。

(1)寿命长。设备使用时长是其他类型设备的数倍甚至数十倍以上。

(2)设备占地面积小,同样发电规模的微型燃气轮机发电机组占地面积远小于其他类型设备,同时移动性很好。

(3)安全性高。由于只有一个运动部件,因此其故障率很低。内置式保护与诊断监控系统提供了预先排除故障的手段,在线维护简单。若采用空气轴承和空气冷却,无须更换润滑油和冷却介质。维修费用低,具有一系列的自动超限保护和停机保护等功能。

(4)环保性好。噪声低,排气温度低,红外辐射小,排放超低,远远低于柴油发电机,有利于环境保护。

8.4.2　微型燃气轮机冷、热、电三联供系统

图 8-9 所示为微型燃气轮机冷、热、电三联供系统示意图。空气经压缩后与部分燃气混合在燃烧室中燃烧并驱动透平机发电,烟气通过回热器为进入燃烧室的燃气进行预热;另一部分燃气与烟气则送入烟气型吸收式冷热水机进行工作。

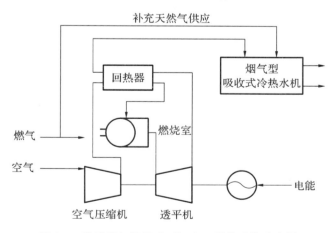

图 8-9　微型燃气轮机冷、热、电三联供系统示意图

目前的微型燃气轮机冷、热、电联供系统在实际应用中尚存在一些问题:① 微型燃气轮机的发电成本高于同类型的柴油发电机组,在负荷较低时热效率也不及柴油发电机组。

② 尽管通过回热技术等技术手段已有效地提高了系统的热功转换效率,但以微型燃气轮机作为动力的分布式能源系统的热功转换效率依然低于大型集中供电电站。③ 微型燃气轮机均需要较高的天然气压力(最低 0.2 MPa),而城市中低压管网往往不能满足这一要求,因此需要额外添加设备进行加压,在整体成本增加的同时也降低了系统的效率。

目前美国和日本都有企业在积极开发制造相应的设备。在美国,卡普斯顿公司已经制造出 65 kW 级微型燃气轮机发电装置,发电效率达到 26%,年产量 1 万台;霍尼威尔公司成功开发了 75 kW 级的发电设备,发电效率为 28.5%。日本的东京电力、丰田汽车、三菱重工、出光兴产、东京瓦斯和大阪瓦斯等公司,都在使用美国卡普斯顿公司的技术开发热电并用型系统。鉴于我国目前的电力发展及其分布不均衡以及微型燃气轮机的技术特点及其优越性,微型燃气轮机将在我国得到广泛的重视与应用。目前,在科学技术部“863”项目支持下,由中国科学院工程热物理研究所、哈尔滨东安集团、西安交通大学组成的产学研联合体已经完成 100 kW 级微型燃气轮机的样机设计,并通过了验收。

思 考 题

1.天然气冷、热、电三联供有哪些应用方式?各有什么特点?

2.分布式能源系统余热回收有哪些方式?各有什么特点?

3.天然气分布式能源在实际应用中还有哪些阻碍?应该如何克服?

本章参考文献

[1] 严铭卿. 燃气工程设计手册 [M]. 北京:中国建筑工业出版社,2009.

[2] 汤学忠. 热能转换与利用 [M]. 北京:冶金工业出版社,2002.

[3] 秦朝葵,吴念劬,章成骏. 燃气节能技术 [M]. 上海:同济大学出版社,1998.

[4] 严俊杰,黄锦涛,何茂刚. 冷热电联产技术 [M]. 北京:化学工业出版社,2006.

[5] 戴永庆. 燃气空调技术及应用 [M]. 北京:机械工业出版社,2004.

第9章 天然气的工业应用

天然气以其节能、环保、经济、方便等优点在工业领域得到了充分应用,主要应用于天然气锅炉、天然气窑炉、天然气发电、天然气汽车、制取氮肥、制取合成油和燃气空调等方面。随着世界、中国的天然气供气能力持续提升,以及我国天然气消费规模的持续增长,天然气在工业应用中将会扮演更加重要的角色。

9.1 天然气锅炉供气系统

9.1.1 天然气锅炉简介

原国家环境保护部(现为生态环境部)发布的《京津冀大气污染防止强化措施》中明确指出限时完成散煤清洁化替代,目前煤改气已进入全面实施推进阶段。在政策的强力推动下,越来越多的燃煤锅炉被天然气锅炉替代,以天然气等清洁燃料为主的环保型供热系统在城市集中供热系统中获得了广泛的应用,燃气锅炉在本身清洁高效的基础上也在向小型化、轻量化、高效率、低污染、提高组装化程度和自动化程度的方向发展。特别是,新型燃烧技术和强化传热技术使燃气锅炉的体积比以前大为减小,锅壳式蒸汽锅炉的热效率已高达92%~93%。其经济性、安全性、可使用性具体表现在以下几个方面。

(1)效率高。环保型燃气锅炉,特别是蒸汽锅炉,由于采用了低阻力型火管传热技术和低阻力高扩展受热面的紧凑型尾部受热面,其排烟温度基本上和大容量的工业锅炉的相同,可达 130~140 ℃。

(2)结构简单。燃气锅炉采用了简单结构的受热面。例如,锅壳式锅炉采用了单波形炉胆和双波形炉胆燃烧、强化型传热低阻力火管,以及低阻型扩展尾部受热面,除此之外,还可根据具体要求配备低温(<250 ℃)过热器受热面;而水管式锅炉采用了膜式壁型炉膛、紧凑的对流受热面,可配备引风装置,除此之外,还可根据具体要求配备高温(≥250 ℃)过热器受热面。

(3)使用简易配套的辅机。给水泵、鼓风机和其他一些辅机要和锅炉本体一起装配,且保证运输的可靠性。

(4)全智能化自动控制并配有多级保护系统。不仅配有完善的全自动燃烧控制装置,更配有多级安全保护系统,具有锅炉缺水、超压、超温、熄火保护、点火程序控制及声、光、电报警等功能。

(5)配备燃烧器(送风机)和烟道消声系统,降低锅炉运行的噪声。

(6)装备自动加药装置,水处理装置。

（7）配备其他监测和限制装置，至少应保证锅炉 24 h 无监督安全运行。

图 9-1 所示的为卧式天然气锅炉。

图 9-1　卧式天然气锅炉

9.1.2　供气系统的设计

天然气供气系统是天然气锅炉房的重要组成部分，在设计时必须给予足够的重视。天然气供气系统设计的合理性，不仅与保证安全可靠运行的关系极大，而且对供气系统的投资和运行的经济性也有很大影响。

锅炉房供气系统，一般由供气管道进口装置、锅炉房内燃气配管系统以及吹扫和放散管道等组成。

供气管道进口装置有以下设计要求。

（1）锅炉房燃气管道宜采用单母管；常年不间断供热时，宜采用双母管。采用双母管时，每一母管的流量宜按锅炉房最大计算耗气量的 75% 计算。

（2）当调压装置进气压力在 0.3 MPa 以上，而调压比又较大时，管道可能会产生很大的噪声。为避免噪声沿管道传送到锅炉房，调压装置后宜有 10～15 m 的一段管道埋地敷设。

（3）在燃气母管进口处应装设总关闭阀，并装设在安全和便于操作的地方。当燃气质量不能保证时，应在调压装置前或在燃气母管的总关闭阀前设置除尘器、油水分离器和排水管。

（4）燃气管道上应装设放散管、取样口和吹扫口。

（5）引入管与锅炉间供气干管的连接，可采用端部连接（见图 9-2）或中间连接（见图 9-3）方式。当锅炉房内锅炉台数为 4 台以上时，为使各锅炉供气压力相近，燃气最好采用在干管中间接入的方式引入。

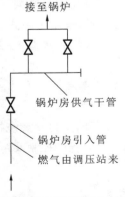

图 9-2　锅炉房引入管与供气干管端部连接

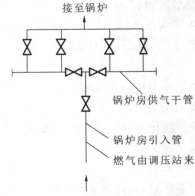

图 9-3　锅炉房引入管与供气干管中间连接

锅炉房内燃气配管系统有以下设计要求。

（1）为保证锅炉安全可靠运行,要求供气管路和管路上安装的附件连接严密可靠,能承受最高使用压力,在设计燃气配管系统时应考虑便于管路的检修和维护。

（2）管件及附件不得装设在高温或有危险的地方。

（3）燃气配管系统使用的阀门应选用明杆阀或阀杆带有刻度的阀门,以便操作人员能识别阀门的开关状态。

（4）当锅炉房安装的锅炉台数较多时,供气干管可按需要用阀门隔成数段,每段供应2～3台锅炉。

（5）在通向每台锅炉的支管上,应装设关闭阀门和快速切断阀(可根据情况采用电磁阀或手动阀)、流量调节阀和压力表等。

（6）在支管至燃烧器前的配管上应装关闭阀,阀后串联 2 只切断阀,并应在两阀之间设置放散管(放散管可采用手动阀或电磁阀来调节)。靠近燃烧器的 1 只安全切断阀的安装位置,至燃烧器的间距尽可能缩短,以减少管段内燃气渗入炉膛的量。当采用电磁阀来切断时,不宜设置旁通管,以免操作失误造成事故。

锅炉房供气系统必须设置吹扫和放散管道,这是因为燃气管道在停止运行进行维修时,为了检查工作安全,需要把管道内的燃气吹扫干净。天然气管道在较长时间停止工作后投入运行时,为防止燃气-空气混合物进入炉膛引起爆炸,先要进行吹扫,使可燃混合气体排入大气中。

燃气管道在安装结束后,油漆防腐工程施工前,必须进行吹扫和试压工作,清扫和试压合格后,燃气管道系统才能投入运转。

燃气管道清扫完毕后,应进行强度试验和密闭性试验,试验工作可全线同时进行,也可分段进行,试压介质一般用压缩空气。

9.1.3　锅炉房常用天然气供气系统

由于天然气锅炉的应用日益广泛,对燃气锅炉安全可靠运行的要求也越来越高。供气系统的设计在自控方面有很大发展,燃气锅炉的自动控制和自动保护程度大大提高,均已实行程序控制,供气系统都配备了相应的自控装置和报警设备。

如图 9-4 所示为卧式内燃燃气锅炉的供气系统。由外网或锅炉供气干管来的天然气,先经过调压器调压,再通过 2 只串联的电磁阀和 1 只流量调节阀,然后进入燃烧器。在 2 只串联的电磁阀之间设有放散管和放散电磁阀,当主气阀关闭时,放散电磁阀自动开启,避免天然气漏入炉膛。主电磁阀和锅炉高低水位保护装置、蒸汽超压装置、火焰检测装置以及鼓风机等联锁,当锅炉在运行中发生事故时,主电磁阀自动关闭和切断供气。运行时天然气流量可根据锅炉负荷变化情况由调节阀进行调节。在两电磁阀之前的天然气管道上,引出点火管道,点火管道上有关闭阀和 2 只串联安装的电磁阀。点火电磁阀由点火或熄火信号控制。自动控制和程序控制实现供气系统的启动和停止。

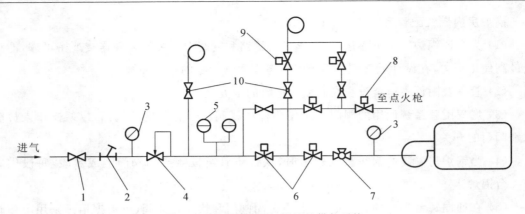

图 9-4　卧式内燃燃气锅炉的供气系统

1—总关闭阀；2—过滤器；3—压力表；4—稳压器；5—压力上下限开关；
6—安全切断电磁阀；7—流量调节阀；8—点火电磁阀；9—放散电磁阀；10—放散旋塞阀

9.2　天然气工业炉供气系统

天然气工业炉主要由炉膛、燃气燃烧装置、余热利用装置、烟气排出装置、炉门提升装置、金属框架、各种测量仪表、机械传动装置及自动检测与自动控制系统等部分组成。

9.2.1　炉膛内热工作过程

工作炉的热工作过程的好坏，受核心部位炉膛影响很大，因为物料的干燥、加热及熔炼等过程都是在炉膛内完成的。因此，应了解工作炉的热工作过程，在一定的工艺条件之下，增强传热，以提高生产率。

炉膛内各种热交换是很复杂的，在换热过程中炉气是热源体，而低温物料是受热体。燃料燃烧所产生的热量，被炉气带入炉膛。其中部分热量传给被加热物料，部分热量通过炉体散失到炉外，还有部分热量通过温度降低后的炉气排出炉膛。

此外，炉壁也参加热交换，但在热交换中只起着热量传递的中间体作用，即炉气通过两种途径以辐射传热的方式将热量传给物料，一种是炉气→物料，另一种是炉气→炉壁→物料。除此之外，炉气还以对流的方式向物料传递热量，如图 9-5 所示。

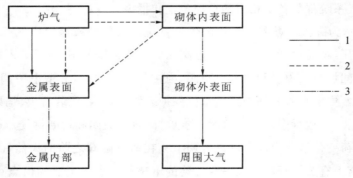

图 9-5　炉内热交换示意图

1—对流；2—辐射；3—导热

在生产实践中,根据工艺的需要,可在不同的工作炉上采用各种不同的措施,使炉膛的辐射热交换带有不同的特点。概括起来,可有以下三种情况。

(1)炉膛内炉气均匀分布。这时炉气向单位面积炉壁和物料的辐射热量相等,称为均匀辐射传热。

(2)高温炉气在物料表面附近。这时炉气向单位面积物料的辐射热量大于向单位面积炉壁的辐射热量,称为直接定向辐射传热。

(3)高温炉气在炉壁附近。这时炉气向单位面积炉壁的辐射热量大于向单位面积物料的辐射热量,称为间接定向辐射传热。

9.2.2　炉内气流组织

为了强化炉内传热、控制炉压以及降低炉气温差,必须了解气体在炉内的流动规律,并按工作炉的工作需要,加以合理组织。为此,应熟悉气体浮力及重力压头、气体与固体之间的摩擦力、气体的黏性以及气体的热辐射等基本规律。

气体流动的方向和速度取决于压力差、重力差、阻力及惯性力。在有射流作用的炉膛内,若重力差可以忽略,则炉气流动的方向和速度主要取决于压力差、惯性力和阻力。

影响炉气循环的主要因素如下。

(1)限制空间的尺寸。主要是炉膛与射流喷口横截面积之比。显然,若比值很大,则炉膛将失去限制作用,射流相当于自由射流,不产生回流;相反,若比值很小,则循环路程上的阻力很大,循环气体也将很少。在极端情况下,甚至会变成管内的气体流动,也没有回流。

(2)排烟口与射流喷入口的相对位置。射流喷入口与排烟口布置在同侧(见图 9-6),将使循环气流加剧,因为同侧排烟在回流的循环路程上阻力最小。

(3)射流的喷出动量、射流与壁面的夹角以及多股射流的相交情况,这些因素对循环气流的影响,需按具体情况进行具体分析和实验才能判定。

炉气循环越强烈,炉膛内上下温差越小。因此某些低温干燥炉及热处理炉为使炉内呈均匀气温,经常采用炉气再循环的方法。

图 9-7 所示为外部再循环式工作炉。由于火焰的喷射作用,将部分烟气吸入根部与新鲜燃烧产物相混合,使燃烧气流温度降低,但这时流量增大。

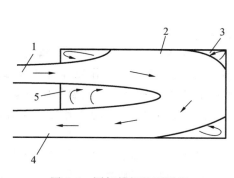

图 9-6　同侧排烟的再循环

1—射流喷口;2—射流区;3—涡流区;4—排烟口;5—回流区

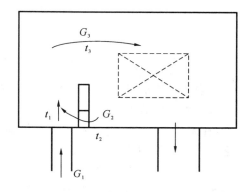

图 9-7　外部再循环式工作炉

再循环的强烈程度可用"循环倍数"来表示,其数值为

$$K = \frac{G_1 + G_2}{G_1}$$

式中：K——循环倍数；

G_1——射流喷射气体流量，kg/s；

G_2——回流气体流量，kg/s。

显然，K 值越大，再循环越强烈，从而炉膛内上下温差也越小。炉膛内上下温差基本上与 K 成反比。

9.3　天然气发电系统

将天然气的化学能转换为电能的设备有燃气轮机、燃料电池、燃气外燃机等。有关资料表明，在国外，发电国家新增电站中，60%～70% 为燃气轮机电站。2015 年 4 月，美国月度发电量统计显示，燃气电厂发电量首次超过了燃煤电厂的发电量。我国国家能源局发布的《中国天然气发展报告（2017）》中指出，天然气是优质高效的低碳能源，是治理大气污染等问题的现实选择，其联合循环发电的效率超过 60%，应逐步把天然气培育成为主体能源之一。

燃气轮机是一种以空气及天然气为工质的旋转式热力发动机，其结构与喷气式发动机一致，也类似蒸汽轮机。图 9-8 所示的为燃气轮机的结构剖面图。

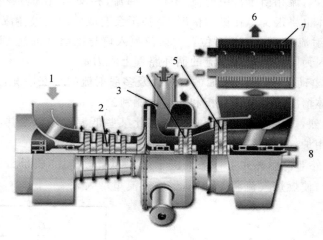

图 9-8　燃气轮机结构剖面图

1—进气口；2—压缩机；3—燃烧室；4—燃气轮机；5—动力涡轮机；6—排气；7—循环热交换器；8—输出

燃气轮机驱动系统由三部分组成：燃气轮机、压缩机、燃烧室。其工作原理为：叶轮式压缩机从外部吸收空气，将其压缩后送入燃烧室，同时燃料也喷入燃烧室与高温的压缩空气混合，在定压下燃烧。生成的高温高压烟气进入燃气轮机膨胀做功，推动动力叶片高速旋转，乏气排入大气中或再加利用。

燃气轮机所排出的高温高压烟气可进入余热锅炉产生蒸汽或热水，用于供热、提供生活热水或驱动蒸汽吸收式制冷机供冷，也可以直接进入排气补燃型吸收机用于制冷、供热和提供生活热水。

目前应用燃气轮机的发电系统主要有以下几种形式。

1. 简单循环发电

由燃气轮机和发电机独立组成的循环系统,也称为开式循环系统。其优点是装机快、启停灵活,多用于电网调峰和交通、工业动力系统。目前效率最高的开式循环系统是通用电气(GE)公司的 LM6000 轻型燃气轮机,效率达到 43%。

2. 前置循环热电联产

由燃气轮机、发电机与余热锅炉共同组成的循环系统,它将燃气轮机排出的功后高温乏烟气通过余热锅炉回收,转换为蒸汽或热水加以利用,主要用于热电联产,也有的将余热锅炉的蒸汽回注入燃气轮机以提高燃气轮机的效率。前置循环热电联产的总效率一般均超过 80%。为提高供热的灵活性,大多前置循环热电联产机组采用余热锅炉补燃技术,补燃后的总效率超过 90%。图 9-9 所示的为前置循环热电联产流程示意图。

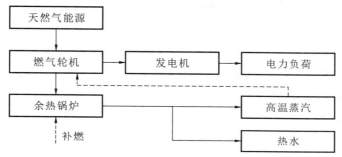

图 9-9　前置循环热电联产流程示意图

从图 9-9 可以看出,整套系统的核心设备只有燃气轮机与余热锅炉,由于其省略了蒸汽轮机,因此称为前置循环系统。余热锅炉不需要生产能够推动蒸汽轮机的高品位蒸汽,因此系统投资较低。为了提高其供能可靠性以及热、电、天然气的调节能力,在实际运行过程中往往加入蒸汽回注、补燃等技术。

3. 联合循环发电或热电联产

燃气轮机、发电机、余热锅炉与蒸汽轮机或供热式蒸汽轮机(抽汽式或背压式)共同组成的循环系统,它将燃气轮机排出的做功后的高温乏烟气通过余热锅炉回收转换为蒸汽,再将蒸汽注入蒸汽轮机以发电,或将部分发电做功后的乏汽用于供热。其形式有燃气轮机、蒸汽轮机同轴推动一台发电机的单轴联合循环系统,也有燃气轮机、蒸汽轮机各自推动各自发电机的多轴联合循环系统,主要用于发电和热电联产,发电时效率最高的联合循环系统是 GE 公司的 HA 燃气轮机联合循环电厂,效率达到 62.2%。图 9-10 所示的为联合循环热电联产流程示意图。

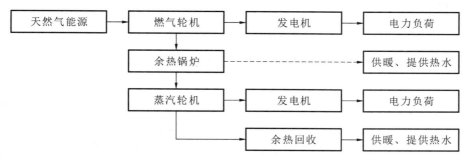

图 9-10　联合循环热电联产流程示意图

从图 9-10 可以看出余热锅炉除了提供余热用于供暖、提供热水外,还向蒸汽轮机提供中温中压以上的蒸汽,再推动蒸汽轮机发电,并将做功后的乏烟气用于供热。这种系统发电率高,有效能量转换率高,因此经济效益较好。后置蒸汽轮机可以是抽汽凝气式,也可以是背压式,但背压式蒸汽轮机使用条件较高,不利于电网、热网及天然气管网的调节,除非是企业自备的热电厂,用气用电稳定。一般的燃气-蒸汽联合循环电厂往往采用两套以上的燃气轮机和余热锅炉拖带 1 台或 2 台抽汽凝气式蒸汽轮机,或使用余热锅炉补燃,以及双燃料系统来提高对电网、热网及天然气管网的调节能力和供能可靠性。

4. 核燃联合循环

由燃气轮机、余热锅炉、核反应堆、蒸汽轮机共同组成的发电循环系统,通过燃气轮机排出的烟气在热核反应堆输出蒸汽,并提高核反应堆蒸汽的温度、压力,以提高蒸汽轮机效率,降低蒸汽轮机部分的工程造价。该系统目前仍处于尝试阶段。

5. 燃气烟气联合循环

由燃气轮机和烟气轮机组成的循环系统,利用燃气轮机排放烟气中的剩余压力和热焓进一步推动烟气轮机发电。该系统可完全不用水,但烟气轮机造价较高,还未能广泛使用。

6. 燃气热泵联合循环

由燃气轮机和烟气热泵,或燃气轮机、烟气轮机和烟气热泵,或燃气轮机、余热锅炉、蒸汽热泵,或燃气轮机、余热锅炉、蒸汽轮机和蒸汽(烟气)热泵组成的循环系统。该系统在燃气轮机、烟气轮机、余热锅炉、蒸汽轮机等设备完成能量利用循环后,进一步利用热泵对烟气、蒸汽、热水和冷却水中的余热进行深度回收利用,或将动力直接用于推动热泵。该系统可用于热电联产、热电冷联产、热冷联产、电冷联产、直接供热或直接制冷等方向,热效率极高,是未来能源利用的主要趋势之一。

7. 燃料电池-燃气轮机联合循环

美国于 2000 年开发出了世界第一个将燃料电池和燃气轮机结合在一起的发电设备,这种设备能更有效地产生电力并大大减少环境污染。该设备的燃料电池由 1152 个陶瓷管构成,每个陶瓷管就像一块电池。电池以天然气为燃料,能放出高温高压的废气流,燃气轮机则用燃料电池产生的热废气流进行第二轮发电。由于燃料电池中没有燃烧过程,只是通过化学方法分解天然气燃料来产生电力,因此可以大幅度减少污染。该设备不会产生二氧化硫,其反应产物中的氮氧化物含量不及目前天然气发电设备的 2%,二氧化碳排放量则减少了 15%。而且,只要有天然气和空气存在,燃料电池就能工作。其发电功率为 220 kW,能为 200 户人家提供电力。其发电效率达到 55%,这意味着来自天然气燃料的能量有 55% 转化成了电能。

9.4　天然气化工工业

天然气化工工业是化学工业的分支之一,是以天然气为原料生产化工产品的工业。天然气通过净化分离和裂解、蒸汽转化、氧化、氯化、硫化、硝化、脱氢等反应可制成合成氨、甲醇及其加工产品(甲醛、醋酸等)、乙烯、乙炔、二氯甲烷、四氯化碳、二硫化碳、硝基甲烷等,也可以通过绝热转化或高温裂解制氢。由于天然气与石油同属埋藏于地下的烃类资源,有时为共生矿藏,其加工工艺及产品有密切的关系,因此也可将天然气化工工业归属于石油化工工业。天然气化工工业一般包括天然气的净化分离、化学加工(所含甲烷、乙烷、丙烷等烷烃的加工利用)。天然气化工工业的应用主要有以下 3 条途径。

(1) 制备合成气,由合成气制备大量的化学产品(甲醇、合成氨等)。

(2) 直接用来生产各种化工产品,例如甲醛、甲醇、氢氰酸、各种卤代甲烷、芳烃等。

(3) 部分氧化制乙烯、乙炔、氢气等。

我国天然气化工工业始于 20 世纪 60 年代初,现已初具规模,主要分布于四川、黑龙江、辽宁、山东、台湾等地。中国天然气主要用于生产氮肥,其次是生产甲醇、甲醛、乙炔、二氯甲烷、四氯化碳、二硫化碳、硝基甲烷、氢氰酸和炭黑以及提取氦气。20 世纪 70 年代以来,已兴建多座以天然气和油田伴生气为原料的大型合成氨厂,以及一批中、小型合成氨厂,使全国合成氨生产原料结构中,天然气所占的比例约为 30%;同时还兴建了天然气制乙炔工厂,以制造维尼纶和醋酸乙烯酯,乙炔尾气用于生产甲醇。采用天然气热氯化法生产二氯甲烷,作为溶剂供感光材料工业使用。

天然气化工工业已成为世界化学工业的主要支柱,目前世界上 80% 的合成氨、90% 的甲醇都以天然气为原料,在美国 75% 以上的乙炔以天然气为原料生产。天然气在化工原料中的应用有以下几方面。

(1) 合成氨是生产氮肥不可替代的主要原料。石油价格的居高不下,导致重油价格上升,以天然气为原料的化肥比以重油为原料的化肥在成本上有明显的优势,因此,气头化肥成为化肥生产的重点。由于技术的进步,油头改气头化肥的生产已经相对成熟。

(2) 甲醇是碳化学的关键产品,又是重要的化工原料,同时还是未来清洁能源之一,既广泛用于生产塑料、合成纤维、合成胶、染料、涂料、香料、饲料、医药、农药等,还可与汽油掺和或代替汽油作为动力燃料。

(3) 天然气化工工业的发展还可以和氯碱工业发展相结合。我国氯碱工业的主要氯产品聚氯乙烯(PVC)总产量已突破 200 万 t,其中 50% 以上仍采用电石法制取,乙烯法制取的 PVC 受原料乙烯来源限制只占 30%~35%,进口氯乙烯单体(VCM)或二氯乙烷(EDC)制取的 PVC 现占总量的 15%~20%。电石法环境污染严重,受环保政策限制,而用天然气生产乙炔再加工成 PVC 的方法,与电石法生产成本基本持平,但环保优势突出。

(4) 随着近年国际天然气合成油技术以及相关技术的突破,天然气制合成油已具有竞争力,天然气制成的合成油不含芳烃、重金属、硫等环境污染物,是环保型优质燃料,有十分广阔的消费市场。

(5) 在天然气制氢方面,中国科学院大连化学物理研究所提出的天然气绝热转化制氢工艺采用廉价的空气做氧源,设计的含有氧分布器的反应器可解决催化剂床层热点问题及能量的合理分配,催化材料的反应稳定性也因床层热点降低而得到较大提高。该技术最突出的特色是大部分原料反应本质为部分氧化反应,控速步骤已成为快速部分氧化反应,较大幅度地提高了天然气制氢装置的生产能力。

除此之外,一些新技术如等离子体技术等也开始应用在天然气化工工业领域中。等离子体技术是实现 C—H 键活化的一种新技术,而实现甲烷中 C—H 键的选择性活化和控制反应进行的程度是甲烷直接化学利用的关键。C—H 键的常用活化方法有常规催化活化、光催化活化和电化学催化活化等,与常用活化方法相比,等离子体技术是一种有效的分子活化技术,它具有足够的能量使反应分子激发、离解或电离,形成高活化状态的反应物。

9.5　天然气用于交通运输

9.5.1　天然气汽车

天然气汽车是指以天然气作为燃料产生动力的汽车,目前天然气汽车的主要应用方式为在汽车上装备天然气储罐,以压缩天然气(CNG)的形式储存,压力一般为 20 MPa 左右。车用天然气可用未处理天然气经过脱水、脱硫净化处理后,经多级加压制得。天然气汽车具有以下特点。

(1) 燃烧稳定,不会产生爆震,并且冷热启动方便。

(2) 压缩天然气储运、减压、燃烧都在严格的密封状态下进行,不易发生泄漏。另外天然气储罐经过各种特殊的破坏性试验,安全可靠。

(3) 压缩天然气燃烧安全,积碳少,能减少气阻和爆震,有利于延长发动机各部件的使用寿命,减少维修保养次数,大幅度降低维修保养成本。

(4) 可减少发动机的润滑油消耗量。

(5) 与使用汽油相比,可大幅度减少一氧化碳、二氧化硫、二氧化碳等的排放,并且没有苯、铅等致癌和有毒物质,有效避免危害人体健康。

天然气汽车可由普通汽油车进行改装,在保留原车供油系统的情况下增加一套车用压缩天然气转换装置即可。改装部分由以下 3 个系统组成。

(1) 天然气系统。它主要由充气阀、高压截止阀、天然气储罐、高压管线、高压接头、压力表、压力传感器及气量显示器等组成。

(2) 燃气供给系统。它主要由燃气高压电磁阀、三级组合式减压阀、混合器等组成。

(3) 油气燃料转换系统。它主要由三位油气转换开关、点火时间转换器、汽油电磁阀等组成。

天然气储罐的罐口处安装有易熔塞和爆破片两种防爆泄压装置。当储罐温度超过100 ℃或压力超过 26 MPa 时,防爆泄压装置会自动破裂泄压。减压阀上设有安全阀。天然气储罐及高压管线安装时,均有防震胶垫,用卡箍牢固。因此,该系统在使用中是安全可靠的。

汽车以压缩天然气作燃料时,天然气经三级减压后,通过混合器与空气混合,进入气缸,压缩天然气由额定进气气压减为负压,其真空度为 49～69 kPa。减压阀与混合器配合可满足发动机不同工况下混合气体的浓度要求。减压阀总成设有怠速阀,用于供给发动机怠速用气;压缩机减压过程要膨胀做功,从外部吸热,因此在减压阀上还设有利用发动机循环水的加温装置。为提高汽车的操作性能,驾驶室设置有油气燃料转换开关,用来统一控制油气电磁阀及点火时间转换器;点火时间转换器由电路系统自动转换两种燃料的不同点火提前角;仪表板上气量显示器的 5 只红绿灯显示储罐的储气量;燃料转换开关上还设有供发动机用气的供气按钮。因此,该系统功能齐全,操作非常方便。当燃料转换开关置于天然气位置时,电磁阀打开,汽油阀关闭。储罐中的天然气流经总气阀、滤清器、电磁阀,进入减压器,经多级减压至负压,再通过动力阀进入混合器,并与空气滤清器中来的空气混合点燃,推动发动机曲轴转动。

　　混合器可在减压器的调节下,根据发动机不同工况下产生的不同真空度,自动调节供气量,使天然气与空气均匀混合,满足发动机的要求。由燃料转换开关通过控制汽油电磁阀和燃气电磁阀的开关,实现供油供气选择。

　　天然气汽车的工作原理与汽(柴)油汽车的工作原理一致。简言之,天然气在四冲程发动机的气缸中与空气混合,通过火花塞点火,推动活塞上下移动。尽管天然气与汽(柴)油相比,可燃性和点火温度存在一些差别(见表 9-1),但天然气汽车采用的是与汽(柴)油汽车基本一致的运行方式。

表 9-1　不同燃料特性对比

特性	天然气	汽油	柴油
爆炸极限/%	5~15	1.4~7.6	0.6~5.5
自动点火温度/℃	450	300	230
最高燃烧温度/℃	1884	1977	2054

　　与利用汽油和柴油作为燃料的汽车相比,天然气汽车具有以下优势或特点。

　　(1) 天然气汽车是清洁燃料汽车。天然气汽车的排放污染大大低于以汽油和柴油为燃料的汽车,尾气中不含硫化物和铅,一氧化碳减少 80%,碳氢化合物减少 60%,氮氧化合物减少 70%。因此,许多国家已将发展天然气汽车作为减轻大气污染的重要手段。

　　(2) 天然气汽车有显著的经济效益。使用天然气可显著降低汽车的营运成本,天然气的价格比汽油和柴油的价格低得多,燃料费用一般节省 50% 左右,使营运成本大幅降低。由于油气差价的存在,改车费用可在一年之内收回。同时维修费用也得到相应节省。发动机在用天然气作燃料后,运行平稳、噪声低、不积碳。使用天然气能延长发动机使用寿命,不需要经常更换润滑油和火花塞,可节约 50% 以上的维修费用。

　　(3) 与汽油和柴油相比,天然气本身是比较安全的燃料。这表现在:① 燃点高,天然气燃点在 650 ℃以上,比汽油燃点(427 ℃)高出 223 ℃,所以与汽油相比不易点燃;② 密度低,天然气与空气的相对密度为 0.48,泄漏气体很快在空气中散发,很难形成遇火燃烧的浓度;③ 辛烷值高,天然气辛烷值可达 130,比目前的汽油和柴油辛烷值高得多,抗爆性能好;④ 爆炸极限窄,仅为 5%~15%,在自然环境下,形成这一条件十分困难;⑤ 释放过程是一个吸热过程,当压缩天然气从容器或管路中泄出时,泄孔周围会迅速形成一个低温区,使天然气燃烧困难。

　　(4) 天然气汽车所用的配件比汽油和柴油汽车的要求更高。国家颁布了严格的天然气汽车技术标准,从加气站设计、储罐生产、改车部件制造到安装调试等,每个环节都形成了严格的技术标准,在设计上考虑了严密的安全保障措施。对高压系统使用的零部件,其安全系数均选用 1.5~4;在减压调节器、储罐上安装有安全阀;在控制系统中,安装有紧急断气装置。储罐出厂前要进行特殊检验,常规检验后还需充气进行火烧、爆炸、坠落、枪击等试验,合格后,方能出厂使用。天然气汽车发展至今,从未出现过因天然气爆炸、燃烧而导致车毁人亡的事故,这说明天然气汽车是十分安全可靠的。

　　(5) 与汽油和柴油汽车相比,天然气汽车的动力性略有降低,一般会降低 5%~15%。

　　但需要指出的是,天然气汽车的使用会随着天然气的价格以及供需状况而受到很大的影响。当天然气供应出现短缺时天然气汽车则无法工作,同时随着天然气价格的上涨,天然气汽车的使用成本也会有所增加。天然气加气站的建设情况也决定了天然气汽车的普及程度。

9.5.2　天然气船舶

天然气船舶是指以天然气作为驱动发动机燃料的船舶,而船载天然气的形式通常又为液化天然气(LNG),因此天然气船舶也称为 LNG 动力船。我国近海、内河航运资源丰富,拥有大、小天然河流 5800 多条,总长约 43 万 km,液化天然气的水上应用对减少大气污染、保护水域环境,具有十分深远的现实意义。天然气船舶的推广和实施将促进国家清洁能源政策的落实和环境优化治理。目前天然气船舶正受到越来越多的关注,随着大气污染和水污染防治工作的不断深化,我国推广天然气船舶工作有了实质性的进展,试点、示范工作积极推进,相关政策、标准、规范等正陆续出台,并已设定排放控制区。

与将柴油等其他燃料作为发动机燃料的船舶相比,天然气船舶具有以下优势。

(1)燃料成本低,液化天然气的市场价格远低于普通燃油,使用液化天然气作为燃料可以大大减少运行成本。

(2)船用天然气发动机与燃油发动机相比,其运行时长明显长得多,因此可以说船用天然气发动机具有较高的保值率,使用寿命更长。

(3)在相同的能量功率输出下,天然气的二氧化碳排放只有石油二氧化碳排放量的71.34%,氮氧化物排放比石油的减少了 80%,微小颗粒排放比石油的减少了 92%。天然气船舶的环境友好性要远远高于传统燃油动力船舶的。

液化天然气作为船用燃料所需的基础设施投资是其作为船用燃料的最大局限,这些基础设施包括为数众多的 LNG 加注站、LNG 接受站、LNG 浮式仓储以及相关的管线、槽车等。液化天然气作为船用燃料要大规模使用,必须有一条完善的物流链作为基础,而建设完善的物流链的巨大投资,则是供应商面临的最大问题。在液化天然气作为船用燃料没有大规模运用前,液化天然气供应的物流链很难大规模出现,而液化天然气供应的物流链的缺失又抑制了液化天然气作为船用燃料的发展。除此之外,液化天然气的储存问题也是以天然气作为发动机燃料的另一难题。

思　考　题

1.天然气在工业中有哪些应用方式？各有什么特点？

2.天然气在工业中的应用现状如何？前景如何？

3.近些年天然气在工业中的应用有哪些新技术出现？各自发展到了什么阶段？

本章参考文献

[1]　王秉铨. 工业炉设计手册[M]. 2 版. 北京:机械工业出版社,2006.

[2]　傅忠诚. 燃气燃烧新装置[M]. 北京:中国建筑工业出版社,1984.

[3]　姜正侯. 燃气工程技术手册[M]. 上海:同济大学出版社,1993.

第 10 章　天然气供应安全评价

天然气输配管网系统给城市带来清洁的能源的同时,也带来了一些安全问题。天然气输配管网系统由于各种原因可能发生失效,使得易燃、易爆、有毒的天然气泄漏,在某些条件下可能进一步引起着火、爆炸或窒息中毒事故,导致人员伤亡和财产损失。另一种危险情况是天然气管道和储罐在置换过程中,天然气和空气混合物处于可燃范围且遇到点火源时,天然气管道或储罐发生爆炸。图 10-1、图 10-2 所示的分别为 2017 年 1 月至 5 月的室内天然气事故类型统计和重大事故原因统计。

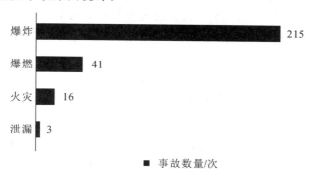

图 10-1　2017 年 1—5 月室内天然气事故类型统计

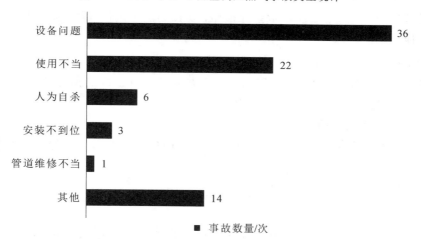

图 10-2　2017 年 1—5 月室内天然气重大事故原因统计

对于天然气输配管网系统的故障、失效或运行失误导致发生危险或事故的安全问题,可以从三方面进行研究:① 从工程实际和理论方面了解和分析关于天然气泄漏、扩散、火灾与爆炸等的流动、燃烧和爆炸的具体物理过程。② 从宏观和整体上对系统的安全状况做出界定,即从战略层面上得到结论,做出决策,采取措施,消除天然气输配管网系统的故障和失效因素,从而改善系统的安全状态,这称为天然气系统安全风险评价。天然气系统安全风险评价是事前的,预测性的。③ 从具体运行和操作层面上考察系统的安全问题,特别是对出现了的故障问题及时查明和判断,以便采取维修和抢救措施,这称为天然气输配管网故障诊断。故障诊断是事后的,确认性的。

天然气输配管网系统的安全性由天然气的危险性和输配管网系统的完整性两方面所决定。所谓输配管网系统的完整性是指系统在物理上和功能上都是完整的,始终处于安全可靠的工作状态。风险评价是完整性管理的核心内容。

本章主要讲解输配管网系统的危险性与对天然气供应系统的安全风险评价。

10.1　天然气泄漏与扩散

天然气泄漏是天然气供应系统中最典型的事故,天然气泄漏后扩散到大气中,在一定的条件下就可能发生火灾或爆炸事故。严重的天然气事故绝大部分情况下都是由天然气泄漏引起的,即使没有造成人员伤亡,也会导致资源浪费和环境污染。

国际管道研究协会(PRCI)对输气管道事故数据进行了分析,总结了造成管道泄漏的根本原因,按其性质和发展特点,可以划分为三种事故类型。

1. 与实践有关的危害

(1) 外腐蚀;(2) 内腐蚀;(3) 应力腐蚀开裂。

2. 固有因素

(1) 与管道制造有关的缺陷。这包括:① 管体焊缝缺陷;② 管体本身的缺陷。

(2) 与焊接、制造有关的缺陷。这包括:① 管体环焊缝缺陷;② 制造焊缝缺陷;③ 折皱弯头或弯曲;④ 螺纹磨损、管道破损、管接头损坏。

(3) 设备缺陷。这包括:① O 形垫片损坏;② 控制泄压设备故障;③ 密封泵填料失效。

(4) 其他缺陷。

3. 与时间无关的危害

(1) 第三方机械损坏。这包括:① 甲方、乙方或第三方造成的损坏(瞬间、立即损坏);② 以前有损伤的管道(滞后性失效);③ 故意损坏。

(2) 误操作,操作程序不正确。

(3) 与自然环境有关的因素等。这包括:① 天气过冷;② 雷击;③ 暴雨或洪水;④ 土体移动。

此外,还应考虑多种因素的相互作用。

10.2　天然气供应事故原因分析

从大量事故分析报告统计结果可知,管网的供应事故原因主要包括管道腐蚀、施工违章、材料缺陷和第三方损害等,导致管道破裂的主要因素有第三方破坏、超压、焊接缺陷和腐蚀等。虽然单因素也能造成天然气管道事故,但更多的事故是多种因素联合作用引起的。

10.2.1　第三方损害

第三方损害是指以外力挤压或人为破坏的形式使天然气管道受到损坏,导致天然气泄漏、着火、爆炸等事故。第三方损害与天然气管道的埋设深度、路面活动状况、城市建设活动等有关。

1.埋设深度

埋设深度是影响天然气管道安全的直接因素,主要表现在地面对其的冲击作用。如穿过或沿公路敷设的天然气管道,在汽车,尤其是重型车辆经过时,对地面存在挤压作用,如果管道埋设较浅或覆土松软,汽车对地面的冲击力将直接作用至管道,每辆车通过时都会对管道形成冲击,汽车通过管道后缓慢回位。如此,在周期性或非周期性的冲击作用下,天然气管道会发生应力蠕变等,时间一长,因叠加效应而导致管道出现裂纹,甚至破裂。另外,穿越河流的天然气管道,如果管道埋设深度小于抛锚深度和挖泥深度,锚和挖掘机与管道碰撞,将损坏管道。管道保护层损坏后,会加速管道的腐蚀破坏。管道上的撞击裂纹会因其他外力而转变成裂缝。

此外,管道靠近表土时,受天气、温度的影响较大,管道的热胀冷缩率较高,容易导致拉应力无法补偿而造成局部管道裂纹。一般情况下,管道埋设得越深,受地面温度和地上交通活动的影响越小,管道周围的温度变化越小,温差基本恒定。当管道覆土大于埋设深度时,管道可以忽略地面活动、地表温度的影响。当管道埋设深度大于最大挖泥深度时,管道不再受河道船只的影响。

2.地面活动状况

天然气管道受敷设区域的活动,如沿线的建设活动、铁路及公路状况、附近的埋地设施及建筑占压情况等影响而存在安全隐患。在地面活动中,各类建设工程对管道的安全威胁最大,因施工过程中的开挖而造成的管道破裂事故数量也最多,主要是野蛮施工和未知管道布置而造成的。其次是占压,不可否认的是管道项目建成后,由于管理不规范、不到位,可能出现有些企业、私人在天然气管道敷设地面上搭建建筑设施、围墙,以及堆放重型物资等,长期占压会导致地层下沉、错位,从而导致管道变形、裂开。在天然气管道附近进行市政建设活动的频繁程度,也影响着管道的安全,尤其是道路、铁路建设及埋设其他埋地物等。总体说来,在天然气管道附近进行的动土活动越多,造成管道破坏的概率就越高;管道穿越道路越多,沿道路敷设越长,管道受到的冲击、错位的概率也就越高。

3.安全防护和沿线警示

天然气供应系统容易受外力破坏的地上设施主要是调压装置和阀门室。通常情况下这二者不会被其他物体、车辆所破坏,但如果有些司机违章驾驶,调压装置和阀门室就存在被车辆撞坏的可能性。管道沿线的警示警告标志、指示标志是否清楚,能否为人为活动提供明确管道的具体位置,使之注意,也会影响到管道安全。

10.2.2　天然气管道腐蚀

腐蚀是导致天然气管道穿孔、破裂的重要原因之一。

1.内腐蚀

内腐蚀包括天然气对管道的纯化学腐蚀和天然气中固体颗粒或管道中的残留物对管道

的磨损。

天然气和管道中的颗粒物,如天然气中未被净化的颗粒物、管道焊接过程中遗留在管道内的焊渣等,在高速天然气气流的带动下,会造成管道内壁的磨损,从而使管道受压能力减弱,使天然气泄漏风险增加。因此,天然气特别是高压天然气是否含有固体杂质以及天然气管道清管的效果都将直接影响管道内腐蚀程度。

2.外腐蚀

外腐蚀与管道埋设的土壤环境密切相关。土壤对管道的腐蚀一般分为自然腐蚀和电腐蚀两类。腐蚀性与土壤的含水率和电阻率有关。电阻率小于 500 $\Omega \cdot cm$ 时,产生的腐蚀电流较小,因而,管道腐蚀速率较低;电阻率大于 10000 $\Omega \cdot cm$ 时,腐蚀速率最大,对管道的破坏性也最大。

为防止土壤对管道的腐蚀,一般采取涂层保护措施,影响涂层效果的是根据不同地区土壤性质选取的涂料质量及涂层施工质量。通常使用的涂层材料有石油沥青、煤焦油、磁漆、聚乙烯、环氧粉末、聚乙烯三层结构、聚乙烯冷缠胶带等,不同涂层材料的防腐性能有一定的差异。然而,最关键的是涂层的施工质量,首要考虑的是选择有资质的施工单位,并能按照标准要求认真施工。施工单位是否有涂层质量监控保证体系及完善的施工、检验技术,将直接影响涂层的防腐效果。施工技术中的关键是施工人员的技术及资质。要求严格、技术精湛的作业人员能够及时发现管道自身的缺陷,并及时加以修补。

牺牲阳极的阴极保护法是比较有效的埋地管道保护措施。其原理是将较活泼金属或其合金连接在被保护的管道上,形成原电池,较活泼金属或其合金作为腐蚀电池的阳极而被腐蚀,被保护的管道则作为阴极而被保护。然而其保护效果受阳极金属选材和周围其他金属埋地体的影响较大。地下防腐是一个复杂的过程,阳极金属及管道埋地选点非常重要,选点不当,将与其他金属体形成腐蚀电池,失去保护管道的作用。在管道及阳极周围的其他金属埋地体越多,对管道的阴极保护作用也就越小。

另外,天然气管道还会受到所谓的应力腐蚀。应力腐蚀是指埋地管道在管道收缩时产生的拉伸应力、腐蚀环境及缺陷共同作用下产生的断裂破坏。尤其是在管道环境温度变化较大区域,应力腐蚀的破坏作用较大。应力腐蚀将直接导致管道的断裂。因此,应力腐蚀一般也称为应力腐蚀断裂。应力腐蚀是危害最大的腐蚀形态之一。它是一种"灾难性的腐蚀",例如高压天然气管道断裂,导致大量高压天然气外泄,危害极大。即使在腐蚀性不太严重的环境如含有少量负离子的水、有机溶液、潮湿环境等,也会引起强烈的应力腐蚀。应力腐蚀已成为腐蚀研究的重要方向之一。地下天然气管道敷设一般都不考虑拉伸应力的补偿措施,主要是靠弯角补偿,但弯角焊接处的拉伸应力破坏比直管的严重。

尽管采取了很多措施来保护管道安全,但不能完全根除各种因素对管道的破坏作用,只不过破坏作用有强有弱。破坏作用强,将缩短管道的使用年限;破坏作用弱,管道的使用年限将稍长。考虑各种因素而进行的埋地管道设计,有一个使用寿命的问题。如果超过规定管道使用年限,各种因素对管道的破坏程度增大,管道的安全性将很难估计和保证。

此外,影响天然气管道腐蚀的另一因素是局部更换管道时,新旧管道之间形成的电位差。电位差越大,腐蚀电流也越大,管道腐蚀速率越大。

10.2.3 误操作

误操作包括设计误操作、施工误操作、技术误操作、管理与监督误操作、运行维护与检测误操作等,这些误操作会导致天然气管网运行的安全性降低,风险增加。

1. 设计误操作

设计误操作主要是由设计人员在设计中工作不认真、未积极配合协商、不实事求是,以及技术水平低下、无实际经验等而造成的误操作。对设计误操作控制的关键是能否选择有资质、技术力量雄厚的设计单位,看这个单位有无完善的监督审核体系。一般情况下,好的设计单位,可在人员技术、管理监督、技术审核等方面,减少由设计带来的误操作。如果选择较差的设计单位或质量管理体系不完善的单位,则存在设计误操作的可能性将增大。

2. 施工误操作

施工误操作主要是由未按设计规定的技术要求进行施工造成的误操作,如焊缝有超过规定的缺陷、涂层质量不佳以及下沟回填时将涂层损伤,甚至造成管道本身损伤等。为减少或避免施工误操作,同样要求施工单位、施工人员应具有相应的资质和技术等级,有完善的施工监督管理体系。

施工安装质量低劣和违章施工等施工误操作引发的事故,表现为施工安装焊接质量低劣,存在未焊透、夹渣、气孔、未熔合等质量缺陷,防腐涂层材料的选择不当,涂层不均匀、不完全,管道缺陷修补不到位,不按设计图纸要求施工,错用材料,临时选配阀门,密封件无损探伤的比例、部位和评判标准不符合有关标准等。

3. 管理与监督误操作

管理与监督误操作是指未按项目的特点及可能出现的事故形式等制定完善的安全管理制度,如在线巡视制度、定期检测制度、检查制度、监督机制等而造成的误操作,包括检测人员不能有效地检测管道出现的各类隐患,阀门长时间未维护导致一旦事故发生就无法动作,由于经济管理等而造成管道年久失修,对各种违反规定的做法没有一套监督考核机制去有效控制等。

10.2.4　设计缺陷

保证天然气管道安全是一个系统性很强的工程,从设计、选材、施工、运行维护及管理,任一环节出了问题,都将为天然气管道安全留下隐患。诸多环节中,设计是最初的,也是最重要的一环。除以上各类危害因素外,设计还需考虑的因素有管道最大承受压力、管内水击因素、设计厚度、选材选型、土层移动、敷设线路选择、施工方案等。

1. 设计压力和水压试验压力

设计压力是天然气管道安全设计的基础数据,也是影响管道安全的首要因素。设计压力受天然气管道沿线使用压力、使用量以及安全条件的限制,通常情况下,实际操作压力小于最高设计压力,且设计压力与操作压力的比值越大,对管道的安全越有利,反之则会增加管道事故的风险。与管道安全有关的另一压力参数为水压试验压力。适当提高水压试验压力,可排除更多存在于焊接、密封和母材中的缺陷。水压试验压力通常取设计压力的1.5倍,当进行水压试验时,试验时间也是影响因素之一,时间越短,发现缺陷和隐患的机会就越小。

2. 气压波动和水击

管道内天然气压力的波动及管道承受外负荷引起的应力变化均可能因应力的交变及循环次数的增长,造成管道缺陷的疲劳裂纹扩展。裂纹扩展到某一临界量,会造成管道的疲劳断裂,形成事故。管道内天然气压力的波动最直接的影响来自分输站和门站的供气,其次是管道上各用气点,尤其是调压站、储配站内压缩机及阀门的影响。后者会形成水击现象,在局部产生高压,压力超过管道的最大承受压力,就会破坏管道。

受管内天然气压力波动影响较大的是紧急弯曲部分,如果对这一部分的应力分析失效,可能导致应力无法补偿而使管道局部出现裂纹。

3. 土层移动

管道处于不稳定的土层中,土壤温度及水分的变化可造成土壤的上凸及下陷,或管道埋设在冰冻线以上,冬季土壤结冰或形成冰柱、土壤膨胀等造成的土层移动,均会对管道造成应力断裂破坏。尤其是在地质层活动,如地震、地质塌陷等频繁的地区,管道的刚度越大,对土层移动就越敏感。因此,设计中应该充分进行实地考察分析,以免后患。

4. 敷设线路选择

天然气管道事故具有很大的社会影响力和危害性,在人口密度、工业密度非常大的城市敷设天然气管道,特别是高压天然气管道,选择合适的敷设路线是非常必要的。天然气管道敷设路线选择应考虑巡线、抢修、维护的便利,以及对居民、地上建筑、工厂、桥梁、公路、铁路等的安全影响,同时也要考虑对天然气管道安全的影响。

5. 选材与选型

设计中最重要的任务之一是管道、设备、仪表、防腐涂层等的选材选型。管道、防腐、焊接、密封等选用材料不当,阀门、管件选型不合理,将直接影响管道的安全性。其中,材料缺陷中相当一部分是制造过程形成的,包括制造质量低劣、管材本身存在原始缺陷、材料和表面加工粗糙、密封性能差等。其根源在于生产企业能否有效地进行质量控制和出厂控制。一般情况下,管道的壁厚应不小于设计厚度,在危险区域还要加厚处理等。设备选型也是影响管道安全的因素之一,如阀门与管道的配合、阀门与自动调节装置的配合等。

6. 施工方案

天然气管道地下敷设施工方案的选择是受敷设管道周围土质情况和地面活动影响的,国内外常采用的方法为有沟直埋、顶管法、定向钻法等三种,但有各自的适用范围。

有沟直埋是管道埋地敷设最常见的敷设方式,施工技术难度小,便于掌握地下信息,直观,但在岩土坚硬的区域开挖工程量大、进度慢,覆土与岩土脱节,岩石碎块会破坏管道的防腐涂层。定向钻法可以弥补有沟直埋带来的危害,也可保证管道周围的强度,保护管道安全。土壤比较松散的区域,有沟直埋很难保证覆土的硬度和强度,但顶管法可弥补这一缺陷。顶管法将松散的土壤向周围挤压,加大管道周围的土壤密度、强度。定向钻法适用的区域有大型河道、铁路、公路等,可避免对重要设施的破坏。对于不同的敷设区域,应合理采取施工方案,如果选择错误,除了会破坏重要设施外,也会给管道的安全带来隐患。施工方案中对不利地段管道的支护是非常必要的,选择合适的支护体和支护范围将直接影响管道的安全。

7. 阀门室防爆设计

阀门室是高中压天然气管道上除了各类站之外,唯一能进行人工操作、监护的空间场所,也是高中压天然气管道上重要的安全控制设施。由于阀门是一个活动的设施,容易导致密封失效,因而也是管道上天然气泄漏率较高的地方,阀门室又是一个相对密闭的场所,天然气泄漏后不易扩散,如果设计中未考虑整体防雷防爆及安全防护,将很有可能导致聚积的天然气与空气混合形成爆炸性气体而发生爆炸,直接影响管道安全。此外,阀门调节的弱电控制系统、动力系统与阀门的配合设计也是影响管道安全的因素之一。配合有误,将导致阀门无法关闭或假动作,管道事故得不到及时、有效的控制,从而影响下一管段。

10.3　天然气供应系统安全评价

　　城镇天然气输配管网系统由不同压力级制的管网、储配站、调压站等组成。由于城镇天然气管网部分属隐蔽工程以及天然气易燃易爆,并处于一定的压力状态,因此具有较大的危险性。天然气输配管网事故中,运输环节特别是管道的事故频率较高。天然气输配管网具有开放性(敷设在城市的大街小巷)、隐蔽性(埋设地下)、危险性(天然气泄漏后极易造成事故)和持续性(使用时间长)的特点。天然气输配管网敷设时的技术水平和敷设时的施工质量不高,运行管理疏忽,城镇管理不健全,安全意识薄弱等都会导致天然气输配管网运行存在安全风险。据估计,天然气输配管网事故的主要原因是第三方破坏、管道腐蚀、管材缺陷、焊缝缺陷、操作失误、附属设备故障等。其中第三方破坏,如机械施工、碰撞等造成的事故最严重。引起第三方破环事故的原因中人为因素居多。

　　严格地说,风险和危险是不同的,危险只是指破坏现象或过程的客观存在性,而风险则不仅意味着事故的客观存在性,而且还包含其发生的渠道和可能性。

　　为了消除或抑制系统存在的风险,有必要在充分揭示危险的存在及其发生可能性的基础上,进行分析评价,探究其危害后果,提出需采取的技术措施,以及预测采取这些措施后风险得到怎样的抑制或消除。这种评价称为风险评价(risk assessment),也称作安全评价(safety assessment)或危险度评价。风险评价这一现代安全管理的重要手段,可以帮助我们建立一种科学的思维方式,运用系统方法,及时、全面、准确、系统地识别各种危险因素,评价潜在的风险,并采取最佳方案,从而降低风险,以寻求最低的事故率、最少的损失和最优的安全投资效益。

10.3.1　风险概述

1. 风险的定义

　　对于风险的概念可以从经济学、管理学、保险学等不同的角度去认识。风险常被用于描述人们的财产受损和人员伤亡的危险情景。对风险的定义有多种,在此可以采用的风险定义为:风险是损失的可能性。风险具有两个基本特征,即不确定性和损失性。

　　风险是可以科学度量的。风险可表示为事故发生的可能性(或概率)与事故的后果的乘积。

　　单个风险:

$$R_i = P_{fi} \times C_i \tag{10-1}$$

　　总的风险:

$$R_t = \sum R_i \tag{10-2}$$

式中:P_{fi}——第 i 个事故发生的可能性(概率);

　　C_i——第 i 个事故的后果,主要包括经济损失、人员伤亡、环境破坏情况等;

R_i——第 i 个事故危险的风险值；

R_t——总的风险值。

2.风险的构成要素

为了进一步理解风险的含义,还必须理解风险的构成要素,即风险因素、风险事件、风险损失,以及它们之间的关系。

风险因素是指能够增加风险事故发生概率的因素,它是风险事故发生的潜在原因,是造成损失的内在原因。

风险事件是直接造成损失或损害的风险条件,是酿成事故和损失的直接原因和条件。风险事件的发生引起损失的可能性转化为现实的损失,它的可能发生或可能不发生是不确定性的外在表现形式。例如因水灾中断交通而引起巨大的经济损失,水灾就称为风险事件。因此,风险事件是损失的媒介,它的偶然性是客观存在的不确定性所决定的。

风险损失是风险的结果,是指非故意的、非计划的和非预期的经济价值的减少。这种损失分为直接损失和间接损失两种:直接损失是指实质性的经济价值的减少,是可以观察、计量和测定的;间接损失是由直接损失引起的破坏事实,一般是指额外的费用损失、收入的减少和责任的追究。例如,机器故障所引起的直接损失是生产线终端产品价值和产出的减少;而因未能按期交货而引起的客户索赔及订单减少,就是间接损失。

风险因素、风险事件和风险损失三者之间是紧密相关的。风险因素引发风险事件,风险事件导致风险损失,总称为风险。

10.3.2　风险评价

风险评价可以定义为,以系统安全为目的,按照系统、科学的程序和方法,对系统中的危险因素、发生事故的可能性及损失与伤害程度进行调查研究,进行定性和定量分析,从而评价系统总体的安全性以及为制定基本预防和防护措施提供科学的依据。它的着眼点是危险因素产生的负效应,主要从损失和伤害的可能性、影响范围、严重程度及应采取的对策等方面进行分析评价。

归纳起来,风险评价主要包括以下内容:

(1) 采用系统、科学的程序方法;

(2) 对系统的安全性进行预测和分析——辨识危险,先定性、后定量地认识危险;

(3) 寻求最佳的对策,控制事故(危险的控制与处理),达到维护系统安全的目的——控制危险性能力的评价。

按照风险评价结果的量化程度,风险评价方法可分为定性风险评价方法和定量风险评价方法。定量评价的过程相对复杂,这需要相关专业人员合作完成;而定性评价则要容易得多,主要实现方式是分析者主观判断,这也符合风险评价的特点。风险评价的基本流程如图10-3所示。

定义系统是指确定将要进行风险评价的对象。危害识别是指识别系统中的潜在危险因素。危害事件发生的时间、可能性的分析方法大致分为两类:历史数据分析法和系统可靠性分析法。危害事件发生的后果分析通常是指计算事故直接造成的人员和环境的损失,如人员伤亡、经济损失的分析。风险估计是综合危害事件发生的可能性分析和后果分析对风险进行估计。风险评价则是确定对估计得到的风险是否可以被接受,以及有何种对策等进行评价。

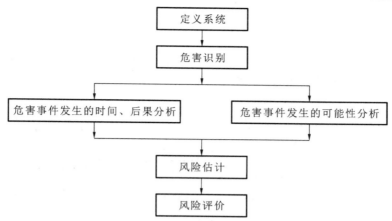

图 10-3　风险评价的基本流程

　　在确定可接受风险标准时,最简单、最直接的方法是:对于社会风险来说,定义一定标准的描述事故发生概率与事故造成的人员受伤或致死数之间的相互关系,例如采用累积频率-死亡人数曲线(F-N 曲线),荷兰的社会风险 F-N 曲线如图 10-4 所示;如果社会风险水平在这个标准曲线以上,则认为这种风险是不可接受的,反之,则认为可以接受。这样制定的风险标准易于使用,但是在实际应用过程中,评价标准应当有一定的灵活性。目前普遍接受的风险评价标准一般都可分为上限、下限及其间的"灰色区域"3 个部分,如图 10-5 所示。"灰色区域"也称为"ALARP(as low as reasonable practice)区域",这个区域的风险需要根据具体情况确定是否接受。

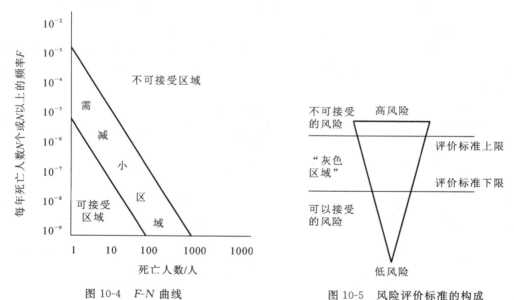

图 10-4　F-N 曲线　　　　　　　　　图 10-5　风险评价标准的构成

　　进行风险程度定量评价时,可以对风险的相关因素进行赋值,并利用一定的方法实现评价过程。定量风险评价的方法有很多,其中较好的一种是"管道风险指数评价法",用这种方法进行风险评价时,先对影响天然气管道风险的各种环境条件、人类行为,以及预防措施进行赋值,这些值需要通过一定的事故统计和计算以及相关的专家经验确定,最后通过一定的数学模型求出最终的风险程度。这种方法的优点是,对影响天然气管道的所有风险因素均加以考虑,信息量也非常大,可以最大限度地降低风险损失。

10.3.3 风险评价模型

管道风险指数评价法是一种定量风险评价方法,其基本模型如图 10-6 所示。管道风险指数评价法的实施分为两个部分。

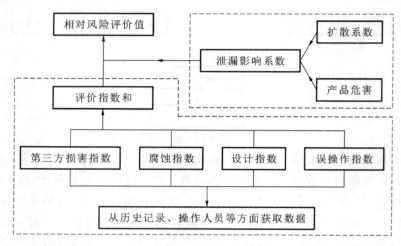

图 10-6 管道风险指数评价法的基本模型

首先,将影响管道风险的因素归纳为四类,即第三方损害破坏指数、腐蚀指数、设计指数和误操作指数,然后分别建立第三方损害破坏指数、腐蚀指数、设计指数和误操作指数的评价系统。根据危险无法改变但风险可以化解的理论,对每一指数评价系统按管道危险特性和为降低风险而适当采取的措施进行逐项分类。

每一个指数评价系统下属各分类项的重要程度取决于赋予指数值的大小。每一指数评价系统合计 100 分,四个指数评价系统总计 400 分。第三方损害破坏指数评价系统如表 10-1 所示。

表 10-1 第三方损害破坏指数评价系统

序号	分类项名称	赋予指数值/分	实际评价时可赋予指数值范围/分
1	管道最小埋设深度	20	0~20
2	路面活动状况	20	0~20
3	地上设施的安全防护	10	0~10
4	直呼系统	15	0~15
5	安全教育	15	0~15
6	沿线警示	5	0~5
7	在线巡视	15	0~15
合计		100	0~100

表 10-1 所示各分类项的赋予指数值所反映的是该分类项相对于其他各项的重要程度。赋予指数值越大意味着越重要。事故发生概率及其危害程度,以及预防措施的有效性均会影响指数值的分配。

表 10-1 中"实际评价时可赋予指数值范围"一项表示在针对某一管段进行风险评价时,根据实际情况可以赋予的指数值范围,其和越接近 100 分,说明评价对象受"第三方损害破坏"的影响越小。同理,可以建立腐蚀指数、设计指数和误操作指数评价系统。对某一具体管段或管段系统进行上述四个指数系统的评价,总得分越接近 400 分,说明评价对象状况越良好,管理越完善,事故发生的可能性越小。

其次,对管道事故潜在的危害程度进行分析,以获得危害性后果系数——泄漏影响系数,在这个过程中需要考虑天然气有害特性、管道运行状况以及管道所处位置等因素。

泄漏影响系数为天然气危害性评价分值与扩散系数之比,而扩散系数为泄漏分值与人口密度分值之比,即

$$泄漏影响系数(LC)=\frac{天然气危害性评价分值(G)}{扩散系数(SC)} \quad (10\text{-}3)$$

$$扩散系数(SC)=\frac{泄漏分值(L)}{人口密度分值(P)} \quad (10\text{-}4)$$

其中天然气危害性评价分值、泄漏分值和人口密度分值有各自的确定方法。

1. 天然气危害性评价分值

天然气的危害包括急剧危害和长期危害。天然气中的甲烷属"单纯窒息性"气体,浓度高会使人因缺氧而中毒。当空气中的甲烷的体积分数达到 25%～30% 时,人会出现头昏、呼吸加速、运动失调。另外,天然气中的主要成分甲烷,是一种温室效应气体,温室效应远强于二氧化碳的温室效应,因此具有长期危害。天然气危害性评价分值为急剧危害分值和长期危害分值(R_Q)之和,前者又为可燃性分值(N_F)、反应性分值(N_R)及毒性分值(N_H)之和。

因此

$$天然气危害性评价分值(G) = N_F + N_R + N_N + R_Q \quad (10\text{-}5)$$

典型气体的急剧危害分值和长期危害分值如表 10-2 所示。天然气危害分值最大为 22 分,其中急剧危害分值为 12 分,长期危害分值为 10 分。实际评价时,天然气危害分值最小为 1 分,这是为了避免出现在计算相对风险评价值时出现被零除的可能。

根据表 10-2,天然气的危险性评价分值可取 7。

表 10-2　典型气体的急剧危害分值和长期危害分值

气体	毒性分值(N_H)	可燃性分值(N_F)	反应性分值(N_R)
CO	2	4	0
Cl_2	3	0	0
C_2H_6	1	4	0
C_2H_4	1	4	2
H_2	0	4	0
H_2S	3	4	0
nC_4H_{10}	1	4	0
CH_4	1	4	0
N_2	0	0	0

气体	毒性分值(N_H)	可燃性分值(N_F)	反应性分值(N_R)
C_3H_8	1	4	0
C_3H_6	1	4	1

2. 泄漏分值

天然气泄漏后产生的气体云团遇到火源就会发生火灾和爆炸事故。云团越大,遇到火源的机会就越大,其潜在的破坏性也越大。天然气云团的大小与天然气泄漏速率有关而与泄漏总量无关。例如 10 min 内 500 kg 的天然气泄漏量所产生的云团可能比 1 h 内 1000 kg 燃气泄漏量产生的云团大得多。对于相同的泄漏量,相对分子质量小的天然气比相对分子质量大的天然气危害性小。因此,综合考虑泄漏速率和相对分子质量,泄漏分值可以参考表 10-3。

表 10-3 泄漏分值

相对分子质量	10 min 内天然气泄漏量/kg			
	0～2270	2270～22700	22700～227000	＞227000
≥50	4	3	2	1
28～49	5	4	3	2
≤27	6	5	4	3

3. 人口密度分值

在进行事故后果分析中,人的伤亡总是考虑的重点。管道附近的人口密度越大,一旦发生天然气泄漏事故,对附近人口的危害也越大。因此,管道附近的人口密度与事故潜在后果的严重性相关联。根据《输气管道工程设计规范》(GB 50251—2015),地区等级划分为四级,人口密度分值根据地区等级而定,如表 10-4 所示。地区等级划分的方法是沿管道中心线两侧各 200 m 范围内,将地区任意划分成长度为 2 km 并能包括最大聚居户数的若干地段,再按划分区域内的户数划分等级。在农村人口聚集的村庄、大院、住宅楼,应以每一独立户作为一个供人居住的建筑物计算。

表 10-4 人口密度分值

地区等级	人口密度	人口密度分值
一级	区域内户数小于或等于 15 户	1
二级	区域内户数大于 15 户且小于 100 户	2
三级	区域内户数大于或等于 100 户,包括市郊居住区、商业区、工业区、发展区以及不够四级地区条件的人口稠密区	3
四级	区域内有四层及四层以上楼房(不计地下室层数)普遍集中、交通频繁、地下设施较多	4

最终,根据上述的取值结果,计算出泄漏影响系数,然后用泄漏指数和除以泄漏影响系数,得到相对风险评价值,即

$$相对风险评价值(R) = \frac{泄漏指数和(E)}{泄漏影响系数(LC)} \tag{10-6}$$

相对来说,管道风险指数评价法简单易懂,其主要缺陷是评分过程带有主观性。在风险评价过程中,当完全凭借某些数据或数据不完整而无法判断风险情况时,特别是在实施风险评价的初期阶段,往往需要利用经验等要素进行主观判断。

10.3.4　风险管理

所谓风险管理就是指通过风险辨识、风险评价、风险对策以及多种管理方法、技术和手段对所设计的风险进行有效的控制,以消除风险因素或减少风险因素的危险性,在事故发生前降低事故发生的概率,在事故发生后将损失减小到最低限度,从而达到降低风险承担主体预期的财产损失的目的,以最少的成本保证系统的安全、可靠的过程。

隐患、风险、事故呈单向线性关系,只要消除隐患和风险其中任一环节就可以阻止事故的发生。但是很多隐患是客观存在的,是不以人的意志为转移的。因此阻止事故发生的关键是对风险进行有效的管理。

风险管理一般应遵循以下两个原则。

(1)风险最小化原则。这个原则的实质是通过科学的管理将各个方面工程建设的风险降到最低,将工程的实际投资控制在计划投资范围内,实际工期不超过计划工期,工程达到预期目标。

(2)风险的公平分配原则。这个原则的实质是对于无法避免的风险,在风险承担上应注意公平分配,根据参与各方承担能力大小,在经济、可行性上分摊风险。不公平的风险分摊容易导致更严重的后果。

风险控制是风险管理过程中的重要阶段,也是整个风险管理成败的关键所在。风险控制的目的在于改变生产单位所承受的风险程度,其主要功能是帮助生产单位避免风险,预防损失,当损失无法避免的时候,降低损失的程度及不良影响。

10.3.5　天然气输配系统风险评价基本过程

作为天然气供应系统的一部分,天然气输配系统的风险评价基本过程一般应包括系统划分和管道分段、基础数据收集、风险辨识、风险评价、风险可接受性判断、检查和检测、维护与改造对策、风险再评价等阶段。

1.系统划分和管道分段

天然气输配系统都是在不断的建设过程中规模不断扩大的。输配系统的不同部分风险差别极大,因而首先就要对系统进行分类和分段,将天然气输配系统划分成不同的子系统,如管道系统、调压装置、站场、监控系统等,并确定哪些系统需要进行风险评价。管道系统是连续系统,也需要根据其本身性质和环境状况的不同划分成不同的管段,使得每一段具有相似的风险,管段的平均长度应根据计划投入的精力而定,管段划分越细,风险评价工作量越大,风险评价的结果一般而言也更为准确。一条管道或一个区域管网,其潜在危险性沿管道的不同段不会是相同的。如果按一定管道长度或者一定管网区域划分,则体现不出管段所处环境、管道年龄等特点,且不论评价成本是否会降低,但评价准确性一定会下降。

根据城市天然气输配管网的特点,只检查每一条管道来进行风险评价是不切实际的,一般情况下可以参照建筑物密度、土壤腐蚀性、不同压力级制、不同管材等特征进行管段划分。

2.基础数据收集

天然气输配系统风险评价必须有足够的基础数据,其中最基本的数据就是评价对象自身的属性数据(如材料、管径、壁厚、压力、防腐层类型等)和环境参数(如土壤类型、周边封闭空间的分布、重要建筑物的距离等)。

3.风险辨识

采取系统的方法,对管道潜在的危险因素进行识别。风险辨识可能需要进行管道巡线检查或借助某些仪器进行检测。

4.风险评价

风险评价是指对管道的风险程度进行估计,包括定性风险评价、半定量风险评价和定量风险评价。

定性风险评价是一类简单实用的评价方法,不对风险进行量化处理,只对管道的事故可能性等级和后果的严重程度进行定性分级,结果以风险等级的形式表示。

半定量风险评价包含事故可能性、事故后果严重程度两方面;风险值都采用分值、指数等不具有量纲的相对数值。由于定量风险评价所需数据多、模型复杂,而定性风险评价又不能提供足够的风险信息,因此,半定量风险评价是目前采用最多的一类风险评价方法。

定量风险评价是风险评价的高级阶段,要求完备地列出主要的危害事件,定量地计算出危害事件的概率,计算危害事件的后果。后果通常用人员伤亡数量、经济损失等来表示。定量风险评价的风险结果是有量纲的,其量纲和后果评价所使用的量纲相同。定量风险评价需要大量的失效、事故、危害等相关的数据,难度较大。

5.风险可接受性判断

在定性风险评价或半定量、定量风险评价之后都可以对天然气输配系统的风险可接受性进行评判,评判标准应由天然气公司根据其安全投入计划、安全目标而定,对于不同风险可接受性的管道或设备,天然气公司应采取不同的反应,如某公司制定的风险可接受性标准如表 10-5 所示。

表 10-5 天然气输配系统风险可接受性标准

等级	可接受性	需要的措施
低	可忽略风险	无需增加措施
较低	可接受风险	日常巡线监视
中	可容忍风险	增加巡线频率,注意监控
较高	有条件的可容忍风险	增加巡线频率,严密监控,必要时实时验证、检查、检测
高	不能容忍风险	立即对管道进行验证、检查、检测,并严密监控,尽快改造
很高	无法接受风险	立即进行验证、检查、检测,核实后立即改造

6.检查和检测

根据风险评价的结果,首先应安排对高风险管段或设备进行检查、监控,若日常巡线方法不能发现问题,则需要进行检测(如打孔测漏、防腐层质量检测等)。若检测正常,则将检测结果纳入风险再评价中,从而降低管道风险水平;若检测发现情况更为严重,则需要调高其风险水平。

7.维护与改造对策

若经检查和检测,发现管道或设备确实存在问题,则应制订维护与改造对策,并评价维护与改造的成本与所获收益(如管道可持续的寿命)是否值得。若效益大于成本,应进行维护与改造,否则可考虑废弃该管道或设备。

8. 风险再评价

经过检查、检测、维护与改造后,应对该管道或设备进行风险再评价,不断循环。

对天然气输配系统进行科学、合理的风险评价具有以下作用和意义。

(1) 对天然气输配系统的不同管段等提供定性或定量的风险指标,并进行风险指标的大小排序,从而确定天然气输配系统的薄弱环节,为天然气输配系统的维护管理提供轻重缓急的顺序,最优地安排人力、物力和财力,确保安全的最大化和成本的最低化。

(2) 定量风险评价还能确定天然气输配系统各管段的安全风险期望值,天然气经营企业可根据确切的风险期望值制订安全投入计划,确定维护的方法和频率,从而做到既安全又不浪费。

(3) 定量的后果评价能够确定天然气泄漏、爆炸的危害范围,可为抢险、应急疏散等提供决策依据。

(4) 风险评价能找到风险的主要因素,从而做到有针对性地预防和维护。

(5) 风险评价是完整性管理的核心内容,完整性管理是当今世界工业先进的管理理念和方法,它包含了设计、施工、维护、检测等整个寿命过程的最优方案。

10.4　天然气站场安全评价

10.4.1　天然气站场危险性因素

城市天然气站场作为城市天然气输配系统的关键环节,具备天然气的储配、调度分流、工艺处理等功能。同时,这里是天然气输入和输出的场所,聚集了巨大的能量。城市天然气站场的重大危险事故基本上可以归结为巨大能量的意外释放,站场输配系统中聚集的能量越大,系统的潜在危险性越大。站场危险性因素从来源上主要分为内在危险因素和外来危险因素。

内在危险因素指可能导致事故发生的天然气站场本身的因素,主要有如下因素:

(1) 设备、设施的缺陷(强度不够,稳定性差,密封不良,应力集中,控制器缺陷等);

(2) 站场整体布局缺陷(站场选址不佳,站区布局分布设计不合理等);

(3) 设备失效(压力容器失效,法兰螺栓失效,电气控制失效等);

(4) 电危害;

(5) 噪声危害;

(6) 站场易燃易爆性。

外来危险因素指可能导致事故的发生的外部因素,主要有如下因素:

(1) 人员行为性错误(指挥失误,误操作,从事禁忌作业,处理不当,监护失效等);

(2) 外来冲击(起重吊装,外来车辆,电塔,台风,泥石流,山体滑坡,地震,运动物体危害等);

(3) 明火;

(4) 电化学侵蚀,酸雨腐蚀等。

天然气输气站场的安全状态一般指的是站场不会发生人员伤亡、财产损失、环境破坏等事故或者使工作人员产生职业病的状态。从理论上来说,危险是无法改变的,但风险可以通过人为的努力改变,人的合理行为一定程度上可以降低事故发生的概率,或者在事故发生后,可以降低损失的程度。采取的措施越多、越合理,风险系数就越小,但投入的资金也会越大,一般的做法是把风险控制在一定水平,并不断优化,最终寻找到最佳的投资方案。

10.4.2　天然气站场危险性评价方法

站场危险性评价以站场安全为目的,应用安全系统工程原理和工程方法,对站场输配系统中固有或潜在的危险进行定性或定量分析,综合评定站场系统的安全可靠性,为制订防治措施和安全管理方案提供依据。

站场危险性评价方法有很多种,根据评价程度可以分为定量评价和定性评价等两类。定性评价如美国 MILSTD-882A 标准,将危险度分为 4 级,事故发生的可能性分为 6 级。定量评价有概率危险性评价、生产作业条件危险性评价、火灾爆炸指数法等。天然气站场一旦发生事故,极有可能造成严重的人员伤亡和财产损失,因此选择概率危险性评价和生产作业条件危险性评价是比较适合的。

1.概率危险性评价

概率危险性评价计算公式为

$$D = PC \tag{10-7}$$

式中:D——危险度;

P——给定时间间隔内事故发生的概率;

C——事故后果严重程度,如经济损失金额、伤亡人数等。

2.生产作业条件危险性评价

生产作业条件危险性评价是一种简单易行的评价操作人员在具有潜在危险的环境中作业时危险性大小的半定量评价方法,其计算公式为

$$D = LEC \tag{10-8}$$

式中:D——危险性分值;

L——事故发生的可能性;

E——人员暴露于危险环境中的频繁程度;

C——事故发生后可能造成的结果。

表 10-6 至表 10-9 所示分别为 L、E、C 的取值范围和危险性等级的划分。

表 10-6　L 的取值范围

事故发生的可能性	分数值/分	事故发生的可能性	分数值/分
完全可以预料的	10	很不可能	0.5
相当可能	6	极不可能	0.2
可能,但不经常	3	实际不可能	0.1
可能性很小,完全意外	1		

表 10-7　E 的取值范围

事故发生的可能性	分数值/分	事故发生的可能性	分数值/分
连续暴露	10	每月一次	2
每天工作时间内暴露	6	每年几次	1
偶然暴露	3	非常罕见的暴露	0.5

表 10-8　C 的取值范围

事故发生的可能性	分数值/分	事故发生的可能性	分数值/分
大灾难,大量人员伤亡和财产损失	100	严重,重伤,较小的财产损失	7
数人死亡,大量财产损失	40	重大,致残,很小的财产损失	3
严重,1 人死亡,一定的财产损失	15	小事故	1

表 10-9　危险性等级划分

事故发生的可能性	D 值	事故发生的可能性	D 值
极度危险,不能继续作业	＞320	一般危险,需要注意	20～70
高危险,需要立即整改	160～320	稍有危险,可以接受	＜20
显著危险,需要整改	70～160		

天然气站场危险性分值的计算示例如下。

L:目前国内城市天然气站场基本为最近 10 年建设投产的,在站场设计、施工、运行过程中采用了大量的先进技术和设备,管理也汲取了其他国家的经验,应该说发生事故的可能性较小,因此取 $L=1$。

E:目前国内城市天然气站场运行管理都采用了 SCADA 系统,基本实现了站场的远程监控,站场运行人员无须经常性地在站场作业,只需定时到站区进行巡视和抄表查漏作业,因此取 $E=4$。

C:由于站场采用了大量的先进技术和设备,运行维护人员大大减少,例如,只要 2 个运行管理人员即可满足站场运行生产的全部需求,假如发生事故,造成的人员伤亡较小,因此取 $C=15$。

由此,$D=LEC=60$,在危险性等级划分里属于"一般危险,需要注意"。

安全问题是城市天然气企业的生命线,是城市天然气企业生存发展的根本。城市天然气站场是城市天然气企业安全生产的重点场所,了解天然气站场危险性因素及其评价方法,构建完整的天然气站场安全保障体系,是每个天然气企业、每位天然气从业人员必须履行的责任。

思　考　题

1.天然气泄漏的危害有哪些?为何要进行天然气供应系统的安全评价?

2.分析定性评价模型和定量评价模型的优势和劣势。

3.简述风险评价的基本流程。

4.在站场安全保障体系中,人员、设备、制度、安全文化四个要素是如何相互影响、相互制约的?

本章参考文献

[1] 齐刚,胡晓露,张巧同,等.天然气输气场站风险评价技术[J].化学工程与装备,2015(12):261-263.

[2] 魏璠,渠颖.天然气调压站安全评价与管理[J].煤气与热力,2010,30(10):41-44.

[3] 叶建国,赵建波.城市天然气场站危险性评价及安全保障体系的建立[J].安全生产,2007,389:20-23.

[4] 张军.城市天然气输配管网及应用系统的风险评价及管理研究[D].上海:同济大学,2007.

[5] 严铭卿,等.燃气工程设计手册[M].北京:中国建筑工业出版社,2009.

第 11 章　天然气供应节能技术

压缩天然气在储存、运输、使用的过程中,会释放大部分压力能,液化天然气在使用过程中也会产生大量的冷能。如果对这些能量加以利用,将会提高天然气的利用效率,产生巨大的经济收益,达到节能减排的目的。本章主要讲述天然气压力能和冷能利用的方式、领域和途径,并简单介绍天然气的放散处理。

11.1　天然气压力能回收利用

11.1.1　天然气㶲和压力能

长输天然气大多采用高压管道输送方式,输送的高压天然气经调压站将压力降至中压标准进入城市天然气管网,再借助调压箱或调压柜将压力降低至低压,再供用户使用。

在给定的输气量下,采用高输气压力可以减小管径,从而节省管材和施工费用,同时小管径条件下可以增大壁厚,提高管道的安全性。目前,世界上部分国家输气管道的最高设计压力如表 11-1 所示。

表 11-1　部分国家输气管道的最高设计压力

国家	中国	美国	德国	意大利	阿拉斯加
最高设计压力/MPa	10.0	12	8	8	10.0

表 11-2 所示的是我国部分天然气管道的基本参数。由此可见,我国西气东输管道、陕京二线输气管道和冀宁联络线输气管道的设计输气压力都达到了 10 MPa。

表 11-2　部分天然气管道的基本参数

输气管道	管道直径/mm	设计输气压力/MPa
北京-石家庄输气管道	508	6.3
涩-宁-兰输气管道	660	6.4
忠-武输气管道	711	6.4
陕-京一线输气管道	660	6.4
陕-京二线输气管道	1016	10
冀宁联络线输气管道	1016	10
西气东输管道	1016	10

　　高压天然气在输送过程中经过节流阀或做等熵膨胀后,压力和温度均会降低。如果能准确地分析在这个过程中高压天然气的能量变化状况,就能利用这部分可观的能量。烟是热力学中用于评价能量品位的参数,是热力学系统从给定状态到与周围介质平衡过程中可做的最大功。烟在孤立系统中不会增加,只会在自发过程中减少。在烟值为最小数值时,孤立系统为平衡状态,因此在自发过程中,烟还能成为自发过程中方向性和是否处于平衡状态的评判判据。这称为孤立系统烟减原理。利用烟减原理可分析高压天然气情况,进而评价天然气管网可利用的压力。对于一定状态的天然气,烟是指其具有的最大理论做功能力,对做定常流动的管道中的天然气,忽略动能烟和势能烟,其烟参数包括焓烟和压能烟,可表示为

$$e_x = c_p(T - T_0) - T_0\left(c_p\ln\frac{T}{T_0} - \frac{R}{M}\ln\frac{p}{p_0}\right) \tag{11-1}$$

式中:e_x——天然气比烟,kJ/kg;

　　c_p——天然气定压比热容,kJ/(kg·K);

　　T——天然气温度,K;

　　T_0——环境温度,K;

　　R——摩尔气体常熟,一般取 8.3145 kJ/(kmol·K);

　　M——天然气的摩尔质量,kg/kmol;

　　P——天然气压力,MPa(绝对);

　　P_0——环境压力,MPa(绝对)。

　　式(11-1)中压能烟由压力比对数项表示。

　　环境温度、系统压力等因素的变化都将对天然气烟产生影响。随着高压天然气输气压力的增大,天然气烟将增大;同样,随着排出压力的减小,可被利用的天然气烟也将增大。一般从参数特征表述,将高压天然气烟的利用称为压力能利用。这部分能量的利用在国内尚未引起足够的重视。如果能采用适当的方式回收利用,将能在很大程度上提高能源利用率和天然气管网运行的经济性。随着天然气应用力度的逐渐增加,天然气管网的发展,高压天然气能量回收利用技术具有广阔的发展空间及现实意义。

11.1.2　天然气能量利用的基本方式

　　对天然气蕴含的巨大能量的利用可借助多种热力机械做功回收以及相应的低温制冷方式回收,如透平膨胀机、节流阀、气波制冷机、涡流管等。

　　1.透平膨胀机制冷

　　透平膨胀机是液化天然气生产工艺的主要设备。透平膨胀机主要利用高压气体膨胀降压时向外输出机械功而使得温度降低以获得冷能,是一种有效的冷能回收设备。当天然气负荷比较稳定时,透平膨胀机利用天然气压力制冷的效率可达到70%~80%。

　　在利用透平膨胀机调压时,高压天然气的膨胀降压过程可以归纳为:高压天然气进入静喷嘴环流道内流动时,压力降低,速度提高;在其射入动叶栅流道后流出时,出入口动量矩的改变使气流对叶栅做功,气流的流速降低,动能下降,滞止焓降低,从而达到对外输出机械功和制冷的目的。

　　2.气波制冷机制冷

　　压缩气体经喷管膨胀,流速增大而压力降低。这种高速气流随气体分配器的转动而间

歇地射入各振荡管内,与管内原有气体形成一接触面,并在接触面的前方出现一道与射流同方向运动的激波。激波扫过之处的气体被压缩,温度升高,高温气体通过管壁向环境散热。在充气阶段,激波对罐内气体做功所需的能量主要由高压气源提供,此时接触面后的气体只是经过等熵膨胀获得高速,温度亦降低,但未对外做功;如果膨胀过程为定常过程,则对理想气体而言,气体的滞止温度不变。射气停止后,工作管开口截面与低温配气管相连通并开始排气膨胀。在排气阶段,激波继续对气体做功,所需的能量由进入管内的射流提供,气体对外做功,滞止温度下降,从而实现制冷。

气波制冷机实质上是一种激波机器,冷效应主要依赖气波在振荡管内的运动来实现。激波对气体产生制热作用,而膨胀波则对气体产生制冷作用。各种波在气波振荡管内相互作用,使振荡管产生冷、热效应,并直接决定气波制冷机的制冷效果。

3. 涡流管制冷

涡流管的原理如图 11-1 所示。压缩空气喷射进涡流管的涡流室后,气流以高达 1000000 r/min 的速度旋转着流向涡流管热气端(右侧)出口,一部分气流通过控制阀流出,剩余的气体被阻挡,在原气流内圈以同样的转速反向旋转,并流向涡流管冷气端(左侧)。

图 11-1　涡流管原理图

根据角动量守恒原理,内侧涡流体的角速度高于外侧涡流体的角速度,两个涡流体之间的摩擦力使气体还原为同一角速度运动,就像固体旋转一样。这样就导致内层减速和外层加速,内层损失了部分动能,温度下降,外层接受内层能量,温度上升。其结果是,一股高压气流经涡流管加压处理后,将会在管中心产生一股很冷的冷气流,在外侧产生一股很热的热气流。在此过程中,内环冷气流从左侧流出,外环热气流从右侧流出,即形成了涡流管的热气端和冷气端。

冷气流的温度及流量大小可通过调节涡流管热气端阀门控制。涡流管热气端出气比例越高,则涡流管冷气端气流的温度就越低,流量也相应越小。

11.1.3　天然气压力能利用系统

1. 联合循环发电压力能利用

天然气管网压力能利用的联合循环发电流程如图 11-2 所示。该流程中,首先,高压天然气通过透平膨胀机膨胀做功,并带动压气机工作,减少燃气轮机消耗在压气机上的功,从而增大对外输出功,增加发电量;其次,膨胀后的低温天然气用于燃气轮机的进气冷却,增加燃气轮机的处理和发电量(环境空气温度每降低 1 K,其输出功率增加近 1%);然后,温度依然很低的天然气通往冷凝器,从而降低气体的饱和压力,提高冷凝器真空值,这样可以提高机组效率;最后,温度依然较低的天然气通过排烟余热回收器,利用回收的排烟余热加热,以较高的温度进入燃烧室。这个联合循环发电系统不仅可以避免高压天然气管道压力能的浪费,还能提高蒸汽联合循环的循环效率,在很大程度上提高了能源的综合利用效率。

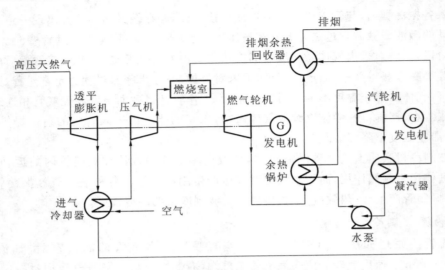

图 11-2　联合循环发电流程

　　该联合循环发电系统用于建设调峰发电厂是实际可行的高压天然气压力能利用方式。在这种系统中同时有多种燃料发电进行调峰。在用电高峰时多用天然气发电,用电低峰时少用甚至不用天然气。

　　在城市天然气系统中选择适合利用天然气压力能的部位,是将天然气压力能转化为实际应用的重要问题。例如,天然气管网中的调压站,由于布局分散,不利于建设大型电力回收系统,且发电时要求天然气压力和流量相对稳定,而天然气的使用存在着严重的季节、昼夜,以及小时的不均匀性,无法满足该设备的稳定运行的要求,因此在调压站中,高压天然气压力能用于发电存在着较大的困难。针对所存在的问题可以考虑,在中小型调压站中,采用微型透平发电装置实现小区或某一楼宇供电,满足局部供电需求。

　　2.天然气门站压力能利用

　　传统冷库制冷采用电压缩氨膨胀制冷,需要消耗大量的电力。以氨为制冷剂,1 kW 的电力可制得大约 2 kW 的冷能,将天然气压力能用于冷库可大大降低冷库的运行成本。图 11-3 所示的是某门站利用气波制冷机回收压力能的工艺流程简图。

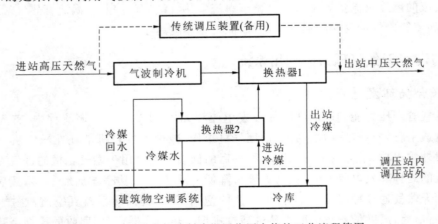

图 11-3　门站内气波制冷机回收压力能的工艺流程简图

　　冷能获取部分:在门站内,建设有压力能、冷能转换及相关的换热设备、工艺管道等,气波制冷机既是压力能、冷能转换设备,又执行调压功能。

冷能利用部分:在门站外,通过两条冷媒管道与门站设备相连。

有一种利用高压天然气膨胀制冷的脱水工艺,用气波制冷机作为高压天然气的降压设备,用获得的冷能直接为天然气制冷,天然气经分离脱水提纯后再继续外输,经此处理后不仅不会再出现冻堵阻塞现象,而且提高了天然气的纯度和质量。再通过两级预冷分离和甲醛滴注等方式,最终实现天然气脱水。

3. 天然气制冷综合压力能利用

天然气调压站在实际调峰时,为了不使降压后的天然气温度过低,在天然气膨胀前要先将其预热。将膨胀后的低温天然气冷能进行回收用于不同冷能用户,具有一定的实用性。但高压天然气压力能用于制冷时多数只利用了膨胀制得的能量;且采用气波制冷机,制冷效率较低。

为进一步提高压力能回收利用率,如图 11-4 所示,在利用膨胀后的低温天然气冷能的同时,利用透平膨胀机输出功驱动压缩机做功,节省了压缩机电耗。

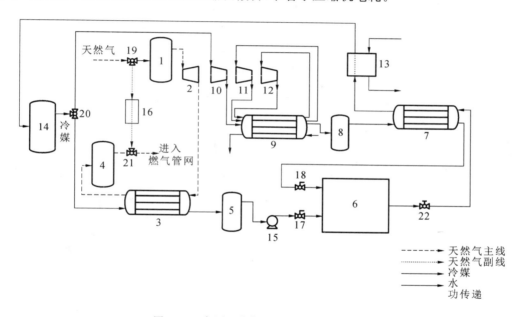

图 11-4　高压天然气压力能利用工艺流程

1—高压天然气调峰罐;2—透平膨胀机;3、7、9—换热器;4—低压天然气调峰罐;

5、8—液冷媒罐;6—冷库;10、11、12—压缩机;13—冷水空调;14—气冷媒储罐;15—离心泵;

16—天然气门站原有调压阀等调压设备;17、18—节流阀;19、20、21—三通阀;22—阀门

该工艺包含天然气压力能制冷和冷能利用两个单元。其中压力能制冷又分为两种方式,即利用冷媒回收高压管道天然气膨胀后的低温冷能,同时将透平膨胀机输出功用于压缩制冷系统中,压缩后的气态冷媒经冷凝后进入冷媒储罐备用。冷能利用单元是指将上述过程所制得的冷能充分用于冷库、冷水空调或其他冷产业。该工艺是在利用高压管道天然气压力能制冷的普遍方式基础上加入了透平膨胀机输出功回收环节,并将其与传统的电压缩制冷系统联合,节省了压缩机功耗;同时,工艺中高、低压天然气调峰罐的使用,起到了稳定天然气气流的作用,保证了透平膨胀机输出功的稳定性。

4.天然气水合物储气调峰压力能利用

将膨胀后低温天然气的冷能用于液化天然气或者生产天然气水合物(NGH),以此方式进行调峰。高压天然气在调压过程中会发生很大的温降。天然气水合物一般在低温、高压的条件下液化生成,其生成过程是放热反应。将高压天然气降压过程与天然气水合物的生成工艺有机地结合起来,一个制冷,一个放热,不但使高压管网天然气的压力能得以有效回收和利用,而且可为换热器提供冷却介质,将生成水合物时产生的反应热迅速移除,从而提高天然气水合物的生成速率和储气量。

5.天然气压力能副产液化天然气

利用透平膨胀机的制冷特性来生产液化天然气,在国内外都有实例,生产的液化天然气可以用作调峰储备,也可以用作汽车燃料。液化天然气产量与可获得的压差(透平膨胀机进口压力与出口压力的差值)直接相关。压差越大,天然气液化率越高,通常条件下可达10%～30%。

熊永强等人提出一种利用膨胀制冷及热集成技术在城市门站使用的天然气液化流程,如图 11-5 所示。

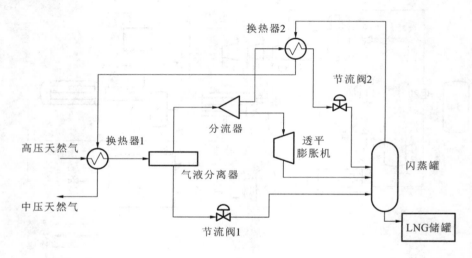

图 11-5 天然气液化流程

高压天然气经换热器 1 预冷部分液化后,进入气液分离器。分离出的液相经节流阀 1膨胀至中压,温度降低,形成气液混合物。分离出的气相经分流器分为两股,一股进入透平膨胀机中膨胀至中压,温度剧降,形成气液混合物;另一股经换热器 2 预冷部分液化后,再经节流阀 2 膨胀至中压,形成气液混合物。三股气液混合物一起进入闪蒸罐中,分离出气相天然气(中压)和液化天然气,前者作为原料气预冷冷源,换热后进入中压管网,后者进入储罐储存。在城市门站安装带透平膨胀机的天然气液化装置,用气低谷时通过透平膨胀机产生冷能用于天然气液化。生成的液化天然气输入储罐,用气高峰时将其气化起到调峰作用。

6.其他利用技术

(1)用于天然气化工行业。如对合成氨装置进行改进,将原料气分为两股,一股用作生产,另一股经膨胀制冷,用于净化处理原料气或氨合成工序中氨的分离。

(2)用于城市冷库。回收压力能制冷作为冷库的冷源。

11.2　天然气冷能回收利用

液化天然气是天然气经过脱酸、脱水处理，通过低温工艺冷冻液化而成的低温（−162 ℃）液体混合物。每生产 1 t 液化天然气，耗电功率约为 850 kW · h，而在 LNG 终端站或 LNG 气化站中，一般又需将液化天然气汽化输送。液化天然气汽化时放出很大的冷能，其值大约为 830 kJ/kg（包括液态天然气从储存温度上升到环境温度的显热）。若采用气化器，这一部分冷能通常在气化器中随海水或空气被舍弃，造成能源的浪费。为此，通过特定的工艺技术利用液化天然气冷能，可以达到节省能源、提高经济效益的目的。近年来我国的科研工作者也开发了一系列工艺流程利用液化天然气冷能，主要分两种途径：一种是建设大型空分装置。例如液化天然气冷能的三塔空分流程装置，在生产高纯度液氧和液氮产品的同时，为富氧燃烧装置提供大量低功耗的高压氧气，将液化天然气冷能用于分离空气中的氧气，得到的液氧用于燃烧烟气中二氧化碳，能实现电厂中的低成本碳捕获。另一种是液化天然气与绿色制冷剂换热，制冷剂再进一步合成气精制过程中的冷媒。同时国外也已对液化天然气冷能的应用展开了广泛研究，并在低温发电、空气液化及冷冻食品等方面得到实用，经济效益和社会效益非常明显。

11.2.1　液化天然气冷能利用的㶲

LNG 是低温液体混合物，与外界环境存在着温度差和压力差。LNG 通过一系列可逆过程，由初态最终到达与环境平衡的终态，在这一过程中可以通过系统稳定流动能量方程计算出 LNG 的最大有用功。采用㶲的概念可以对 LNG 的冷能进行评价，冷能㶲反映了 LNG 中能量发生和传递的趋势，揭示了系统内部能量的大小、成因以及分布情况，为合理利用冷能提供了依据。

LNG 的冷能㶲 e_x 可分为压力 p 下由热不平衡引起的低温㶲 $e_{x,th}$ 和环境温度下由压力不平衡引起的压力㶲 $e_{x,p}$，即冷能㶲：

$$e_x(T,p) = e_{x,th} + e_{x,p} \tag{11-2}$$

式中：

$$e_{x,th} = e_x(T,p) - e_x(T_0,p) \tag{11-3}$$

$$e_{x,p} = e_x(T_0,p) - e_x(T_0,p_0) \tag{11-4}$$

11.2.2　液化天然气发电

要提高液化天然气发电系统的整体效率，必须考虑液化天然气冷能的利用，否则，发电系统与利用普通天然气的系统无异。

液化天然气冷能的应用要根据液化天然气的具体用途，结合特定的工艺流程有效回收液化天然气冷能。概括地说，液化天然气冷能利用主要有：① 直接膨胀发电；② 降低蒸汽动力循环的冷凝温度；③ 降低气体动力循环中的吸气温度；④ 以液化天然气的低温利用低位热源。

1. 天然气直接膨胀发电

在系统中液化天然气由泵进行加压,经加热汽化,进入透平发电机组发电。利用高压天然气直接膨胀发电的基本流程如图 11-6 所示。从液化天然气储罐来的液化天然气经低温泵加压后,在蒸发器受热汽化为高压天然气,然后直接驱动透平膨胀机,带动发电机发电。

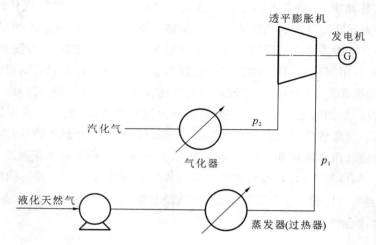

图 11-6　天然气直接膨胀发电的基本流程

这一方法的特点是原理简单,但是效率不高,发电功率较小,在系统中增加了一套透平膨胀机设备,而且如果单独使用这一方法,则液化天然气的冷能不能得到充分利用。因此,这一方法通常与其他液化天然气冷能利用的方法联合使用。若天然气最终不是用于发电,则可考虑利用此系统回收部分冷能。采用天然气直接膨胀方式可回收能量的大小取决于膨胀前后气体压力比,如气体供给压力要求低于 3 MPa,则循环回收能量的经济性较好,实际应用中为增加系统回收效率,还可采用多级透平膨胀机回收能量。

2. 液化天然气的蒸汽动力循环

最基本的蒸汽动力循环为朗肯(Rankine)循环,如图 11-7 所示。

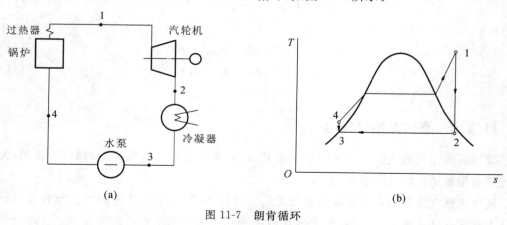

图 11-7　朗肯循环

(a) 流程图　(b) T-s 图

　　朗肯循环的发电设备由锅炉、汽轮机、冷凝器和水泵组成。在过程 4—1 中,水在锅炉和过热器中定压吸热,由未饱和水变为过热蒸汽;在过程 1—2 中,过热蒸汽在汽轮机中膨胀,对外做功;在过程 2—3 中,做功后的乏汽在冷凝器中定压放热,凝结为饱和水;在过程 3—4 中,水泵消耗外功,将凝结水压力提高,再次送入锅炉。

　　朗肯循环的对外净功为汽轮机做功 W_t 与水泵耗功 W_p 之差(后者相对来说很小),即

$$W = W_t - W_p = (h_1 - h_2) - (h_4 - h_3) \tag{11-5}$$

朗肯循环的效率为对外净功与从锅炉的吸热量之比,即

$$\eta = \frac{(h_1 - h_2) - (h_4 - h_3)}{h_1 - h_4} \tag{11-6}$$

　　通常,冷凝器采用冷却水作为冷源。这样,循环的最低温度就限制为环境温度。另一方面,汽轮机排出的水蒸气在冷凝器中由冷却水冷却。对于朗肯循环来说,如果保持吸热过程不变而降低冷凝器放热温度,则 W_t 会显著增大。虽然 W_p 也会略有增大,但 W_t 的增大将远远大于 W_p 的增大。因此,随着冷凝温度的降低,相应冷凝压力降低,循环净功和循环效率都将增大。

　　(1) 常规发电。液化天然气的汽化温度很低(−162 ℃),秋冬季由于海水本身温度较低,常规采用的海水气化器大量放热,有结冰的危险。因此,对于液化天然气汽化来说,可以利用冷却水汽化液化天然气,既避免了结冰的危险,又降低了汽化的费用。液化天然气用于朗肯循环发电中,其汽化与乏汽的冷凝结合起来,液化天然气汽化后进入锅炉燃烧(在低温朗肯循环中天然气则送到其他用户外使用),而乏汽在低温下冷凝。

　　(2) 低温热源发电。在冷凝温度显著降低的情况下,蒸发温度也可显著降低,因而可以用普遍存在的低品位能,如工业余热热能、地热能、海水能、空气能或太阳能等作为高温热源,利用液化天然气作为冷源,采用某种有机工质作为工作工质,组成闭式低温蒸汽动力循环,这就是在低温条件下工作的朗肯循环。这种低温朗肯循环是利用液化天然气冷能的朗肯循环的主要方式。在低温朗肯循环中,循环几乎不需要外界输入功和有效热量。

　　要有效利用液化天然气的冷能,低温朗肯循环工质的选择十分重要。工质通常为甲烷、乙烷、丙烷等单组分工质,或者采用以液化天然气和液化石油气为原料的多组分混合工质。由于液化天然气是多组分混合物,沸点范围广,混合工质可以使液化天然气的汽化曲线与工质的冷凝曲线尽可能保持一致,从而能提高气化器的热效率。

　　以上两种朗肯循环可以结合使用。图 11-8 所示的复合循环由两个朗肯循环组成,工质分别为丙烷和甲烷。工作过程为:① 丙烷液体吸收汽轮机排出蒸汽的废热而汽化,高压蒸汽驱动透平膨胀机发电,做功后的丙烷蒸气在冷凝器中放热被甲烷冷凝。② 高压液体甲烷吸热汽化,驱动透平膨胀机发电,做功后的甲烷蒸气放出热量被液化天然气冷凝。③ 液化天然气汽化,再经海水换热器升温,驱动透平膨胀机发电,做功后的液化天然气经海水换热器升温供向管网。通过这样一个复合循环,有效地利用蒸汽废热,汽化液化天然气并发电,可以提高燃气轮机联合循环的热效率。

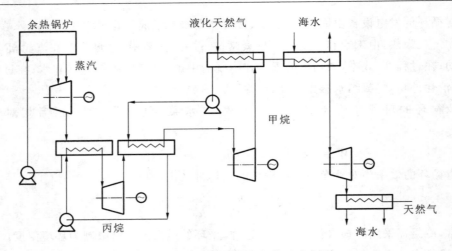

图 11-8 复合朗肯循环发电装置示意图

3.液化天然气的气体动力循环

气体动力循环有多种形式,按其工作方式不同,可分为燃气轮机循环、往复式内燃机循环和斯特林外燃机循环、喷气式发动机循环等。

11.2.3 液化天然气冷能用于空气分离

根据前述分析,应在尽可能低的温度下利用液化天然气冷能。由于空分装置中所需达到的温度比液化天然气温度还低,因此,液化天然气的冷能能得到最佳利用。如果说在发电装置中利用液化天然气冷能是可能最大规模实现冷能利用的方式,则在空分装置中利用液化天然气冷能应该是技术上最合理的方式。利用液化天然气的冷能冷却空气,不但能大幅度降低能耗,而且能简化空分流程,减少建设费用。同时,液化天然气汽化的费用也可能降低。

空分装置利用液化天然气冷能的流程可以有多种方式。目前主要有三种方式:① 液化天然气冷却循环氮气;② 液化天然气冷却循环空气;③ 与空分装置联合运行的液化天然气发电系统。图 11-9 所示的为压缩机进气冷却的液化天然气联合循环系统。

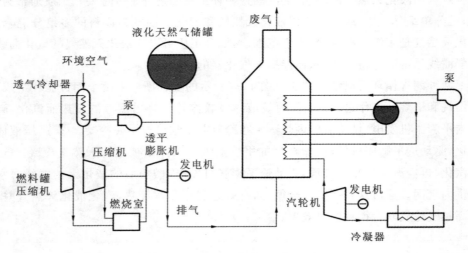

图 11-9 液化天然气联合循环系统

11.2.4　液化天然气冷能用于食品冷冻

传统的冷库都采用多级压缩制冷装置维持冷库的低温,电耗很大。如果采用液化天然气冷能作为冷库的冷源,将冷媒冷却到 -65 ℃,然后通过冷媒循环冷却冷库,可以很容易地将冷库温度维持在 $-50 \sim -55$ ℃,电耗降低 65%。考虑到液化天然气基地一般都设在港口附近,一是方便船运,二是通常的汽化都是靠与海水的热交换实现的,大型的冷库基本上也都设在港口附近,以方便远洋捕获的鱼类的冷冻加工。因此,在液化天然气终端站的旁边建低温冷库,可以利用液化天然气的冷能冷冻食品。将液化天然气与冷库冷媒在低温换热器中进行热交换,冷却后的冷媒经管道进入冷冻库、冷藏库,通过冷却盘管释放冷能,实现对食品的冷冻和冷藏。这种冷库不仅不用制冷机,节约了大量的初投资和运行费用,还可以节约大量的电能。与传统低温冷库相比,采用液化天然气冷能的冷库具有占地面积小、投资费用低、温度梯度分明、维护方便等优点。

利用液化天然气冷能的冷库流程,按冷媒运行时是否有相变分为两种:冷媒无相变的流程与冷媒发生相变的流程。前者指整个运行过程中,冷媒保持液态不变,冷能靠冷媒的显热来提供;后者指冷媒在冷库的冷风机内蒸发,主要靠汽化吸热来提供冷能。

11.2.5　液化天然气冷能用于低温粉碎

大多数物质在一定温度下会失去延展性,突变为脆性。低温工艺可以利用物质的低温脆性,进行低温破碎和粉碎。低温破碎和粉碎具有以下特点。

(1)室温下具有延展性和弹性的物质低温下变得很脆,可以很容易被粉碎。

(2)低温粉碎后的微粒有极佳的尺寸分布和流动特性。

(3)食品和调料的味道和香味没有损失。

基于以上特点,低温破碎轮胎等废料的资源回收系统和食品、塑料的低温粉碎系统已投入使用。而利用液化天然气冷能空分产品低温粉碎轮胎和塑料,可节约传统工艺的制冷能耗,节能效果显著,成为发达国家发展最快的废旧橡胶综合利用技术之一。同时,低温粉碎的市场和政策环境良好,适用于对橡胶、塑料及铜、铝、锌等金属工业和民用废弃物的资源进行回收再利用,对充分利用再生资源、摆脱自然资源匮乏、减小环境污染、改善人们的生存环境具有重要意义,是经济效益和环境效益相结合的重点利用方向。

11.2.6　液化天然气冷能用于制取液态二氧化碳和干冰

液态二氧化碳是二氧化碳气体经压缩、提纯、液化得到的。传统的液化工艺将二氧化碳压缩至 $2.5 \sim 3.0$ MPa,再利用制冷设备冷却和液化。而利用液化天然气的冷能,则很容易获得冷却和液化二氧化碳所需要的低温,从而将液化装置的工作压力降至 0.9 MPa 左右。与传统的液化工艺相比,制冷设备的负荷大为减小,电耗也降低为原来的 $30\% \sim 40\%$。

利用液化天然气冷能制取二氧化碳液体和干冰最大的弊端是液化二氧化碳所需的温度($-60 \sim -50$ ℃)与液化天然气冷能品位(-162 ℃)相差太大,冷能回收率低,只适合与其他回收利用项目联合使用。此外,其生产装置需要选择建设在排放大量气态二氧化碳的工厂附近,确保原料供应充足。如果 LNG 接收站周边建设有钢厂和火电厂等二氧化碳集中排放源,可以考虑建设干冰或二氧化碳液体生产项目。

11.2.7　液化天然气冷能用于海水淡化

利用冷冻法进行海水淡化具有其他海水淡化工艺不具备的优点。

(1) 用蒸馏法得到的几乎是蒸馏水,即所谓的纯水。用冷冻法时除了重离子被沉淀外,一些人体需要的有益微量元素仍然保留在水中。

(2) 水的汽化热在 100 ℃时为 2257.2 kJ/kg,水的融化热仅为 334.4 kJ/kg,冷冻法与其他淡化方法相比能耗较低。

(3) 冷冻法是在低温条件下操作,设备的腐蚀和结垢问题相对缓和。

(4) 不需对海水进行预处理,降低了成本。

(5) 特别适用于低附加值的产业,如农业灌溉等。

目前将冷冻法与其他方法相结合,不仅可以减少浓盐水排放带来的环境污染问题,而且可以综合利用海水资源,开发副产品,如蒸馏-冷冻、反渗透-冷冻、太阳能-冷冻等。

利用液化天然气冷能,把液态海水固化,先驱除海水中的大量盐分,然后再经过反渗透法得到淡水,这种方法可以比上面的方法节约 40% 左右的能源。综合考虑各种因素,冷冻法在经济上和技术上都具有一定的优势。此外,以上方法的组合也日益受到重视。在实际选用中,究竟哪种方法最好,也不是绝对的,要根据规模大小、能源费用、海水水质、气候条件,以及技术与安全性等实际条件而定。

实际上,一个大型的海水淡化项目往往是一个非常复杂的系统工程。就主要工艺过程来说,包括海水预处理、淡化(脱盐)、淡化水后处理等。其中,预处理是指在海水进入起淡化功能的装置之前对其所作的必要处理,如杀除海生物、降低浊度、除掉悬浮物(反渗透法)或脱气(对蒸馏法)、添加必要的药剂等。淡化(脱盐)则是指除掉海水中的盐分,是整个淡化系统的核心部分。这一过程除要求高效脱盐外,往往需要解决设备的防腐与防垢问题,有些工艺中还要求有相应的能量回收措施。后处理则是指对不同淡化方法的产品水,针对不同的用户要求所进行的水质调控和储运等。海水淡化过程无论采用哪种淡化方法,都存在着能量的优化利用与回收、设备防腐和防垢,以及浓盐水的正确排放等问题。

11.3　天然气放散及控制

随着国内天然气置换热潮的到来,城市燃气正在经历由人工煤气、液化石油气向天然气置换的过程。而管网放散在这一置换工程中占据着重要地位,它关系到整个置换工程的进度与安全。同时,天然气的放散问题也关系到天然气的利用效率。良好的放散控制也对天然气节能有所帮助。

11.3.1　放散方法和地点选择

天然气放散是指在管道投入运行或置换改造时利用放散设备排空管内的空气、原有天然气,防止在管道内形成爆炸性的混合气体的技术。天然气放散通常采用的方法有:直接放散法,燃烧放散法,吸收法等。

　　放散地点的选择直接关系到放散的安全。对不同的管道进行放散时要因地制宜,选择合适的放散地点。

　　对于市政管道,放散地点一般设在管道上的凝液缸、阀门井、放散井等处。放散时要远离高压电线、公共建筑、民宅以及行人密集的路口等。对于庭院管道,放散地点通常设在上升立管阀门下端的放散阀、阀门井、凝液缸、放散井等处,也可选择地面表箱的放散阀处。对于楼栋内管道,通常利用天面的放散阀,以及下降立管的排液阀等直接放散。户内管道的天然气比较少,可用软管引至户外直接放散或直接利用燃具进行燃烧放散。放散要尽量选择在夜间或来往人员较少的时段,以减少放散的不安全因素。

　　同时,为安全起见,放散点应配备必要的防护用品及消防器材,尤其是对于中压管道,应在放散区域设防护栏,禁止行人围观,避免发生意外。

11.3.2　放散设备的探讨

　　明火放散的火焰很高,给人造成一种内心的恐惧感,也具有相当的危险性,故最好选择一种燃烧器或者火炬放散设备来进行燃烧放散。简单的做法是将放散管的末端锤扁,这样可以加大阻力,减小气流速度,从而降低放散火焰高度,此时放散火焰高度最高可达 $4 \sim 5$ m,稳定后约为 3 m。该做法简单,但火焰高,较为危险。也可自制简易的燃烧器来进行燃烧放散,如图 11-10 所示。这种简易燃烧器是用内径为 $\phi 65$ mm,长约 70 cm 的钢管制成的,其上开有 $20 \sim 30$ 个直径约为 $5 \sim 6$ mm 的小孔。简易燃烧器中的燃烧火焰高度大大减小,燃烧也比较均匀。另外也可以采用专门的设备来进行燃烧放散,但这样放散的投资将会增加。

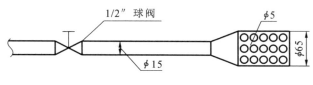

图 11-10　简易燃烧器

11.3.3　放散所需的时间

　　在整个置换工程中,管网置换与燃具置换需要紧密配合,而放散时间是管网置换时间的重要组成部分,对放散时间进行估算有利于置换工作的合理安排,加快置换速度。燃烧放散时间与燃烧器的种类有密切的关系,准确的理论计算很难实现。经实验测试与理论结合,可对直接放散的时间进行估算,计算公式如下。

　　管道换气时间估算公式为

$$t_0 = \frac{KV}{3600Av} \qquad (11\text{-}7)$$

　　放散孔口的气体流速 v 为

$$v = n \sqrt{\frac{2p}{\rho}} \qquad (11\text{-}8)$$

式中：v——放散孔口气体流速，m/s；

p——管内气体的压力，Pa；

ρ——管内气体的密度，kg/m³；

n——孔口系数，一般取 $0.5\sim0.7$。

由于随着放散时间的延续，管内气体的压力和密度不断地变化，故单个放散口放散时间的计算公式为

$$t = \frac{1}{(p_2 - p_1)(\rho_2 - \rho_1)} \int_{\rho_1}^{\rho_2} \int_{p_1}^{p_2} \frac{KV}{3600Av} \mathrm{d}p\mathrm{d}\rho \tag{11-9}$$

式中：t——单个放散口放散时间，h；

K——放散置换系数，一般取 $2\sim3$；

ρ_1——放散开始时管内气体的密度，kg/m³；

ρ_2——放散结束时管内气体的密度，kg/m³；

p_1——放散开始时管内气体的表压，Pa；

p_2——放散结束时管内气体的表压，Pa；

V——放散管道内气体的体积，m³；

A——放散孔口的截面积，m²；

v——放散孔口气体流速，m/s。

对于比较长的管道进行放散时通常要设多个放散点以加快放散的进程，但实际放散时间因放散点数量多少、位置不同而受到影响，并不是简单的算术平均，而应考虑放散点系数，故多个放散点理论所需的放散时间为

$$t' = \frac{t}{N}E \tag{11-10}$$

式中：t'——多个放散点所需的放散时间，h；

t——单个放散点所需的放散时间，h；

N——放散点的个数；

E——放散点系数，一般取 $1.1\sim1.2$。

思 考 题

1. 通过特定设备回收压力能的方法可以较为有效地利用高压天然气的压力能，然而城市天然气压力能用于发电仍然有所不足。目前利用天然气压力能发电有哪些困难？

2. 高压天然气压力能用于制冷时多数只利用了膨胀制得的能量，在工艺上如何改进可以改善此问题？

3. 高压天然气进入城市燃气管网前需降压，透平膨胀机、涡流管、节流阀是三种典型的调压装置。试通过热力学分析比较这三种调压装置的效率。

4. 为何目前液化天然气冷能利用效率低、技术发展难度大？试提出解决方案。

本章参考文献

［1］　孙洁.城市门站压力能回收设备研究应用进展［J］.煤气与热力,2010,30(7):18-20.

［2］　郑志,王树立,宋琦,等.天然气调压装置不可逆损失的比较与分析［J］.低温与特气,2009,27(1):18-21.

［3］　边海军.液化天然气冷能利用技术研究及其过程分析［D］.广州:华南理工大学,2011.

［4］　徐文东,郑惠平,郎雪梅,等.高压管网天然气压力能回收利用技术［J］.化工进展,2010,29(12):2385-2389.

［5］　余黎明.高效利用 LNG 冷能的途径探析［J］.化学工业,2014,32(5):1-12.

［6］　余黎明,江克忠,张磊.我国液化天然气冷能利用技术综述［J］.化学工业,2008,26(3):9-18.

［7］　严铭卿,等.燃气工程设计手册［M］.北京:中国建筑工业出版社,2009.

第12章 天然气供应数据采集及控制

近年来,随着我国经济的高速发展,人民群众对环境质量要求的不断提高,我国天然气发展呈现出用气量快速增长、供应范围不断扩大(从各城区向大部分郊区县覆盖)、用气领域多样化(从民用炊事发展到工业、采暖、制冷、发电、燃气汽车等诸多领域)的特点。这也对天然气的数据采集、传输及数据分析控制等方面的工作提出了更高要求。随着科技的进步和互联网时代的到来,天然气供应企业逐渐实现了自动化、信息化、智能化管理运行模式。SCADA 系统、GIS 系统以及依托大数据、云计算的智能燃气系统使得天然气供应数据的采集及控制更为便捷。

12.1 天然气供应数据采集系统

12.1.1 城市天然气 SCADA 系统

1. SCADA 系统概述

监视控制与数据采集(supervisory control and data acquisition,SCADA)系统,又称计算机四遥(遥测、遥控、遥信、遥调)系统,它是以计算机为基础的生产过程控制与调度自动化系统,可以对现场的运行设备进行监视和控制,以实现数据采集、设备控制、测量、参数调节,以及各类信号报警等功能。SCADA 系统自诞生之日起就与计算机技术的发展紧密相关,其技术建立在"3C+S"(即计算机(computer)技术、通信(communication)技术、控制(control)技术、传感(sensor)技术)基础上。

SCADA 系统的应用领域很广,它可以应用于电力系统、给水系统,以及石油、化工、天然气等领域的数据采集与监视控制以及过程控制等诸多方面。一般来说,SCADA 系统应达到以下几方面要求:技术设备先进,数据准确可靠,系统运行稳定,扩充扩容便利,系统造价合理,使用维护方便。图 12-1 所示的为某燃气公司调度中心的 SCADA 系统。

2. SCADA 系统的原理

SCADA 系统是集站控系统(远程终端装置 RTU/PLC)、调度控制中心主计算机系统和数据传输通信系统三大部分于一体的监视控制与数据采集系统,如图 12-2 所示。

城市天然气系统的站场主要包括城市门站、储配站、调压站、阀室、阴极保护站、监测点、CNG 加气站等,这些站场均由调度中心通过站控系统监控,所以站控系统是 SCADA 系统运行的基础。站控系统监控的对象包括工艺运行参数(如温度、压力、流量等)、火警,以及气体漏失、输气气质指标(热值、H_2O 含量、H_2S 含量)、设备运行状态等。

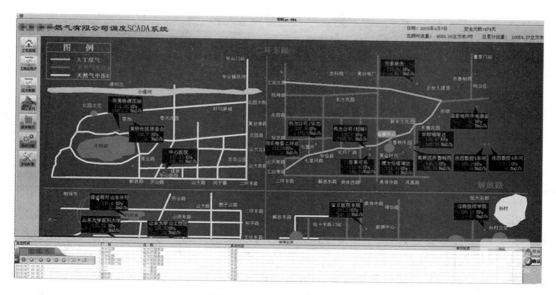

图 12-1　某燃气公司调度中心的 SCADA 系统

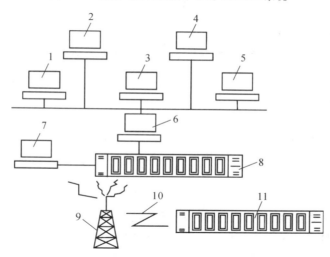

图 12-2　SCADA 系统示意图

1、2、4—终端;3—网络服务器;5—数据库服务器;6—SCADA 系统服务器;7—设备管理服务器;

8—冗余 MRTU;9—无线电发射塔;10—无线集群通信系统;11—远程 RTU

　　站控系统通过 RTU/PLC 对站场进行监视和控制,并将站场、管道的关键运行参数以 SCADA 系统特有的数据规程,通过微波、光纤等数据传输通信通道送至调度控制中心——主站,并接受主站的操作指令,实现关键设备的远程控制。

　　调度控制中心主计算机系统的主要作用是主站计算机通过数据传输通信通道,连续不断地采集 RTU 的数据,根据 RTU 的设置数量,主站计算机对各 RTU 以一定的扫描周期巡回采集数据。一旦出现报警信息,主站计算机将优先接收事故信息并向操作人员显示和报警。主站计算机的控制信号通过通信设备传输到远程的 RTU/PLC,开关阀门或者完成其他遥控操作。

　　SCADA 系统的管理级层如表 12-1 所示。

表 12-1 SCADA 系统的管理级层

级层	位置	功能	设备	管理人员
1	输配系统站场（仪表）	压力测量、温度测量、在线分析流量计量调节/控制	压力变送器、温度变送器、分析仪调节阀	运行操作人员
2	输配系统站场（站控系统）	检测、监视、控制数据处理，控制设定报表	RTU/PLC	运行操作人员
3	调度中心	监视控制统计计算诊断报告、指令下达设定控制点报告、优化决策输配调度	工作站计算机	部门经理、主站工程师、高层管理人员

在管理级层的第 1 级层，仪器仪表安装在站场分离器、管道、压缩机等位置，用于显示、监控实际的运行状态。操作人员可方便地随时监视运行状态。系统能根据预先设定的条件，提供逻辑控制和触发自动执行功能，从而达到安全操作和保护运行设备的目的。级层控制的第 1 级层和第 2 级层设在输配系统站场。调度中心是最高级层的管理机构，对输配管网及站场实施监控。把握关键的运行参数及状态，下达控制指令及给定设定值，对输配系统进行分析和决策。

3. SCADA 系统的组成

SCADA 系统主要由站控系统、调度控制中心主计算机系统和数据传输通信系统三大部分组成。

1）站控系统及远程终端装置 RTU/PLC

（1）站控系统。

站控系统（SCS）是天然气集输站场的控制系统，也是 SCADA 系统中最基本的控制系统。该系统主要由远程终端装置 RTU/PLC、站控计算机、通信设施及相应的外部设备组成。

站控系统通过 RTU/PLC 从现场测量仪表采集所有参数，并对现场设备进行监视和控制，据需要将采集的数据经过处理传送输站控计算机，并经通信通道传送至调度控制中心的主计算机系统，同时接受来自调度控制中心的远程控制指令，以对站场进行控制。

站控系统具有独立运行的能力，当 SCADA 系统某一环节出现故障或站控系统与调度控制中心的通信中断时，其数据采集和控制功能不受影响。站控系统的硬件配置和应用程序的设置根据站控的重要程度、规模和功能不同而异。

站控系统的监控对象可分为两类：第一类是大中型站，如城市门站、储配站、调压站等，为有人操作的站场；第二类是小型站，如阀室、监测点、阴极保护站等，通常为无人操作的站场。典型的大中型站场的站控系统框图如图 12-3 所示。

图 12-3 所示系统中 RTU/PLC 的 CPU 模块、通信模块、电源模块等采用冗余配置，通过通信服务器与作为站控计算机的工业计算机组成的局域网（LAN）相连。工业计算机通过局域网组成冗余配置。通信服务器通过通信站与调度控制中心进行数据通信。

站控计算机的作用是为站控系统提供灵活、友好的人机界面（MMI），其主要功能如下：

① 对站控所属的工艺设备运行参数和相关数据进行集中显示、记录和报警；

② 显示运行状态、动态趋势、历史趋势、工艺模拟流程图；

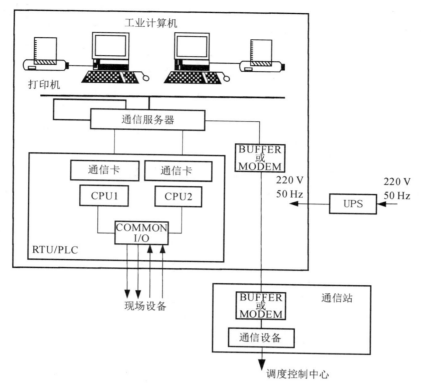

图 12-3　典型的大中型站场的站控系统框图

③ 显示天然气瞬时和累计流量,打印制表;

④ 打印报警信息、事件信息;

⑤ 调整站场的操作,切换站场流程,遥控站场的紧急截断阀;

⑥ RTU/PLC 的编程组态和控制回路设定点等的数据修改。

对于小型站场,由于无人操作,通常仅设置带液晶显示板的小型 RTU/PLC,不必设置站控计算机。必要时,由巡回检查人员使用便携式计算机通过接口对 RTU/PLC 进行编程组态和数据的修改。

(2) 远程终端装置 RTU/PLC。

远程终端装置是一个具有数据(模拟量和数字量)采集、数据处理、计算和远程控制功能的电子装置。

随着电子技术的发展,RTU 逐渐向智能化发展,已具有很强的数据处理能力和使用方便、灵活的特点,具体表现如下:

① RTU 与 PLC 一体化,即智能化 RTU,功能大大扩展,可完成数据采集、运算、处理,逻辑、PID 调节控制,编程组态,系统自诊断等功能;

② 硬件和软件均为模块化设计,系统易于集成、扩展,适用于不同规模系统的监控,且维修十分方便;

③ 采用多种通信接口,并可支持不同工业通信协议的转换;

④ RTU 的功能可以通过编程组态而改变;

⑤ 关键部件采用冗余技术,提高了系统的可靠性;

⑥ 采用自诊断技术,实时监视内部数据处理模块的工作。

当上位计算机(站控计算机和调度控制中心主计算机系统)有通信或设备故障时，RTU/PLC 能独立完成数据的采集和控制，不会造成现场工艺过程的失控。在与上位计算机恢复联系后，RTU/PLC 能将中断期间的数据按照时间标志传输至上位计算机，以保证整个 SCADA 系统的数据完整性。

RTU/PLC 的通信方式一般以连续扫描为基础，采用电话线路、微波通信、卫星通信、光纤或其他通信方式，与调度控制中心的主计算机进行通信，传输数据和接收控制中心的控制指令。每一个 SCADA 系统制造商采用的数据传输协议、信息结构和检错技术都有其独特性，故存在着接口及协议转换问题。

RTU 模块化硬件的典型配置有模拟输入、模拟输出、数字输出、数据处理(包括固件)、通信接口、电源、维护试验等模块。典型天然气站场的 RTU 硬件配置如图 12-4 所示。

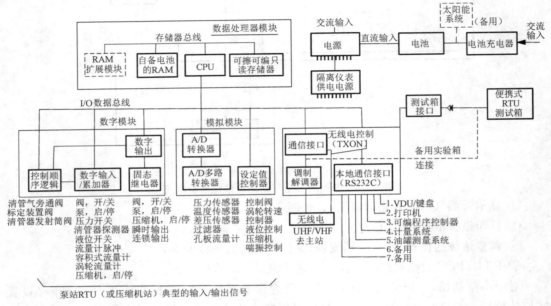

图 12-4　RTU 硬件配置

2) 数据传输通信系统

SCADA 系统的可靠性和可用性取决于从调度控制中心到 RTU，以及从 RTU 返回调度控制中心的数据传输情况。为使调度控制中心和 RTU 之间智能地、准确地传输数据，必须借助某种形式的通信媒体进行通信，为此，每种 SCADA 系统必须制订一种数据传输规程。

SCADA 系统主要采用以下几种通信媒体进行数据传输：有线、微波、卫星、同轴电缆、光纤通信及其他无线通信设备等。近距离 SCADA 系统可采用有线、光纤和同轴电缆进行数据传输；远距离 SCADA 系统则需采用微波、卫星等通信媒体进行数据传输。

数据传输通信方式的选择应根据城市天然气输配工程系统的规模，所经地区的地形地貌，管道站场的种类、数量、间距、环境状况和外电的可靠程度，远程控制的阀室位置和分布密度，邮电公网和 Internet 在该地区的发展程度等综合考虑。目前，使用较多的是租用长途公网、数字微波通信、光纤通信和 VSAT 卫星地球站通信等方式，其技术、经济比较如表 12-2 所示。

表 12-2　几种通信方式的技术、经济比较

项目	VSAT 卫星地球站通信	数字微波通信	光纤通信
通信质量	1～12 路	几十路至上千路	几十路至上万路
实用中继距离	任意位置	50 km	65～70 km
传输质量	好	好	好
系统误码率	$\leqslant 10^{-7}$	$\leqslant 10^{-6}$	$\leqslant 10^{-9}$
可靠性	高	高	高
保密性	可加密	可加密	可加密
抗干扰	好（C 波段需协调）	较好（需协调频率）	好
中继站无人值守	可	可	可
上下话路	方便	不太方便	较方便
通信自动寻检功能	有	有	有
单站耗电	较小	较小	较小
扩容可能性	方便	方便	方便
与输气站场结合	方便	差	较方便
施工难易度	简便迅速	山区立铁塔较难	受地形因素影响
维护工作量	较小	较小（无人站不方便）	较大
单站价格	较低	较高	较低
备注	主要费用较高	铁塔费用较高	光缆费用较高

　　SCADA 系统传输的数字数据（如 16 位格式的数据）必须以"1"和"0"同样的顺序来接收，否则远程终端装置应答将会有误。因此，所有传输的数据必须加以有效处理，并采用检错技术，以防任何位或位组的丢失。

　　数字数据信号在通信信道上传输时，必须转换成一个音频信号，该音频信号与人类语言相似。这种将数字信号转换成音频信号的技术称为调制，常用的几种调制方式有调幅、调频和调相等三种。调制器和解调器组件称为调制解调器（MODEM）。

　　远程终端装置把工艺数据信号转换成数字信号，这些数字信号可用纯二进制、二进制编码的十进制（BCD 码）、ASCII 码等数据格式传输到调度控制中心。尽管每个 SCADA 系统供应商提供的数据传输方式和数据规程都具有其独特性，但这些信号格式都是在 16、24 位或 32 位数字信息的基础上编制的。图 12-5 所示的为一个 16 位数字信号的格式，包括数据位、检错位（奇偶位）和同步位。

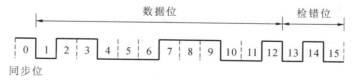

图 12-5　16 位数字信号的格式

调度控制中心与远程终端装置之间的数据传输通信系统如图 12-6 所示。RTU 输出的

数字信号经调制解调器转换成音频信号,然后由信号传输器发送,经过通信媒体传输至调度控制中心(主站)的信号接收器,经调制解调器转换成数字信号后进入主计算机系统调度控制中心。主计算机系统的数字信号以同样的方式传输至 RTU。

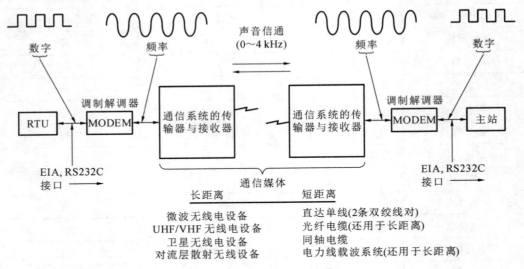

图 12-6　主站与远程终端装置之间的数据传输通信系统

考虑到调度控制中心和 RTU 之间的地址信息和应答信息交换顺序的特点,SCADA 系统属半双工系统,因此用双线通信线路如电话线就能满足要求。尽管 SCADA 系统信息交换顺序的方式只是半双工方式,但其无线电通信一般采用全双工方式,即采用单独的发送和接收信道。

近二十多年来,卫星通信在国际通信、国内通信、国防通信、移动通信,以及广播电视等领域得到了广泛的应用。卫星通信之所以成为强有力的现代通信手段,是因为它具有频带宽、容量大、适用于多种业务、覆盖能力强、性能稳定可靠、不受地理条件限制、机动灵活、成本与通信距离无关等特点。

卫星通信技术应用于气田与输气管道 SCADA 系统数据传输始于 20 世纪 80 年代。图 12-7所示的为 SCADA 系统中使用的甚小口径终端(VSAT)的卫星通信原理和同步卫星通信系统。

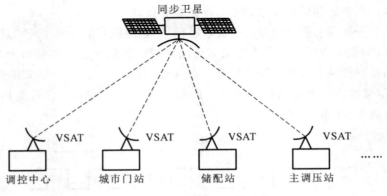

图 12-7　VSAT 卫星通信系统

VSAT 卫星通信系统通常采用时分技术传输数据。其基本特征是:把卫星转发器的工作时间分割成周期性的互不重叠的时隙(时隙也称为分帧,一个周期则称为一帧),分配给各站使用。采用时分技术传输数据时,应保证卫星与地面主控站的时钟同步,这样才能保证数据的完整。

3) 调度控制中心主计算机系统

SCADA 系统的调度控制中心主计算机系统也称为主站系统。主站系统通过通信网络与各站控系统或 RTU 通信,采集现场设备状态和工艺运行参数等数据,担负着生产数据的采集、整理、存储、分析、调度和远程控制关键设施如关键阀门、压缩机的启/停等任务。SCADA 系统一般设置两个调度控制中心,一用一备,在主调度控制中心所在地发生洪水、地震等自然灾害,或主调度控制中心因断电、火灾等事故导致系统瘫痪时,启用备用调度控制中心,以保证 SCADA 系统监控功能正常。主计算机系统、通信设备及其网络系统,根据SCADA 系统的规模,可以设置为总调度控制中心或区域调度控制中心。小型的 SCADA系统通常只设一个调度控制中心,其管理级层相对较为简单。

主站系统按调度控制中心的具体功能要求,进行系统的硬件和软件配置。主站系统的基本功能如下:

(1) 监视和采集 RTU 的运行数据;

(2) 统计、分析、存储各种运行参数;

(3) 打印报警/事故信息,提供生产报表;

(4) 发送遥控指令,启/停压缩机和开/关站场和管道上的关键阀门;

(5) 对管道系统的输配量进行调度,提高供气质量;

(6) 模拟管道系统运行,优化管理,为管道系统运营决策提供依据;

(7) 管道漏失的定位及监测;

(8) SCADA 系统参数、状态、趋势、系统和站场流程的模拟显示;

(9) 系统操作、维护的培训;

(10) 系统组态、扩展。

4. SCADA 系统的可用性和可靠性

SCADA 系统在国内石油天然气管道的应用始于 1987 年,东营-黄岛复线原油输送管道(中国首条采取"泵到泵"完全密闭输送工艺的输油管道,简称东黄线)从美国引进了 S/3 系统(为第二代 SCADA 系统产品),并于 1990 年成功投运,被视为国内输油管道使用 SCADA系统的里程碑。

自 20 世纪 90 年代以来,随着中国经济的高速发展,能源需求不断加大,国内石油天然气管道建设大规模开展,截至 2015 年中国天然气管道总里程达到 7 万余 km,已经形成了由西气东输系统、陕京系统、涩宁兰系统、川气东送西南管道系统为骨架的横跨东西、纵贯南北、连通海内外的全国性供气网络,"西气东输、海气登陆、就近外供"的供气格局已经形成,干线管网总输气能力超过 2000×10^8 m³/a,并在西南、环渤海、长三角、中南及西北地区形成了比较完善的区域性天然气管网。

以江西省天然气管道项目 SCADA 系统的应用为例,天然气管道全线设 15 座分输站场,2座 RTU 远程切断阀室,1 座调度控制中心,基于 SCADA 系统实施运行管理,如图12-8所示。

SCADA 系统的主要功能是数据采集和控制,控制的依据又是现场采集的数据,因此其数据流向的设计十分重要。根据相关规范、工程实际和先进经验对江西省天然气管道SCADA 系统的数据流向进行设计(见图 12-9),以保证系统数据的准确和安全。需要说明的是:在实际工程中,实时数据服务器和历史数据服务器是冗余的关系,互为主备,为了使数据流向得以清晰表示,图 12-9 所示的是将实时数据服务器和历史数据服务器均标为主备,因此,备用服务器拥有与主服务器相同的数据流向。

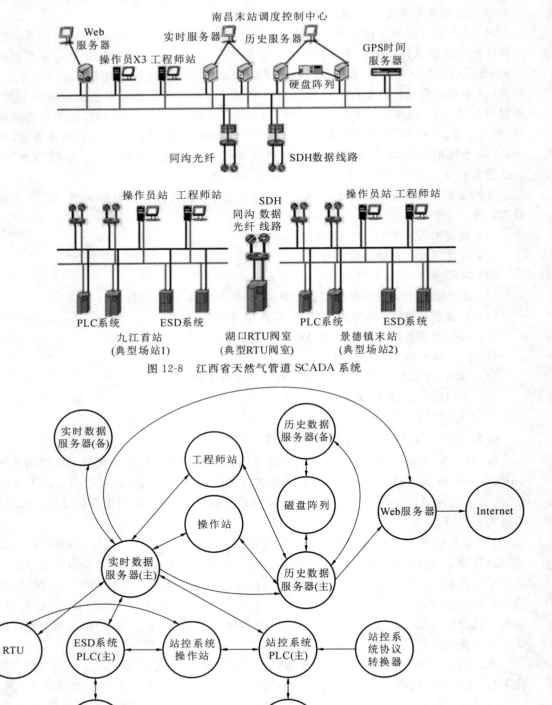

图 12-8　江西省天然气管道 SCADA 系统

图 12-9　江西省天然气管道 SCADA 系统的数据流向示意图

SCADA 系统的计算机系统、数据传输通信通道、通信设备、网络系统的可用性及可靠性是衡量整个 SCADA 系统能否长期、稳定和可靠运行的重要标志。通常,用下列公式来评价一个 SCADA 系统的利用率:

系统利用率＝平均故障间隔时间/(平均故障间隔时间＋平均故障修理时间)＝MTBF/(MTBF＋MTTR)

系统的可靠性是衡量一个系统在规定的时间和规定的条件下,能正常工作的能力。高可靠性选型和冗余配置可使系统的利用率达 99％。

由于计算机的硬件制造技术的飞跃发展、系统自诊断技术的完善和维护水平的提高,SCADA 系统的可用性和可靠性已大大提高。

为保证 SCADA 系统具有高可用性和可靠性,可采取的措施如下:

(1) 通信系统、通信处理系统和网络系统采用冗余结构;

(2) 主站系统和关键站场 RTU 采用冗余配置;

(3) 故障切换在操作系统这一级完成,然后送至 SCADA 系统处理;

(4) 系统应有足够的备份存储能力;

(5) 供应商在地区内的售后服务支持能力的加强,将大大缩短平均维护维修时间,因此,在选择供应商时,应考虑其在当地的售后服务支持能力。

12.1.2　城市燃气管网地理信息系统(GIS)

1. GIS 概述

地理信息系统(geographic information systems,GIS)是一种采集、存储、管理、分析、显示与应用地理信息的计算机系统,是分析和处理海量地理数据的通用技术系统。地理信息系统为集计算机科学、地理学、测绘遥感学、环境科学、城市科学、空间科学、信息科学和管理科学为一体的新兴边缘学科,如图 12-10 所示。

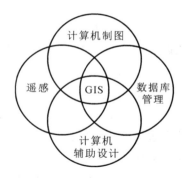

图 12-10　地理信息系统与相关学科的关系

地理信息系统是由软件、硬件和描述地理信息(如街道、地界、动力管道等)及相关附属信息的数据所组成的计算机系统。它与地图及普通的信息资料系统的主要区别在于:它不仅可以展示一条街道,从中知道街道名称、铺设时间、是否为单行线等信息,还可以把不同类型的数据按用户的需求有机地结合在一起,使用户能更有效地管理和使用这些数据。地理信息系统是一种功能强大的、形象化的分析工具。

城市燃气输配系统是城市重要的市政基础设施之一,是一个城市的地下"动脉"。随着经济的迅速发展、科技的突飞猛进,燃气管线的规模也会不断增大,其信息管理的难度、复杂程度也随之增长。

如何有效管理城市的燃气输配系统,充分为城市经济发展服务,是市政管理部门所关注的问题之一。针对城市燃气管网安全第一等具体特点,建立以 GIS 技术和计算机技术为支撑的城市燃气管网地理信息系统,代替传统的管网资料管理方法,能最大程度满足燃气管网的资料维护、信息查询、报警抢险等日常事务,且为提高燃气行业服务质量、管理水平,加强燃气生产调度和突发事件处理能力,保障安全供气等提供了高效率的支持。

根据城市燃气管网自身的特点和管理上的要求,城市燃气管网地理信息系统在设计时应充分考虑如下要点:

(1) 燃气管网信息具有时间特征,因而系统是具有时间和三维空间数据的四维信息系统;

(2) 燃气管网在空间分布上具有不均匀性,因而数据信息量具有随着发展而急剧增长的特征,系统需要具有处理急剧增长的数据信息量的能力;

(3) 燃气管网数据必须完整、准确,具有现势性,这要求地理信息系统是一个动态可维护的信息管理系统;

(4) 系统要能够提供设施管理与自动制图的技术和数据支持,满足日常业务的需要;

(5) 系统的数据应能够共享,具有网络多用户的并发处理能力。

2. GIS 的组成

系统硬件包括工作站(如可由两台服务器组成网络,加上计算机与数字化仪表以及打印机绘图仪等外部设备组成数字化工作站)。系统软件包括操作系统、GIS 软件、数据库软件等。系统数据库由三部分组成:全景数据库、底图数据库和管线数据库。全景数据库为一幅整个城市的地形示意图。

底图数据库由 1:500 的地形图图幅所组成。为了便于管理,将这些图幅组合成一幅地形索引图;为了便于查询分析,对所有地形图上的地理要素均进行了编码。

管线数据库由煤气、液化石油气和天然气等管线索引图组成。管线的空间数据与拓扑数据均存于 GIS 内,而其属性数据主要存于关系数据库内。

3. GIS 功能模块设计

在保证资料的准确性,为管网管理部门准确地提供所需的各种类型数据的基础上,GIS 应能满足以下用户需求:① 燃气管线数据应以图形和报表等方式存在,系统能直接接收各种类型的管线数据,自动分类和入库,并维护数据安全;② 能提供多种查询方式;③ 能按照管线数据的各种特性进行统计与分析;④ 能绘制、显示地形图和管线图,特别是具有三维显示功能,能对地下管线进行剖面三维显示;⑤ 系统经过结构模块化设计,易于升级与优化;⑥ 系统安全性好,易于维护;⑦ 操作界面友好,使用者无须具备专业的计算机知识,经短期培训即可熟练操作。

据此,城市燃气管网 GIS 一般应包含有以下功能模块。

1) 数据处理模块

该模块的主要功能是对管线数据及地形图进行输入、分类和入库;另一个主要功能是对管线数据及地形图的动态更新,系统提供多种工具完成对图形、属性等数据的更新,保证数据的准确性和现势性;另外,还可对图幅及其索引图进行管理。

2) 查询检索模块

该模块提供数图、图数及缓冲区等多种方式对管线、附属物等进行综合查询。具体包括:对地形属性查询;坐标位置查询;管线测量点查询;管线管段查询;图例(地形图与管线)查询;利用 SQL 进行属性查询;利用 SQL 进行图形查询等。

3) 统计分析模块

这个模块的功能是对各种条件的管线进行统计;对管线进行缓冲区分析;对管线和地形

图进行叠置分析;计算路程;最佳路径分析等。另一个主要功能是管线剖面图的生成及三维显示等。

4) 显示输出模块

该模块除了完成各类报表的输出,还可对管线和地形图进行各种各样的显示与输出。

5) 辅助设计模块

该模块功能通过 AutoCAD 等实现,可开发辅助设计子系统技术具有管网的平面设计;管网纵断面设计;常规设计工具;设计图纸输出;修改原设计及设计变更资料管理等功能;同时设计数据接口转换程序,将 CAD 数据转入开发系统。

6) 维护工具模块

该模块对系统所用的参数进行设置;提供安全机制以免数据的非法使用及流失;提供各种工具保障系统安全、高效的运行;支持多种外部存储设备的备份和恢复;完成和微机间的数据交换等。

7) 在线帮助模块

该模块在系统运行中提供在线的使用帮助信息。

4. GIS 的性能

综上所述,一个完备的城市燃气管网 GIS 可以实现以下功能。

(1) 对图形和属性数据进行检索和查询,了解管线的确切位置、埋深、走向、填埋情况、直径、材质等。

(2) 对各类管线数据及各类属性数据进行统计、缓冲分析、三维分析等。

(3) 为规划设计部门提供确实可靠的数据,从而在建设施工中避免重大事故的发生。

(4) 通过监测设备对供气设备(包括节点、阀门、气站)进行实时监控,并以二维和三维图形显示运行设备的运行状态。

(5) 根据报警信号分析确定故障点,并提供最佳故障检修方案。

(6) 突发事故的应急处理:根据报修电话,快速确定请求地点以及事故发生地。并与 119 消防指挥中心计算机联网,增强安全防范措施,提高对重大事故及突发事件的应急能力。

(7) 制作及输出打印用户所需的各种不同比例的路网图、管线图、纵横断面图和各种类型的数据报表。

12.2　天然气输配系统调度

12.2.1　天然气负荷预测

天然气负荷预测是实现天然气管网管理现代化的重要手段。长期以来,我国天然气负荷预测问题一直停留在"凭经验"的阶段。计算机的普及以及预测学的发展和完善,为天然气管网的现代化管理提供了必要的条件。于是,对天然气负荷预测问题的研究越来越受到重视,并且逐渐成为现代城市天然气系统科学中的一个重要的领域。

1. 燃气负荷预测的原则

燃气负荷预测应结合气源状况、能源政策、环保政策、社会经济发展状况及城镇发展规划等确定。

预测前,应根据下列要求合理选择用气负荷:

① 应优先保证居民生活用气,同时兼顾其他用气;

② 应根据气源条件及调峰能力,合理确定高峰用气负荷,包括采暖用气、电厂用气等;

③ 应鼓励发展非高峰期用户,减小季节负荷差,优化年负荷曲线;

④ 宜选择一定数量的可中断用户,合理确定小时负荷系数、日负荷系数;

⑤ 不宜发展非节能建筑采暖用气。

燃气负荷预测应包括下列内容:

① 天然气气化率,包括居民气化率、采暖气化率、制冷气化率、汽车气化率等;

② 年用气量及用气结构;

③ 可中断用户用气量和非高峰期用户用气量;

④ 年、周、日负荷曲线;

⑤ 计算月平均日用气量、月高峰日用气量、高峰小时用气量;

⑥ 负荷年增长率,负荷密度;

⑦ 小时负荷系数和日负荷系数;

⑧ 最大负荷利用小时数和最大负荷利用日数;

⑨ 时调峰量,季(月、日)调峰量,应急储备量。

总负荷的年、周、日负荷曲线应根据各类用户的年、周、日负荷曲线分别进行叠加后确定。

各类负荷量、调峰量及负荷系数均应根据负荷曲线确定。

2. 原始数据的收集

在天然气企业成立初期,以积累数据为主,逐步搭建用气规律模型;在天然气企业快速发展期,数据库基本搭建,但用气结构的调整频繁,用气规律动态波动;在天然气企业用气发展饱和期,历史数据积累规模、用气结构、用气规律趋于平稳。原始数据连续积累时间应在5年以上,才能初步把握该区域内客户用气规律,保证预测结果精度。

短期气量预测,可按96个点预测并编制日气量预测区间(每日 0:00~23:45,每 15 min一个点)。节假日气量预测,可对照历史数据进行气量综合分析预测。

当用户发展到一定规模并趋于稳定时,气象是影响短期气量最主要的因素。气象数据是指预测区域在过去某一时间(小时/日/月)内的气象要素(环境空气温度高值、低值、平均值,湿度、降雨、环境水温等)的实际值以及未来某一时间内的气象要素预报。气量预测结果应与气象数据周期性对应。短期气量预测受气象影响很大,应查看天气预报综合考虑气象因素对天然气气量的影响。

异常数据又称离群数据。对于离群数据的挖掘和分析主要有四种方法,即基于统计学的方法、基于偏差的方法、基于距离的方法和基于密度的方法。不同的方法对离群数据的定义不同,所发现的离群数据也不相同。离群数据产生的主要原因:部分天然气企业的数据采集、记录等环节自动化程度不高,数据的获得还处于人工记录的水平,因此产生数据记录错误;使用 SCADA 系统的天然气企业,在实际运行中,数据采集系统中的测量、记录、转换和传输过程中的任何环节都可能引起故障而导致数据记录反常;特殊的事件(如仪表故障、线路检修)也会引起气量数据出现异常等。另外,还应结合经济、天气、社会等因素,对离群数据进行分析,判断是否采用该数据。

3.预测方法

城市天然气负荷预测可分为长期负荷预测、中期负荷预测、短期负荷预测和超短期负荷预测等四类。其中长期、中期与短期负荷预测的意义分别在于:长期、中期负荷预测能够合理安排后期工程、确定生产能力、安排设备的更新维修等;短期负荷预测可用于指导安排天然气生产计划,确定天然气产量、存储量以及天然气的合理调度。因此,在现实生产中,无论是制订天然气系统长期规划还是进行短期优化调度,进行相应的负荷预测都是必不可少的。有关资料表明,目前国际上有 200 多种天然气负荷预测方法,其中有 20 多种方法在不同领域中得到了广泛应用。城市天然气预测主要采用的预测方法可分为时间序列方法、结构分析法、系统分析法等三类,如表 12-3 所示。具体方法有人工神经网络模型、指数平滑预测模型、回归模型等,常用的预测方法及原理如表 12-4 所示。

表 12-3　预测方法分类

分类		预测方法		
时间序列法	确定型	移动平均法		简单移动平均法
				加权移动平均法
		指数平滑法		一次指数平滑法
			二次指数平滑法	布朗单一参数指数平滑
				霍特双参数指数平滑法
			三次指数平滑法	布朗单一参数指数平滑
				温特线性季节性指数平滑
		趋势外推法		多项式模型
				指数曲线模型
				对数曲线模型
				生长曲线模型
		季节变动法		季节性水平模型
				季节性交乘趋向模型
				季节性叠加趋向模型
	随机型	马尔可夫法		一重链状相关预测
				模型预测
		Box-Jenkins method		自回归(AR)模型
				移动平均(MA)模型
				自回归移动平均(ARMA)模型
结构分析法		回归分析		一元线性回归分析
				多元线性回归分析
				非线性回归分析
		工业用水弹性系数预测法		
		指标分析法		

分类	预测方法	
系统分析法	灰色预测法	灰色关联度预测
		灰色数列预测
		灰指数预测
		灰色灾变预测
		灰色拓扑预测
	人工神经网络模型	
	系统动力模型	

表 12-4　常用的预测方法及原理

方法	原理	适用范围
多项式拟合	拟合某类产业产值的预测值,类推天然气预测量	短、中长期
回归模型	应用回归分析方法判别影响天然气负荷的主要因素,建立天然气负荷与主要因素之间的数学表达式,利用数学表达式来进行预测	短、中长期
灰色预测GM(1,1)模型	用等时距观测到的反映预测对象特征的一系列数量值构造灰色预测模型,预测未来某一时刻的特征量,或达到某一特征量的时间	中长期
傅里叶级数模型	将天然气负荷的周期项分解为三角级数的有限项的和作为其数学模型	短期
人工神经网络模型	由输入层、中间的若干隐层和输出层组成,每层有若干神经元素,在相邻层间的元素与元素之间有单向的由输入层开始逐层指向下一层的信息传递关系	短期
果蝇优化算法 FOA	模拟果蝇经由嗅觉和视觉搜索最佳距离食物源过程,从而实现复杂问题优化求解	短期
基于混沌理论和Volterra 自适应滤波器的预测模型	对天然气时负荷时间序列进行日相关性分析,然后采用互信息法和伪最近邻域法确定延迟时间和最佳嵌入维数,再在相空间重构的基础上,对天然气时负荷时间序列进行混沌特性分析。针对现有预测模型多为主观预测模型的特点,将Volterra 自适应滤波器预测模型引入天然气时负荷预测中	短期
指数平滑预测模型	用历史数据的加权来预测未来值。历史数据序列中时间越近的数据越有意义,对其加以越大的权重;相反亦同	短期
指标计算法	对用气系统历史数据进行综合分析,制订出各种用气定额,然后根据用气定额和长期服务人口计算出远期用气量	远期
系统动力学方法	把研究的对象作是具有复杂反馈结构的、随时间变化的动态系统,通过系统分析绘制出表示结构和动态特征的系统流程图,然后把变量之间的关系定量化,建立系统的结构方程式,用计算机语言进行仿真实验,从而预测系统未来	短、中长期
SVM 支持向量机	通过求解局域二次规划,从理论上推导得到全局最优解,回归预测性能良好	短、中长期
负指数函数模型	只部分考虑趋势项,形态为 S 形曲线的负指数函数规律	中长期

12.2.2　天然气管网调度

天然气输配调度与管理系统,是对城镇天然气门站、储配站和调压站等输配站场或重要节点配备的有效的过程检测和运行控制系统,它通过网络与调度中心进行在线数据交互和运行监控。其基本任务是对故障、事故或紧急情况做出快速反应,并采取有效的操控措施保证输配安全;使输配工况具有可控性,并按照合理的给定值运行;及时进行负荷预测,合理实施运行调度;建立管网运行数据库,实现输配信息化。输配调度与管理系统是天然气管网安全高效运行的重要技术措施,也是天然气管网现代化的重要内容。

SCADA 系统适用于城市技术设施和能源系统,如天然气管网、供热管网和水力管网等。MIS(management information system)面向企业信息管理,GIS 面向管网信息管理。从系统结构与实现上看,MIS 和 GIS 都是基于数据库的信息组织、储存、处理和调用系统,与天然气行业的介质性质、管网结构和设备特征之间没有根本的相关性。

借助 OPC(OLE for process control)技术,MIS 和 GIS 在运行过程中可以访问 SCADA 系统的数据库,实现数据交互和数据共享。OPC 技术是为过程控制设计的 OLE 技术,为基于 Windows 的应用程序、访问过程、控制系统提供了标准化接口。

采用 SCADA 系统是实现天然气输配调度与管理自动化的合理方式,能够有效地满足管网运行监控、输配调度和信息管理等基本应用需要;基于 OPC 技术的 SCADA 系统主站服务器能够支持 MIS 和 GIS 的数据交互或系统集成。

1. 城市天然气输配调度与管理系统的特点

根据天然气输配管理控制节点地理位置分散、相对距离较远的特点,天然气输配调度与管理系统一般由天然气公司总调度中心(DCC)、各分公司(SCS)及所控各储配站和输气管网控制节点的自动化远程终端装置(RTU)组成。

该系统可实现天然气输配控制管理所需的功能,包括实时数据采集、模型计算、实时控制及监测、天然气输配调度方案及优化、管网维护及故障处理、报警及预测、用户信息管理、经营管理、金融服务、数据通信、数据库存储管理、GIS 编制及管理、画面显示、报表编制和打印、模型及软件开发与维护、网络故障的诊断和报警等。

2. 系统组成和结构

下面以一个城市的天然气输配调度与管理系统为例说明其系统组成和网络拓扑结构。

一般情况下,DCC 共有输配调度、用户管理和经营管理三个子系统,由路由器连接并隔离数据流。

输配调度子系统基于 SCADA 系统结构,由两台冗余服务器作 SCADA 服务器,服务器支持双 CPU 备份系统;硬盘采用磁盘阵列技术,保证了系统数据的可靠安全。两台冗余服务器共享一个磁盘阵列,互为冗余,互为备用,以保证计算机故障时实现无扰动切换。系统专门设置一台大容量、采用磁盘阵列、双 CPU 的 GIS 服务器,便于对天然气管网进行管理。

用户管理和经营管理子系统分别由两台支持双 CPU 备份系统的冗余服务器构成,两台冗余服务器共享一个磁盘阵列,互为冗余,互为备用,以保证计算机故障时实现无扰动切换。

SCS 管理自动化系统体系结构和功能基本相同,由两台支持双 CPU 备份系统的冗余服务器构成,两台冗余服务器共享一个磁盘阵列,互为冗余,互为备用。上述所有子系统根据各自功能需要,还配备有数量各异的终端和打印机等辅助设备。SCS 与 DCC 之间利用城市有线网实现数据通信,管网节点与 DCC 输配调度子系统的数据通信采用无线扩频通信的无线网络来实现。网络拓扑结构如图 12-11 所示。

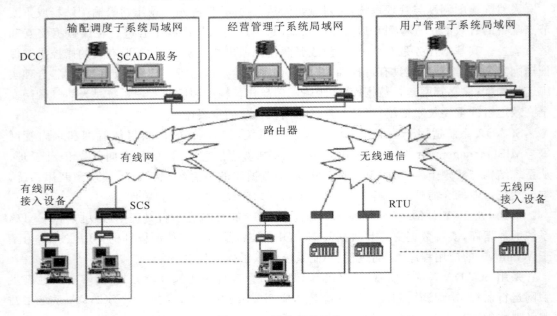

图 12-11   网络拓扑结构

12.2.3   数据采集及监控系统在管网调度中的应用

以某城市天然气管网为例,数据采集及监控系统,把全市管网燃气压力和大用户的燃气流量、压力等主要工艺参数传到数据中心,进行现场数据的实时显示、监控,提高了天然气管网输配水平,优化了生产运行参数,对提升服务品质起到了很好的促进作用。对数据采集及监控系统采集的流量计工作压力、温度进行分析,及时发现处于异常工作状态的流量计,提醒工作人员及时检查、维护,尽可能降低计量损失,实现了数据资源的深层次应用。

数据采集及监控系统利用计算机技术、移动通信技术(GPRS 技术)、网络通信技术、数据库技术建立起一套完整的软、硬件平台,对天然气管网压力、大用户用气情况等数据实施动态监测,实现了压力报警、流量异常报警、远程信息传输等功能,并利用系统保存的历史数据进行综合分析形成各类报表,为科学调度提供了依据。数据传输单元(data transfer unit,DTU)是专门用于将串口数据转换为 IP 数据或将 IP 数据转换为串口数据,并通过无线通信网络进行传送的无线终端设备。

DTU 硬件主要包括:CPU 控制模块、无线通信模块、电源模块。采用 DTU 具有组网迅速灵活、建设期短、成本低、网络覆盖范围广、安全保密性能好、链路支持永远在线、按流量计费、用户使用成本低等优点。利用 GPRS 无线网络的方式真正实现了多点、远程、实时、同步的现场数据传输,大大方便了天然气大用户的用气量抄收以及现场仪表的状态监控,可以有效对用气高峰和低谷时段进行生产调度。数据采集及监控系统的结构如图 12-12 所示。

数据采集及监控系统由 3 部分组成:现场采集控制部分、GPRS 数据传输部分、数据中心。DTU 和现场仪表之间通过标准的 ModBus 协议或仪表自身的协议进行数据传输,组成了现场采集控制部分。DTU 内置的 GPRS 通信模块和通信运营商提供的无线链路网络组

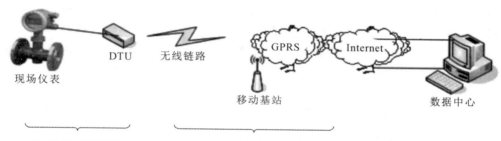

图 12-12　数据采集及监控系统的结构

成了 GPRS 数据传输部分。数据管理软件和数据库有效结合,对接收到的数据进行处理和发布,组成了数据中心。

数据采集及监控系统应用于天然气管网调度中,可实现以下功能。

（1）远程自动监测功能。

能根据用户的要求,对每个现场站点的数据进行采集、统计、分析,并自动生成各种报表和曲线,存储每个现场站点的历史数据。

（2）故障报警和提示功能。

可根据设定的温度、压力、流量的上下限对出现的异常发出报警,及时通知技术人员解决问题。

（3）信息查询功能。

数据采集及监控系统采用 B/S 结构,最大的优点就是可以在任何地方进行操作而不用安装任何专门的软件,只要有一台能上网的计算机,就能通过浏览器进行数据查询。

12.3　智慧燃气

目前,我国已经开始进入“智能城市”的领域。面对着“互联网＋”时代的新的竞争格局,打破燃气行业传统的大门,构建智慧燃气系统势在必行。智慧燃气的构建离不开大数据与物联网技术,只有充分利用现有的信息系统,将各个数据通过网络连接起来,才能走出燃气行业现有的瓶颈。

12.3.1　智慧燃气的特点

智慧燃气是指以智能管网建设为基础,利用先进的通信、传感、储能、微电子、数据优化管理和智能控制等技术,实现天然气与其他能源之间、各类燃气之间的智能调配、优化替代的技术。近年来,燃气企业为了提高生产运行管理水平,建立了多个信息化系统,如客户服务系统、SCADA 系统、GIS 等,为智慧燃气的建设和发展奠定了良好基础。通过信息采集,寻找数据间的关联,挖掘数据背后的规律,为解决问题找准方向,实现燃气数据分析、预测和预警等关键技术智能化,提升安全管控能力。

智慧燃气能更好地实现对管网系统运行的监测、分析和控制。智能管网实现了从感知、通信、数据、调控、运营、决策层面提升管网的运营管理水平,提高管网接纳多气源供应的能力,有效减少燃气事故的发生,保障管网安全、经济和稳定运行。

城市智慧燃气网络建设是燃气企业向信息化集成发展的全新阶段,应该具有以下特征。

(1) 覆盖广泛。从系统的范围上来看,智慧燃气网络覆盖燃气运营与管理的各个方面,从远程供气、调峰,远程用气监控、检测,管网监测、监护到远程计量、统计计算,从调度到决策,从用户开发到为用户服务等。

(2) 数据集成。智慧燃气网络通过客户端及管网的点、线、面编码,全面集成基础档案数据,实时、动态的管网各要素和供用气等信息数据,实现生产实时数据、空间地理数据和各类生产管理信息系统的无缝整合,同时可方便地让管理者和用户访问、利用。

(3) 技术先进。现阶段最新的硬件控制技术与 IT 软件技术、物联网技术、云计算技术、多种终端访问设备(包括智能手机、电脑、平板电脑等)与技术等,均集成在智慧燃气网络中,通过对数据的挖掘与分析,实现城市燃气智能化管理。

(4) 方法创新。智慧燃气网络建设是方法的创新:改原先的被动管理为预测预警、评价计算,良好适应大燃气时代的管网管理;改时段性近程监测监护为时刻性远程监测监护,提高管网安全水准;改呼叫式服务为关怀式服务,充分体现服务的人性化,提高服务水准。

(5) 实时互动。各职能部门之间、企业和客户之间、各系统之间,从单向联系、被动联系到互动联系、实时联系,及时解决供用气过程中遇到的问题与困难。智慧燃气网络的建立标志着实时监控、数据集成、调度与作业、分析与决策等智能化时代的到来。

12.3.2　大数据收集及应用

1. 大数据对燃气行业的意义

信息系统已经越来越多地应用在科研、商业、工业、公共事业等领域,海量的数据产生了海量的信息。数据的深入挖掘有利于企业的管理,提高企业竞争力,支撑我们做出重大决策。

燃气行业也存在着海量的数据信息,如燃气输配管网通用的 SCADA 系统所收集的远程终端装置(RTU)的数据等,充分利用燃气行业中的大数据,我们可以得出城市燃气输配管网的气量分布趋势、峰值发生的区域,通过建模、分析、总结规律,找到相关性,从而对输配管网设备损害程度进行预测、预防及预测性检修维护,最大化提高设备的使用率;分析用户用气特性,根据用户的用气模式定制费率套餐,提醒用户缴费充值;分析燃气公司业务量的数据,进行人员调配等。

2. 燃气行业大数据化存在的问题

目前,燃气行业大数据化面临以下问题。

1) 缺乏统一的服务流程和数据标准

(1) 内部服务流程不统一、不规范,没有建立有效的在线运行机制。

(2) 从基础设施到信息系统,建设时期不同,标准不同,导致兼容性差。

2) 企业内部信息系统彼此割裂,业务数据有待融合

以燃气输配管网运维管理相关系统为例,输配管网运维通常会涉及企业的信息化系统和自动化系统,目前这两部分系统中的数据普遍是相互割裂的,作为资产化管理的设备所产生的数据量往往远超企业通用信息系统所产生的数据量,如 SCADA 系统的各类数据。这些数据的累积正逐步产生真正意义上的大数据,即数据量大、种类多、价值密度相对较低,但是信息化建设往往立足在各项业务自身的管理系统上,而忽略了与 SCADA 系统数据的集

成,忽略了可能的关联性和融合性,建设和运行的信息系统都是各自为阵的。

3)缺乏统一的客户信息平台

当前流行的大数据分析的应用场景,最常见的就是需要各种用户基础信息数据去发掘用户的行为模式以进行分析和决策。目前燃气行业的客户信息平台收集的信息有限,数据质量不高,如燃气器具信息、住宅位置、消费情况等都不完整,数据可靠性也不高,更不用说类似用户网络足迹、偏好等行为数据的扩展需求,基本没有进行梳理和定位,无法为用户的行为分析提供有效基础信息数据累计。

3. 大数据在燃气行业中的应用

1)输配管网设备预防和预测性维护

充分利用燃气输配管网通用的 SCADA 系统所收集的远程终端装置(RTU)的数据,包括监测管道的流量、温度、压力、开/关阀门、启/停泵等数据;利用 GIS 技术、大数据分析技术,配合企业管理信息系统,如 ERP、用户关系管理系统 CRM 等系统的数据,将企业资源信息、个人用户基本信息、用户用气行为数据,再到用户的缴费、信用数据等海量数据,按照时间和空间进行数据分析,可以得出城市燃气输配管网的气量分布趋势,峰值发生的区域,通过建模、分析,总结规律,找到相关性,从而对输配管网设备损害程度进行预测、预防及预测性检修维护,最大化提高设备的使用率。

2)监控用气状态,合理调度输配气供应

有效通过物联网技术,部署终端设备,获取用户基本信息、设备设施布点信息、远程操作控制信息、用户用气状态信息等。利用终端设备采集的数据,按照用户的区域分布、计费标准变化、季节用户高峰变化、企业用户和家庭用气的统计等进行数据挖掘和分析,得出用气量的变化规律,找出用气峰值,精准量化评估输配气能力、管线压力、检修频率和时间等,为输配气调度提供决策依据。

3)燃气器具安全检测和故障预警

通过对用户相关数据的实体采集和分析,即在每次设备安装、维修、抄表、安检服务时,采集数据,将用户的燃气器具品牌、使用年限、工况等基本情况纳入管理,在客户信息平台中完善用户燃气器具基础数据。

分析用户的缴费、报修等历史记录,了解用户用气情况的行为数据,扩展到家家户户。

分析区域用户和分类用户的行为数据,针对使用不安全、临近或超过报废期的燃气器具的燃气用户进行安全提示,提醒用气安全,敦促及时更换燃气器具。

图 12-13 所示的为燃气器具安全检测和故障预警流程图。这种针对性的定向安全检测和故障排查,可以形成有效的故障预警,大大提升针对老旧小区或者不具备网络条件地区的燃气器具的安全检测和故障预警,确保安全用气。

图 12-13　燃气器具安全检测和故障预警流程图

4)燃气器具销售

结合用户燃气器具运行状态数据与燃气器具营销系统数据,按照地域和区域的数据进行统计分析,分类判断对燃气安装和器具购置的需求,可分析出用户对燃气器具的市场需求。

拓展新的针对性营销策略,如从其居住环境(如小区定位,居民家属楼、商业楼盘、高档公寓、别墅等)开展针对性的营销和服务,提供燃气配套安装和燃气器具销售服务等。

根据不同类型的用气设备,如地暖、壁挂炉等,甄别用户的支付能力和服务需求,针对性地提出个性化服务项目,如提供家庭燃气服务解决方案,包括高频的安检、定期维修保养、预约专人上门检修等。

12.3.3 智慧燃气系统设计

1.智慧燃气总体结构

采用云计算、物联网、大数据等先进技术,在横向上,打破传统业务功能子系统独立建设、独立运行的格局,使得多个异构系统无缝融合,从而实现智慧燃气目标。

图 12-14 所示的为智慧燃气综合管理平台总体结构图。以互联网＋、大数据和云平台为基础,探索智慧燃气的整体构架和解决方案,打造一个统一运营管理平台,依托通信网、互联网、物联网、大数据和云计算,创造面向未来的智慧燃气运营管理系统。

图 12-14 智慧燃气综合管理平台总体结构图

(1)软硬件基础:它以信息化需求为出发点,建立一个可扩充的体系结构,满足信息化发展的需要,包括服务器、操作系统、企业内网、数据库管理系统,以及各业务应用子系统等。能对供气信息化各子系统服务器、存储设备及网络设备进行集中管理,并对系统运行进行实时监控。加强信息化管理队伍和技术队伍的建设,以完善的组织管理体系,确保基础设施的稳定可靠。

(2)数据中心:它是实现数据信息集中处理、存储、传输、交换、管理等功能的服务平台。

通过数据中心,企业能够按需调用各种资源(如服务器、存储器、网络等),实现对物理服务器、虚拟服务器等的自动化管理,实现各类应用的分布式运行。

(3)智慧应用:通过数据中心完成各业务应用系统的数据共享。对管网数据等海量数据进行挖掘,分析燃气产销差,能有效发现管网泄漏、窃气等问题。通过信息系统对业务的整合,实现业务流程的优化和业务创新,如通过 GIS、SCADA 系统、应急指挥系统、GPS 及巡检系统等系统业务和数据集成,实现联动控制、优化调度、智能调度;通过 GIS 对救援车辆路径进行优化和推荐;通过 GPS 对事故点附近车辆和人员进行优化调度;通过 SCADA 系统根据应急指挥系统优选方案实现远程智能调度,让数据驱动企业决策。

(4)用户访问:向客户提供企业基本信息,包括企业风采、供气服务、法律法规、企业文化、新闻中心等,同时客户还可以通过网站进行气费查询、网上咨询、网上报修等工作,增强客户与企业之间的互动。

2. 智慧燃气管理平台功能设计与实现

根据以上总体设计思路,智慧燃气管理平台具体涵盖八个子系统,包括燃气管网管理子系统、管网压力监测子系统、三维站场展示子系统、燃气管网巡检子系统、行政管理子系统、燃气管网应急处置子系统、燃气仿真模型子系统、燃气管网负荷预测子系统。各子系统功能设计如下。

1)燃气管网管理子系统

该子系统主要完成数据的编辑、管理与高级管网分析。系统提供燃气管网管线信息和各类地理空间信息的展示和操作功能,并提供燃气管线数据采集维护、转入转出、监理查错、查询统计、报表输出以及相关辅助决策分析等功能,提高燃气管线的管理效率。

2)管网压力监测子系统

该子系统主要由监控中心、通信网络、监测终端、现场计量设备四部分组成。用无线传输方式将现场采集到的数据传输到监控中心,从而可以实现对各个监测点的实时监控,掌握管网内动态,并将已测知数据进行存储整理,为客户的各种后期工作决策提供可靠的数据支持。

3)三维站场展示子系统

该子系统根据站场的基本数据信息以及现场调研采集的照片,自动生成站场的三维模型。提供三维站场 SCADA 系统信息接入功能,实现 SCADA 系统监控信息的显示。提供三维站场视频信息接入功能,可以实时将固定视频采集设备采集的多路视频信号接入三维系统中,从而实现对现场监控视频的实时接入、显示。

4)燃气管网巡检子系统

该子系统通过外业与内业的有机整合,实现巡线、报修、数据维护、数据处理的全自动对接;通过数据传递和定位,上传信息到控制中心,方便管理监督,巡线人员能及时将现场情况进行汇报;有效实现巡检模式的改革与创新,降低管理成本,事故发现更及时,事故管理更规范。

5)行政管理子系统

该子系统提供信息报送、审核、批复及信息反馈等全流程管理模块功能。行业主管部门可根据日常燃气管控需求,按办公流程自行增加、删除或修改报送项目的信息,并对报送项目的审核、处理及反馈等信息进行监控。

6) 燃气管网应急处置子系统

该子系统主要面向燃气管网突发公共事件的处置响应,一方面按照建设意见进行设计,充分满足和市应急平台互联互通的需求,另一方面按照平急结合的理论进行设计,做到平台的日常守备和有事应急。

7) 燃气仿真模型子系统

该子系统提供一个离线管道模拟仿真模型,给客户的设计及调控中心使用,还有附加的模块(气体组分模块、气源追踪模块、清管器追踪模块)。同时,该子系统以 SCADA 系统采集的现场数据为操作参数,对管道的各种状况进行模拟、分析,为管道建设、调度运行、生产管理选择最佳方案。

8) 燃气管网负荷预测子系统

该子系统是近期调度计划及远期管网规划不可或缺的工具。天然气操作公司针对历史操作、气象变化及流量数据,可利用先进的数据分析或人工智能方法(包括神经网络(neural network)算法及基因算法(genetic algorithm))建立消耗点或区域负荷的变化预测曲线,作为调度前景预测的基础和管网扩展规划的主要依据。

3.智慧燃气系统设计说明

以下介绍几种智慧燃气系统的设计说明。

1) 某城市燃气管网 SCADA 系统设计

某公司结合物联网技术优势,完成了对该市整个燃气输配系统的监控、调度、管理任务。系统投产后,操作人员在 SCADA 系统通过调度控制中心可完成对全市天然气管网的监控和运行管理,站点可达到无人值守的水平。以下是该系统概括性的设计说明。

(1) SCADA 系统调度控制中心设计。

① SCADA 系统调度控制中心功能。

调度控制中心实时采集远端各有人/无人值守站点的工艺运行参数,实现对天然气管网和工艺设备运行情况自动、连续的监视、管理和数据统计,为管网平衡、安全运行提供必要的辅助决策信息。其主要功能如下:

(a) 数据采集和处理;

(b) 数据维护,对有些无法直接从 SCADA 系统中采集到的数据,可以人工录入,包括生产数据发布、查询系统,采用 B/S 结构录入与查看等;

(c) 工艺流程的动态显示;

(d) 报警显示、管理,以及事件的查询、归档、打印;

(e) 历史数据的归档、管理,以及趋势图显示;

(f) 生产统计报表的生成和打印;

(g) 流量计算、管理;

(h) 管道事故处理,如管道发生泄漏、设备运行异常的处理等;

(i) 安全保护;

(j) 控制权限的确定;

(k) 对系统进行时钟同步调整操作;

(l) 为 MIS 提供数据;

(m) 与企业自动化管理系统平台连接,进行数据交换。

② SCADA 系统运行模式。

(a) 各站无线路由器与通信前置机通信,建立通信链路。

(b) 通信服务器通过 ModBus 协议与现场 RTU 进行通信,读取各站数据。

(c) SCADA 系统服务器与通信服务器交换数据(通过建立虚拟串口,将 TCP/IP 网络接收的数据转发到虚拟串口上),管理、处理数据。

(d) SCADA 系统服务器将数据写入数据库服务器;报表系统从数据库服务器获取数据,生成生产过程报表与统计报表。

(e) 操作人员工作站、维护人员工作站作为 SCADA 系统的客户端,从 SCADA 系统服务器获取实时信息、报警信息、历史趋势等。

(f) 区域网内各办公室可以通过浏览器访问 Web 服务器,查看报表。

(2) 门站/储备站/LNG 站系统设计。

门站/储备站/LNG 站的现场站控系统已由业主建设完毕。SCADA 系统对门站/储备站/LNG 站的功能有:与原有门站/储备站/LNG 站站控系统通信,将数据读到 SCADA 系统;与调度控制中心通信,将数据传输到调度控制中心。

系统实现:经过调查分析,目前门站/储备站/LNG 站站控系统实现技术路径相同,其 RTU 与现场监控计算机之间采用基于 TCP/IP 的 ModBus 协议实现。因此门站/储备站/LNG 站要各设置一套通信 RTU,通信 RTU 接入现有站控系统的通信网络,与监控计算机一样通过 ModBus 协议的 OPC 方式与现有门站/储备站/LNG 站的 RTU 通信获取数据。

门站/储备站/LNG 站的 RTU 实现的 ModBus TCP 协议地址和数据字段定义已经得到,通信 RTU 编程与调试可在线进行,不用对门站/储备站/LNG 站的 RTU 进行特别处理,不影响现有系统的正常运行。

(3) 远端无人站设计。

远端无人站可以分为高中压调压站、区域调压站、用户计量站。这些站点通过归类总结,可以设计成为三类标准化站控系统,即高中压调压计量站控系统、区域调压站站控系统、用户流量计量站控系统。

高中压调压计量站控系统和区域调压站站控系统配置一套 RTU 控制器和压力、流量、温度、泄漏报警探头若干;RTU 内置 ModBus RTU 协议,可以获得总线流量计数据,每种流量计通信程序只需开发一次即可标准化应用。RTU 除完成对所在站场的数据采集和监控任务外,还要完成与调度控制中心计算机监控系统之间的信息传递。RTU 和调度控制中心通信选用内置基于 GPRS/CDMA 的 SIM 卡 DTU,DTU 通过设置调度控制中心 IP 参数,将数据通过无线网络传给调度控制中心。

用户流量计量站控系统,由于采取数字仪表,所以无 I/O 输出,选用内置多种燃气计量数据协议采集单元的 DTU,通过 RS232 或 RS485 通信,采集每种流量计的温度、压力、瞬时和累积流量等实时数据,通过无线方式与主控中心通信。

2) 燃气智慧巡检系统设计

燃气巡检管理是保证燃气输送和管道安全的一项基础工作。通过巡检系统可实时获取燃气管道周围环境变量的参数,进行数据分析,发现潜在的危险,进行必要的设备维护,保证整个燃气系统的正常运行。燃气智慧巡检系统融合了 GPS、GPRS、GIS 等技术,可对巡检工作实行自动化、智能化管理,包括实时监控巡检员的巡检轨迹、对巡检员返回的各种数据进行自动处理、指挥巡检员处理巡检过程中出现的各种问题及自动统计巡检员的工作情况等。

以某公司设计的燃气智慧巡检系统为例,对燃气行业巡检需求调研结果进行分析,参考类似产品的架构方案,该燃气智慧巡检系统采用 B/S 架构,分为 3 部分:① 具备 GPS 定位和 GPRS 通信功能的移动终端,采用通用硬件平台和 Windows Mobile 的嵌入式操作系统;② 具备 GPRS 无线通信接入的巡检数据处理中心,对巡检员上传的数据进行集中处理,生成巡检记录;③ 具备基于 Web 的巡检信息发布系统,实时发布巡检报表、上报隐患信息、制订任务、下发任务等。

手持移动终端的客户端软件要实现用户登录、基本信息录入,图片、数据上传,接收巡检任务,提供用户操作界面等基本功能。数据处理中心对手持终端上传数据进行分析处理,统计报表,下达指令,并对重要数据进行备份;Web 服务器则负责电子地图、巡检数据信息的及时发布,巡检人员考核管理,保持与当前获取的巡检信息同步等。其总体架构如图 12-15 所示。

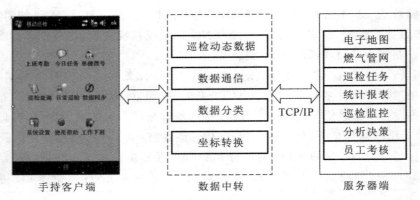

图 12-15　总体架构

(1) 系统功能模块。

① 服务器端。

实时发布巡检信息,方便企业管理人员及时了解和掌握线路及设备运行状况,从而有巡检工作动态;接收上报的漏检、故障、隐患信息等,并自动进行分类处理。同时通过 GPRS 将巡检任务或隐患信息传递给相应的管理人员,使管理人员能随时随地查询并掌握各条线路最新情况,第一时间了解到安全生产状况,对生产中出现的异常情况做出快速处理,杜绝管理上的人为疏忽,将安全巡检定点、定时、定人,落到实处。服务器端的功能如图 12-16 所示。

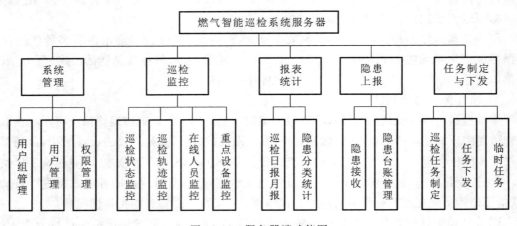

图 12-16　服务器端功能图

（a）系统管理功能：通过智能巡检系统可以管理所有的巡检人员，查看巡检人员的工作情况，向巡检终端发送控制命令，并且接收巡检终端反馈的各种信息。

（b）巡检监控功能：在地图上显示出巡检员状态、实时位置及轨迹，任务安排情况等。

（c）报表统计功能：自动统计各巡检员的是日报、月报，管线隐患、漏检等统计分析，作为巡检员工作量的量化评价。

（d）隐患上报功能：实时发布巡检信息，接收上报的漏检、故障、隐患等信息，并自动进行分类处理，生成隐患工单并派发。

（e）任务制定及下发功能：巡检系统可以根据巡检人员的情况，安排巡检人员的巡检工作计划。

② 手持移动终端。

手持客户端由巡检人员操作，具有计划任务查询，数据同步，巡检信息录入，隐患信息录入、上报，巡检图片上传，巡检任务接收，考勤等功能。手持移动终端一般有 PDA、智能手机、平板电脑等，交互界面尽量作到简洁、流程简单、布局合理，方便巡检人员操作使用。

（2）关键技术。

① GPS 定位技术。

GPS 是全球定位系统，是对海上、陆地和空中设施进行高精度导航和定位的精密卫星定位系统。其主要特点是全球地面连续覆盖、实时定位、全天候作业、定位精度高、观测时间短、应用广泛、操作简便等，在智慧巡检系统中用于实时定位巡检员位置，以及燃气隐患位置。

手持移动终端内置了 GPS 定位模块，可以获取巡检人员的位置信息，并对获取到得位置信息进行解析处理，在电子地图上显示其位置信息，同时将信息也上传服务器，并在服务器端电子地图中显示巡检人员位置，记录轨迹。GPS 定位过程如图 12-17 所示。

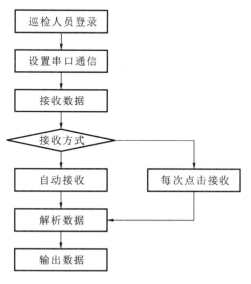

图 12-17　GPS 定位过程

② GPRS 通信技术。

GPRS（general packet radio service）是以 GSM 系统为基础的无线通信数据处理技术。GPRS 系统有自身的通信规则，采用 GPRS 通信的方式都会按照其规则去运行。GPRS 通信技术提供的高速传输速率和"永远在线、按流量计费"的优点,使该系统具有良好的适用性、可靠性和可扩展性,而且易于管理与维护。智慧巡检系统以 GPRS 为传输网络。

③ Socket 通信技术。

Socket 是通信方式的一种,又称为"套接字",通常分为客户端和服务器端两部分,客户端发送 Socket 的连接请求,当服务器监听到连接并接收连接请求时,双方建立连接,在此连接基础上进行数据的交换,完成通信会话。在 Socket 连接的双方当中,无论是客户端还是服务器端,套接字都处于同一地位。智慧巡检系统采用 Socket 通信技术实现客户端和服务器端的数据传输。

在客户端软件中通过拨号和服务器进行通信连接,在通信连接成功基础上建立 Socket 通信,实现数据收发,同时进行相应的控制、编码和解码工作。

3)智慧燃气表缴费系统设计

当前民用智慧燃气表按照工作原理的差异,可以分为卡式燃气表和远传燃气等表等两种。

(1)卡式燃气表。卡式燃气表的功能主要体现在两方面:一是预收费;二是用气控制。其核心在于购气卡,用户与燃气公司之间的交易以及用户燃气使用都是通过购气卡来体现的,通过设置在燃气表中的读卡装置来对购气卡进行数据读取,自动调整燃气阀门的关闭与打开。根据购气卡类型的差异,卡式燃气表可以分为 IC 卡燃气表、CPU 卡燃气表、射频卡燃气表等三种。其中,IC 卡燃气表的工作原理如图 12-18 所示。在卡式燃气表中,其功能十分完善,主要包括预付费功能、密钥功能、提醒功能、欠费阀门关闭控制功能、补气验证、非法卡识别功能等。卡式燃气表的利用可以解决传统入户收费的弊端,实现用户的自动缴费,有效避免用户欠费问题,提高燃气使用的安全性。

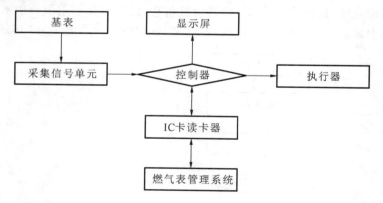

图 12-18　IC 卡燃气表的工作原理

(2)远传燃气表。远传燃气表是指具有基表数据读取和远传功能的燃气表。其基表数据的读取与采集是由数据传感器完成的,再利用无线或有线通信方式,实现基表数据与燃气公司收费管理中心的信息传输,从而实现对燃气表的远程抄表,在收费管理系统中完成对气量的计算和费用的结算。远传燃气表主要有无线远传燃气表、有线远传燃气表等两种类型,其分类的依据主要是数据通信方式。其中无线远传燃气表的工作原理如图 12-19 所示。

远传燃气表的功能主要包括以下几个:一是通信功能,实现燃气表与收费管理中心的数据传递,可以采取无线或者有线的方式,定期完成燃气表的抄表工作;二是阀门控制功能,通过收费管理中心发出的指令,完成阀门的关闭,实现远程阀门管控;三是安全保障功能,当燃气表遇到断电或者欠费等情况时,阀门自动关闭,确保燃气表始终处于带电运行状态。

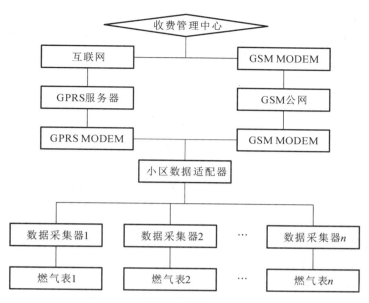

图 12-19　无线远传燃气表的工作原理

（3）网络型红外传燃气表。近些年来,随着科学技术的进步,新一代智慧燃气表,即网络型红外传燃气表应运而生。相较于上述两种燃气表,网络型红外传燃气表具有更突出的优势。

与卡式燃气表相比,网络型红外传燃气表的电路采用的是固体模块结构,电路与气路是分隔开来的,且与环境隔离;数据采用动态红外光加密、分段加密、分层加密,并设有动态密码,有效克服了卡式燃气表可能爆炸以及数据易受干扰、易解密的弊端,安全性得到极大保证。同时,网络型红外传燃气表的可靠性也远远高于卡式燃气表的可靠性,具体体现在以下方面。

① 在数据接口方面:网络型红外传燃气表采用红外光通信接口,电路完全密封在内部,对酸碱盐的腐蚀具有较强的抵抗能力,数据的传递介质没有使用寿命限制,在潮湿环境下依然可以使用。

② 在器件寿命方面:网络型红外传燃气表器件对环境的要求不高,其使用寿命在 10 年以上,而 IC 卡燃气表的器件触电易氧化、接口弹簧片易腐蚀,对环境要求相对较高,寿命较短。

与远传燃气表相比,网络型红外传燃气表采用了红外接口、非接触式磁电传感器,测控器模块是完全密封的,其电路也是低压超微功耗的,而远传燃气表的通信存在点燃燃气的隐患,红外传燃气表的安全性高于远传燃气表的安全性。同时,在可靠性方面,网络型红外传燃气表也是优于远传燃气表的,具体体现在以下方面。

① 在电源方面:网络型红外传燃气表使用的是普通干电池,同时设有内部电源备份,用户可以自行更换;而远传燃气表使用的是内置锂电池,需要由专人进行更换,在锂电池电量用完之后,如果不及时更换,就会降低抄表可靠性。

② 在数据方面:网络型红外传燃气表采用了关键元件备份机制,只要有一个元件是正常工作的,就可以确保机电间的精确转换;远传燃气表采用的多是双杆簧管累计计数的方法,容易受到电场、磁场的干扰,引起数据与字轮之间的误差,导致结算纠纷。

③ 在数据传递方面:网络型红外传燃气表预付费的数据是由内部产生的,传递方式为单向传递,其环节相对较少,不易受人为破坏;远传燃气表的数据是由远端传送来的,在数据传输过程中,易受磁场干扰、用户恶意屏蔽等,数据可能无法及时传递到收费管理中心,影响数据的可靠性。

思 考 题

1. 简述 SCADA 系统在燃气行业的应用。

2. 天然气负荷预测的定义与意义是什么?

3. 简述 ARIMA(自回归移动平均)模型的预测原理及其适用情况。

4. 简述短期、中期与长期天然气负荷预测的作用。

5. 结合某城市燃气公司的实际情况,假设管网上有两个气源,供气能力不小于用气量,分别为中石化日供气 30 万 m^3(标准状况),西气东输管线供应约 13 万 m^3(标准状况)。试问:管网分析时如何确保中石化供应的气量用完?

6. 何为智慧燃气?就智慧燃气谈谈你的看法。

本章参考文献

[1] 严铭卿,宓亢琪. 燃气输配工程学[M]. 北京:中国建筑工业出版社,2014.

[2] 黄泽俊. 天然气管网调控运行技术[M]. 北京:石油工业出版社,2016.

[3] 黄泽俊,虞献正,尹旭东. 石油天然气管道 SCADA 系统技术[M]. 北京:石油工业出版社,2013.

[4] 北京市燃气集团有限责任公司. 城镇燃气工程智能化技术规范(CJJ/T 268—2017)[M]. 北京:中国建筑工业出版社,2017.

[5] 许罡,杨永光,袁满仓,等. 江西省天然气管道项目 SCADA 系统的应用[J]. 油气储运,2011,30(9):708-710.

[6] 苏爱军,韦杰. 数据采集及监控技术在燃气管网调度的应用[J]. 煤气与热力,2011,31(2):24-25.

[7] 刘鑫. 基于支持向量机模型的城市天然气需求量中长期预测研究[D]. 成都:成都理工大学,2009.

[8] 俞林锋,石伟军. 燃气公司的大数据时代[J]. 城市建设理论研究:电子版,2013(24).

[9] 徐敬仙. 智慧化燃气管理平台建设初探[J]. 建设科技,2017(13):46-48.

[10] 傅仁轩,张检保. 智慧燃气综合管理平台的探讨[J]. 移动通信,2016,40(23):25-28.

[11] 李勇,刘甲军,叶延磊,等. 燃气智能巡检系统的应用研究[J]. 测绘通报,2012(s1):677-679.

[12] 唐素珊,江明明,林玲. 智能燃气表的应用分析[J]. 煤气与热力,2010,30(5):17-20.

[13] 傅德基. 智能燃气表的现状与发展趋势探讨[J]. 中国高新技术企业,2016(5):75-76.

[14] 齐智谦. 城市智能燃气网络架构分析[J]. 中国经贸,2014(9):272-273.